Architecture Details CAD Construction Atlas IV

建筑细部CAD施工图集 IV

主编/樊思亮 杨佳力 李岳君

钢梁节点构造详图/钢柱节点构造详图
钢平台节点详图/构件制作节点详图
钢框架节点详图

中国林业出版社

图书在版编目（CIP）数据

建筑细部CAD施工图集.4 / 樊思亮, 杨佳力, 李岳君主编. -- 北京 : 中国林业出版社, 2014.10

ISBN 978-7-5038-7665-3

Ⅰ.①建… Ⅱ.①樊… ②杨… ③李… Ⅲ.①建筑设计－细部设计－计算机辅助设计－AutoCAD软件－图集 Ⅳ.①TU201.4-64

中国版本图书馆CIP数据核字(2014)第220859号

本书编委会

主　编：樊思亮　杨佳力　李岳君

副主编：陈礼军　孔　强　郭　超　杨仁钰

参与编写人员：

陈　婧	张文媛	陆　露	何海珍	刘　婕	夏　雪	王　娟	黄　丽	程艳平	高丽媚
汪三红	肖　聪	张雨来	陈书争	韩培培	付珊珊	高囡囡	杨微微	姚栋良	张　雷
傅春元	邹艳明	武　斌	陈　阳	张晓萌	魏明悦	佟　月	金　金	李琳琳	高寒丽
赵乃萍	裴明明	李　跃	金　楠	邵东梅	李　倩	左文超	李凤英	姜　凡	郝春辉
宋光耀	于晓娜	许长友	王　然	王竞超	吉广健	马宝东	于志刚	刘　敏	杨学然

中国林业出版社·建筑家居出版分社

责任编辑：李　顺　王思明

出版咨询：（010）83223051

出　版：中国林业出版社（100009 北京西城区德内大街刘海胡同7号）

网　站：http://lycb.forestry.gov.cn/

印　刷：北京卡乐富印刷有限公司

发　行：中国林业出版社发行中心

电　话：（010）83224477

版　次：2015年1月第1版

印　次：2015年1月第1次

开　本：889mm×1194mm 1／12

印　张：18.75

字　数：200千字

定　价：98.00元

前　言

自2010年组织相关单位编写三套CAD图集（建筑、景观、室内）以来，现因建筑细部CAD图集的正式出版，前期工作已告一段落，从读者对整套图集反映来看，非常值得整个编写团队欣慰。

从最初的构思，至现在整套CAD图集的全部出版，历时近5年，当初组织各设计院和设计单位汇集材料，大家提供的东西可谓"各有千秋"，让编写团队头疼不已。编写者基本是设计行业管理者和一线工作者，非常清楚在实践设计和制图中遇到的困难，正是因为这样，我们不断收集设计师提供的建议和信息，不断修改和调整，希望这套施工图集不要沦为像现在市面上大部分CAD图集一样，无轻无重，无章无序。

还是如中国林业出版社一位策划编辑所言，最终检验我们所付出劳动的验金石——市场，才会给我最终的答案。但我们仍然信心百倍。

在此我大致说说本套建筑细部CAD施工图集的亮点：

首先，本套书区别于以往的CAD施工图集，对CAD模块进行非常详细的分类与调整，根据现代设计的要求，将四本书大体分为建筑面层类、建筑构件类、建筑基础类、钢结构类，在这四类的基础上再进一步细分，争取做到让施工图设计者能得其中一本，便能把握一类的制图技巧和技术要点。

其次，就是整套图集的全面性和权威性，我们联合了近20所建筑计院所编写这套图集，严格按照建筑及施工设计标准制定规范，让设计师在设计和制作施工图时有据可依，有章可循，并且能依此类推，应用至其他施工图中。

再次，我们对这套书作了严格的版权保护，光盘进行了严格的加密，这也是对作品提供者的保护和认同，我们更希望读者们有版权保护的意识，为我国的版权事业贡献力量。

施工图是建筑设计中既基础而又非常重要的一部分，无论对于刚入行的制图员，还是设计大师，都是必不可少的一门技能。但这绝非一朝一夕能练就的，就像一句古语："千里之行，始于足下"，希望广大的设计者能从这里得到些东西，抑或发现些东西，我们更希望大家提出意见，甚或是批评，指导我们做得更好！

编著者
2014年9月

目 录

钢梁节点构造详图

钢柱节点构造详图

钢平台节点详图

Contents

构件制作节点详图

钢框架节点详图

钢梁节点构造详图

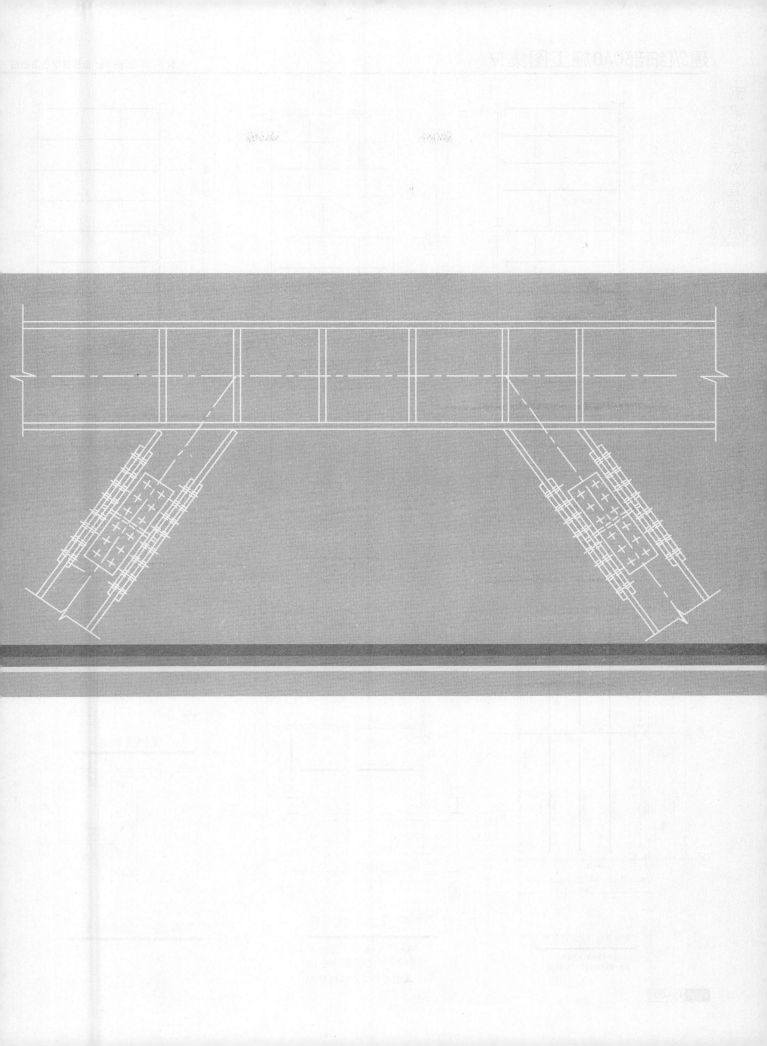

钢梁节点构造详图

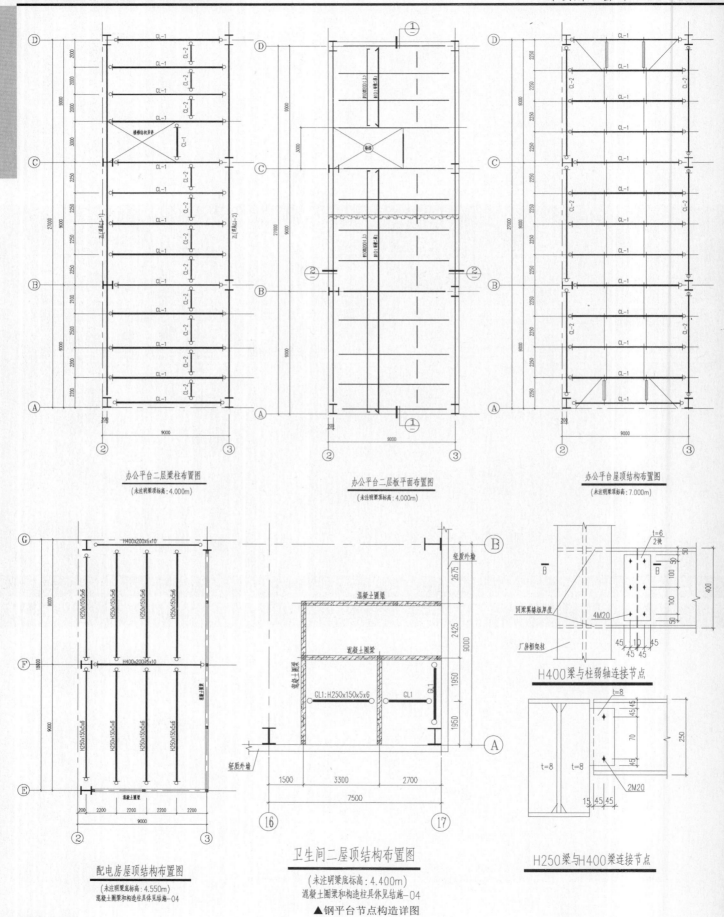

办公平台二层梁柱布置图
(未注明梁顶标高:4.000m)

办公平台二层板平面布置图
(未注明梁顶标高:4.000m)

办公平台屋顶结构布置图
(未注明梁顶标高:7.000m)

配电房屋顶结构布置图
(未注明梁底标高:4.550m)
混凝土圈梁和构造柱具体见结施-04

卫生间二层顶结构布置图
(未注明梁底标高:4.400m)
混凝土圈梁和构造柱具体见结施-04
▲钢平台节点构造详图

H400梁与柱弱轴连接节点

H250梁与H400梁连接节点

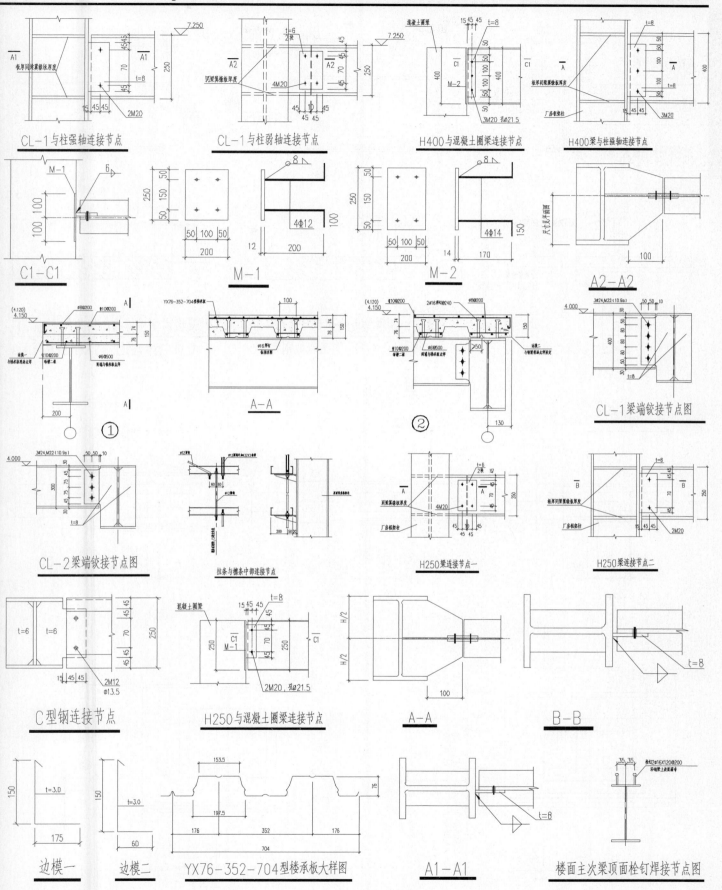

CL-1与柱强轴连接节点　　CL-1与柱弱轴连接节点　　H400与混凝土圈梁连接节点　　H400梁与柱强轴连接节点

C1-C1　　M-1　　M-2　　A2-A2

①　　A-A　　②　　CL-1梁端铰接节点图

CL-2梁端铰接节点图　　拉条与檩条中部连接节点　　H250梁连接节点一　　H250梁连接节点二

C型钢连接节点　　H250与混凝土圈梁连接节点　　A-A　　B-B

边模一　　边模二　　YX76-352-704型楼承板大样图　　A1-A1　　楼面主次梁顶面栓钉焊接节点图

▲钢平台节点构造详图

钢梁节点构造详图

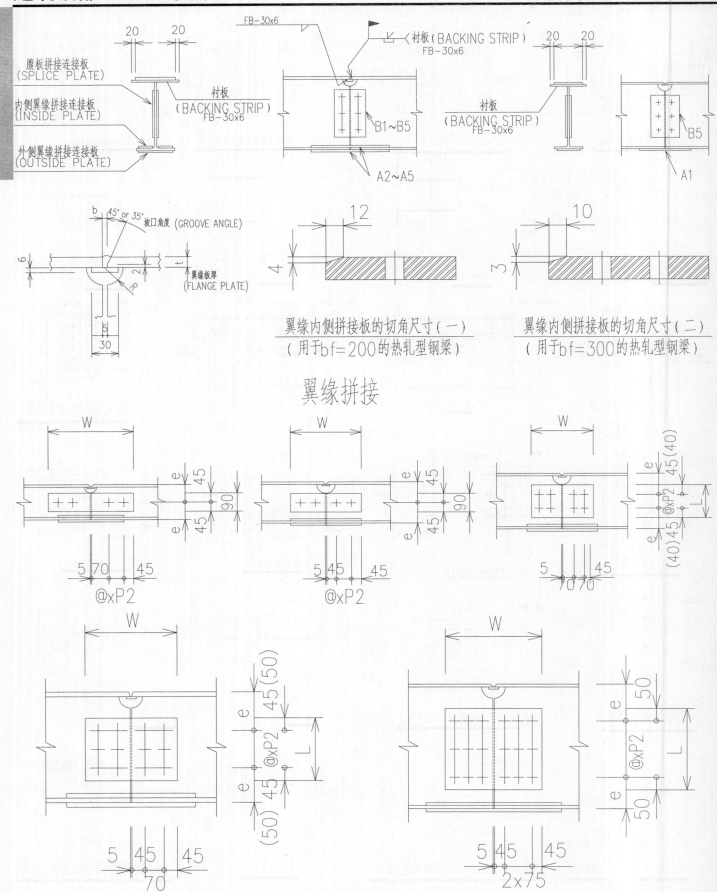

翼缘拼接

▲H型钢梁高强螺栓加焊接拼接节点构造详图

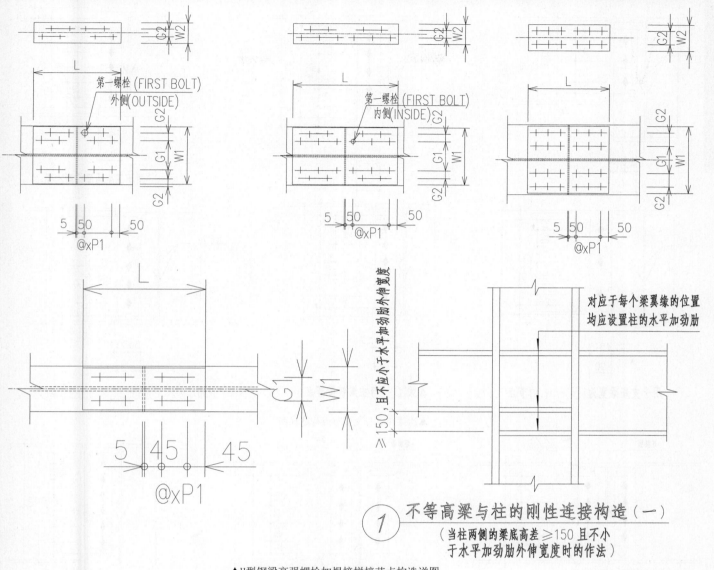

第一螺栓 (FIRST BOLT)
外侧(OUTSIDE)

第一螺栓 (FIRST BOLT)
内侧(INSIDE)

① 不等高粱与柱的刚性连接构造（一）

（当柱两侧的梁底高差≥150且不小
于水平加劲肋外伸宽度时的作法）

▲H型钢梁高强螺栓加焊接拼接节点构造详图

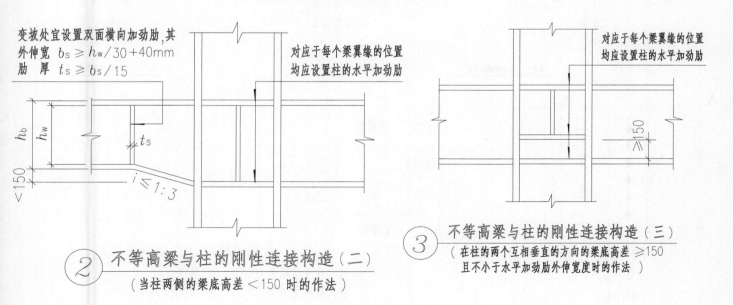

变坡处宜设置双面横向加劲肋,其
外伸宽 $b_s \geq h_w/30+40mm$
肋 厚 $t_s \geq b_s/15$

对应于每个梁翼缘的位置
均应设置柱的水平加劲肋

对应于每个梁翼缘的位置
均应设置柱的水平加劲肋

③ 不等高粱与柱的刚性连接构造（三）

（在柱的两个互相垂直的方向的梁底高差≥150
且不小于水平加劲肋外伸宽度时的作法）

② 不等高粱与柱的刚性连接构造（二）

（当柱两侧的梁底高差＜150时的作法）

▲不等高粱与柱与柱的刚性连接节点构造详图

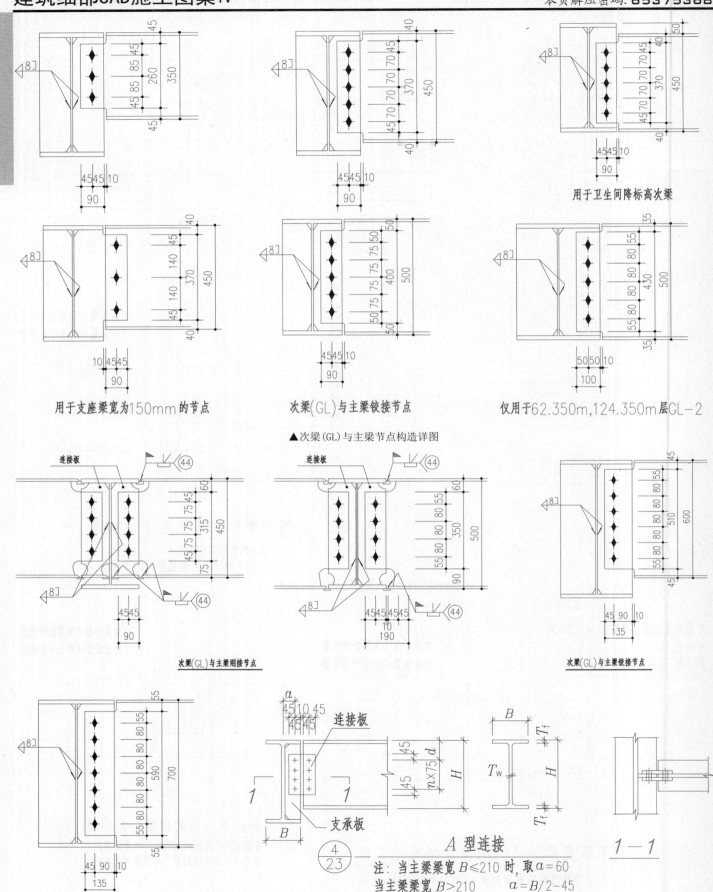

用于卫生间降标高次梁

用于支座梁宽为150mm的节点

次梁(GL)与主梁铰接节点

仅用于62.350m,124.350m层GL-2

▲次梁(GL)与主梁节点构造详图

连接板

次梁(GL)与主梁刚接节点

次梁(GL)与主梁铰接节点

连接板

支承板

A 型连接

注: 当主梁梁宽 $B \leq 210$ 时, 取 $a = 60$
当主梁梁宽 $B > 210$ 　　 $a = B/2 - 45$

$1 - 1$

▲-次梁与主梁相连时在节点中连接件节点构造详图

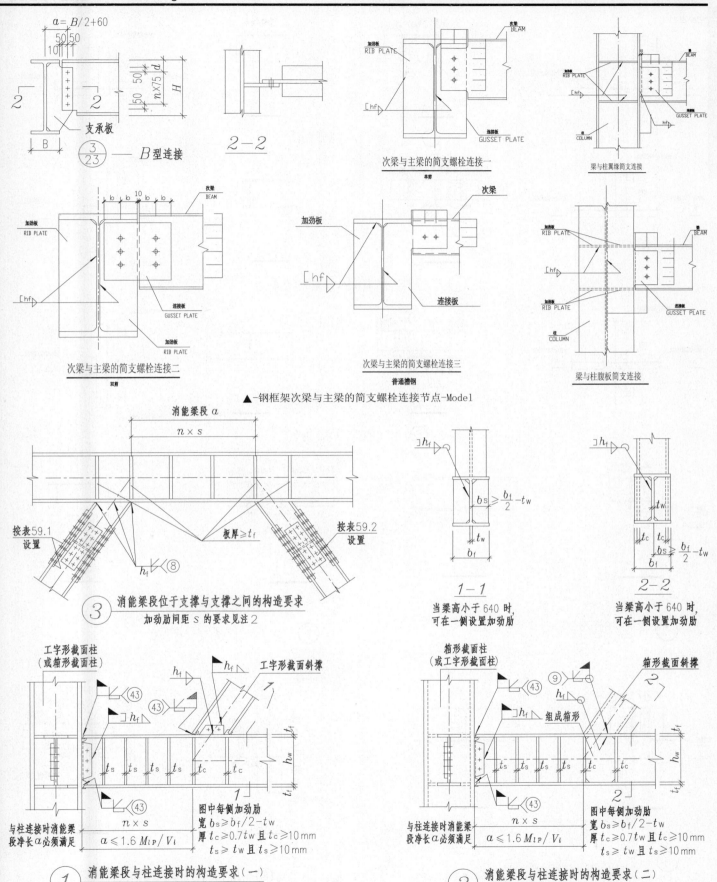

$a = B/2 + 60$

支承板

$\dfrac{3}{23}$ — B 型连接

2-2

次梁与主梁的简支螺栓连接一
单剪

梁与柱翼缘简支连接

次梁与主梁的简支螺栓连接二
双剪

次梁与主梁的简支螺栓连接三
普通槽钢

梁与柱腹板简支连接

▲-钢框架次梁与主梁的简支螺栓连接节点-Model

消能梁段 a

$n \times s$

按表59.1设置   板厚 $\geq t_f$ 按表59.2设置

$h_f \cancel{8}$

③ 消能梁段位于支撑与支撑之间的构造要求
加劲肋间距 s 的要求见注2

$b_s \geq \dfrac{b_f}{2} - t_w$

1-1
当梁高小于 640 时,
可在一侧设置加劲肋

$b_s \geq \dfrac{b_f}{2} - t_w$

2-2
当梁高小于 640 时,
可在一侧设置加劲肋

工字形截面柱
(或箱形截面柱)   工字形截面斜撑

t_s t_s t_s t_s t_c t_c

与柱连接时消能梁段净长 a 必须满足

$n \times s$

$a \leq 1.6 M_{lP}/V_l$

图中每侧加劲肋
宽 $b_s \geq b_f/2 - t_w$
厚 $t_c \geq 0.7 t_w$ 且 $t_c \geq 10$ mm
$t_s \geq t_w$ 且 $t_s \geq 10$ mm

① 消能梁段与柱连接时的构造要求(一)
应使加劲肋间距 $s \leq 30 t_w - h_w/5$

箱形截面柱
(或工字形截面柱)   箱形截面斜撑

组成箱形

t_s t_s t_s t_s t_c t_c

与柱连接时消能梁段净长 a 必须满足

$n \times s$

$a \leq 1.6 M_{lP}/V_l$

图中每侧加劲肋
宽 $b_s \geq b_f/2 - t_w$
厚 $t_c \geq 0.7 t_w$ 且 $t_c \geq 10$ mm
$t_s \geq t_w$ 且 $t_s \geq 10$ mm

② 消能梁段与柱连接时的构造要求(二)
应使加劲肋间距 $s \leq 30 t_w - h_w/5$

▲-钢框架消能梁段与柱连接时的构造节点

钢梁节点构造详图

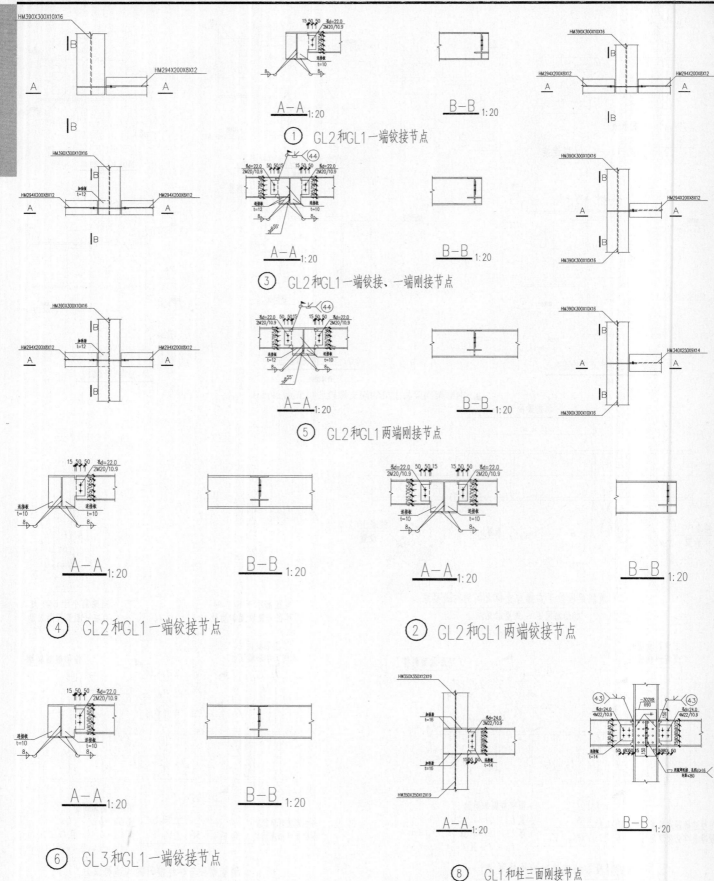

① GL2和GL1一端铰接节点

③ GL2和GL1一端铰接、一端刚接节点

⑤ GL2和GL1两端刚接节点

④ GL2和GL1一端铰接节点

② GL2和GL1两端铰接节点

⑥ GL3和GL1一端铰接节点

⑧ GL1和柱三面刚接节点

▲-钢框架钢梁节点构造详图

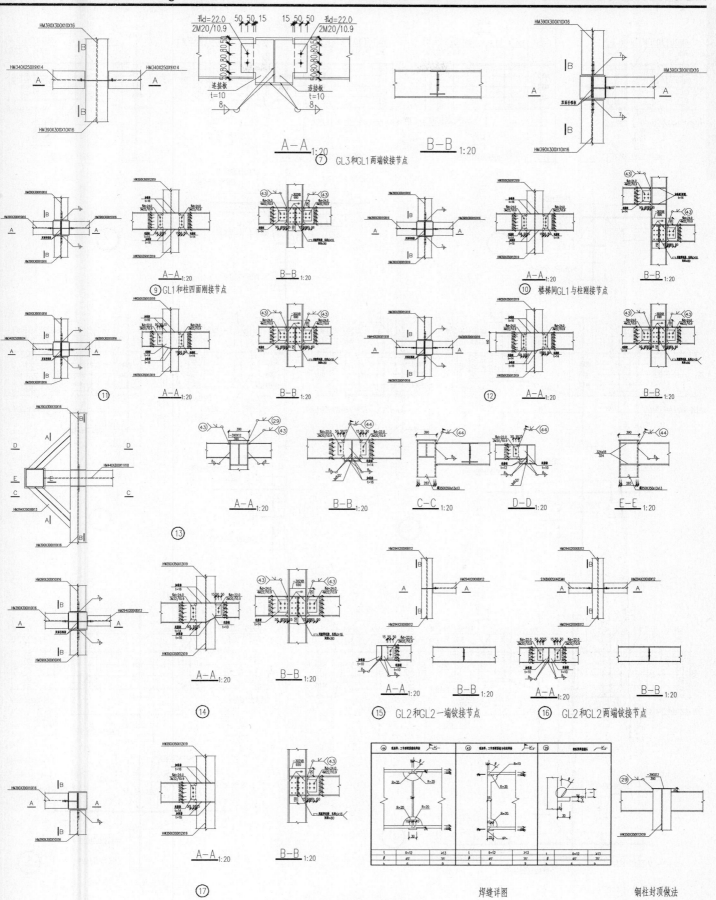

▲-钢框架钢梁节点构造详图

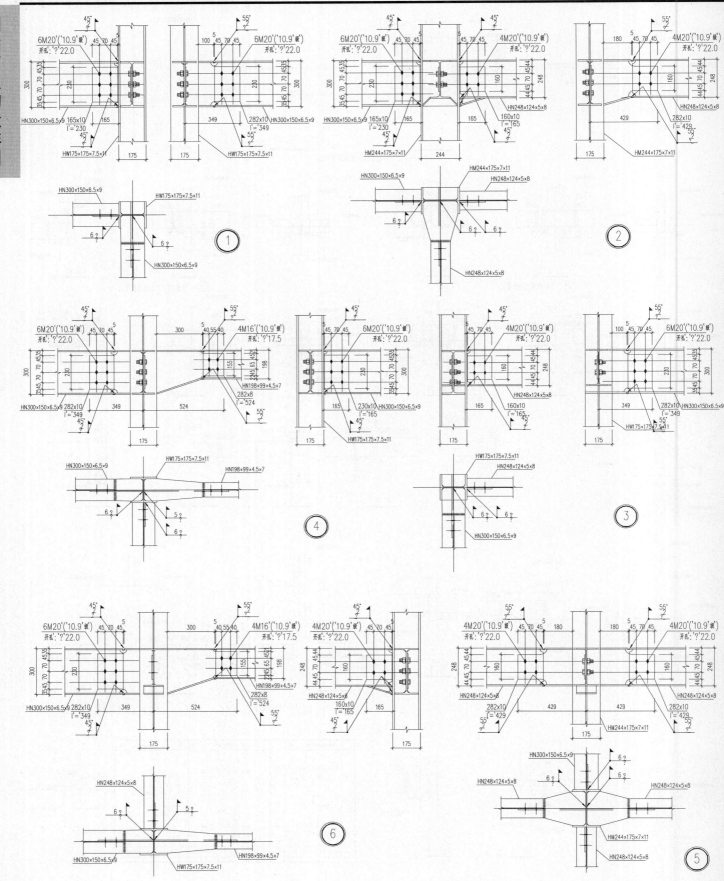

▲-钢框架梁柱节点构造详图

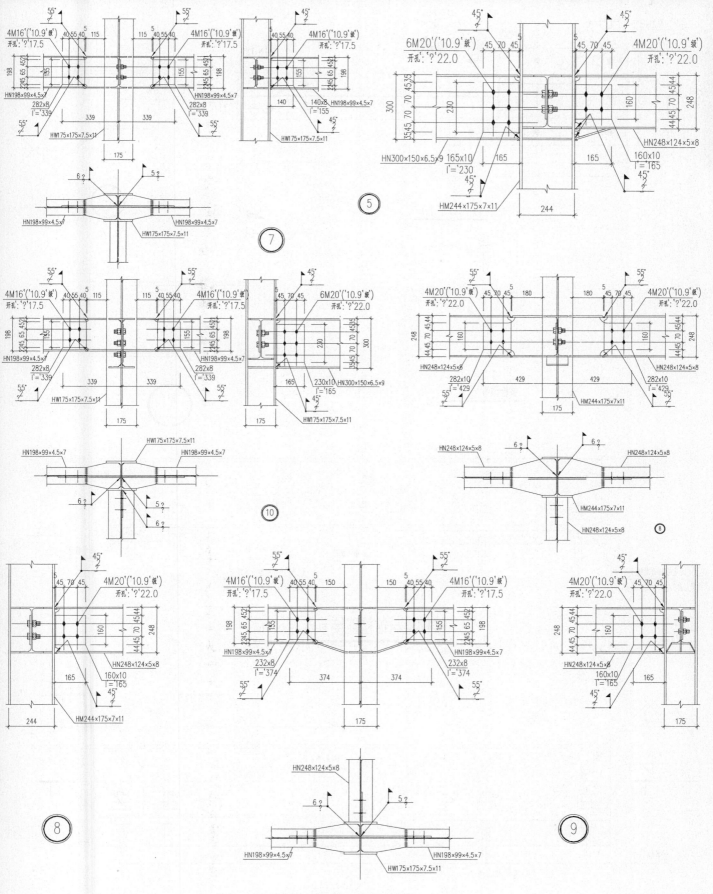

▲—钢框架梁柱节点构造详图

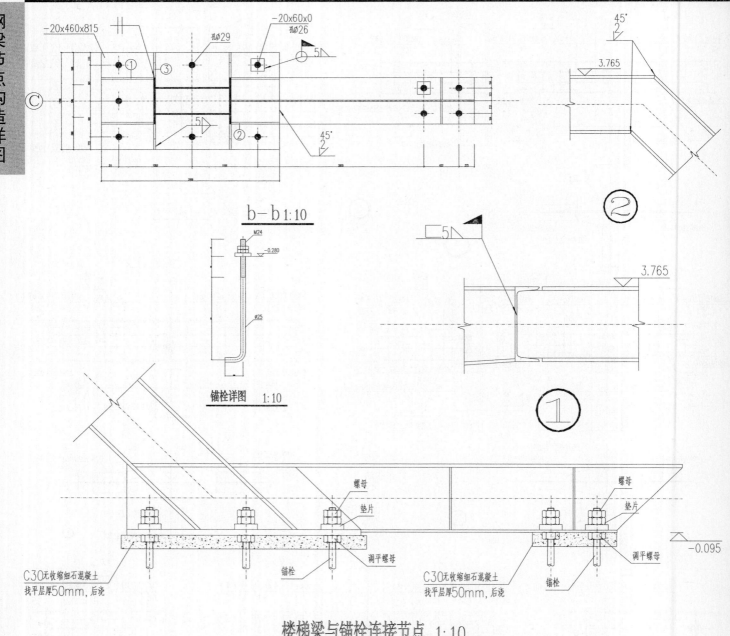

b-b 1:10

锚栓详图 1:10

楼梯梁与锚栓连接节点 1:10

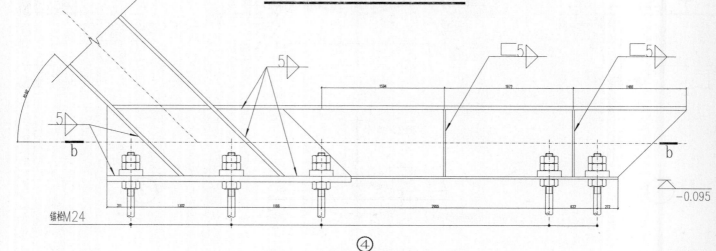

▲-钢框架消能梁段与柱连接时的构造节点

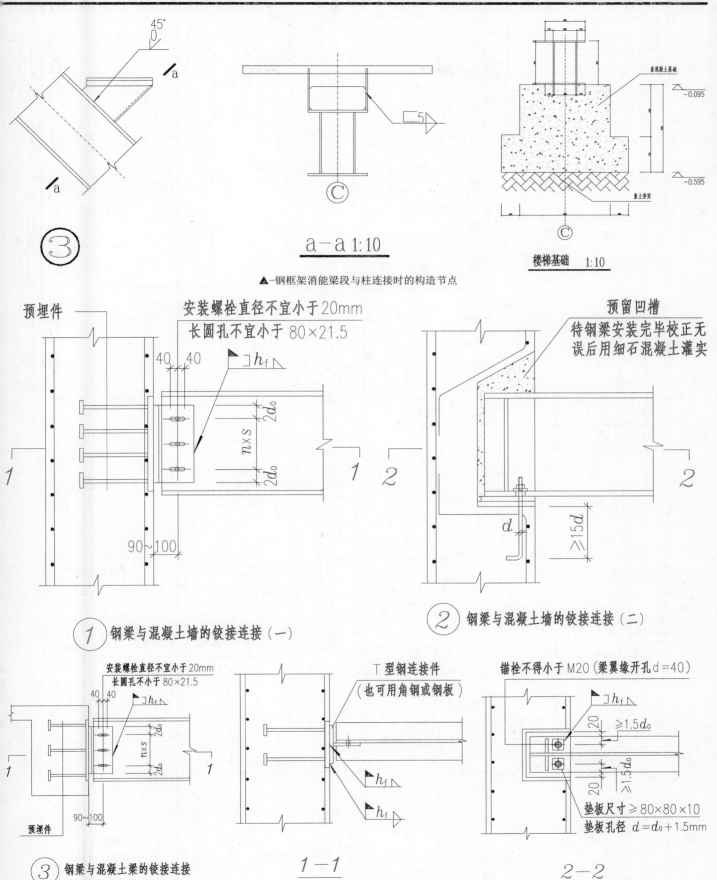

③

$a-a$ 1:10

▲-钢框架消能梁段与柱连接时的构造节点

楼梯基础   1:10

预埋件

安装螺栓直径不宜小于20mm
长圆孔不宜小于 $80×21.5$

40　40

$\Box h_f \triangle$

$2d_0$

$n×s$

$2d_0$

$90～100$

预留凹槽
待钢梁安装完毕校正无
误后用细石混凝土灌实

d

$≥15d$

① 钢梁与混凝土墙的铰接连接（一）

② 钢梁与混凝土墙的铰接连接（二）

安装螺栓直径不宜小于20mm
长圆孔不小于 $80×21.5$

40　40

$\Box h_f \triangle$

$2d_0$

$n×s$

$2d_0$

$90～100$

预埋件

③ 钢梁与混凝土梁的铰接连接

T型钢连接件
（也可用角钢或钢板）

h_f

h_f

$1-1$

锚栓不得小于M20（梁翼缘开孔d=40）

$\Box h_f \triangle$

20    $≥1.5d_0$

20    $≥1.5d_0$

垫板尺寸 $≥80×80×10$
垫板孔径 $d=d_0+1.5mm$

$2-2$

▲-钢梁与混凝土墙的铰接连接节点构造详图

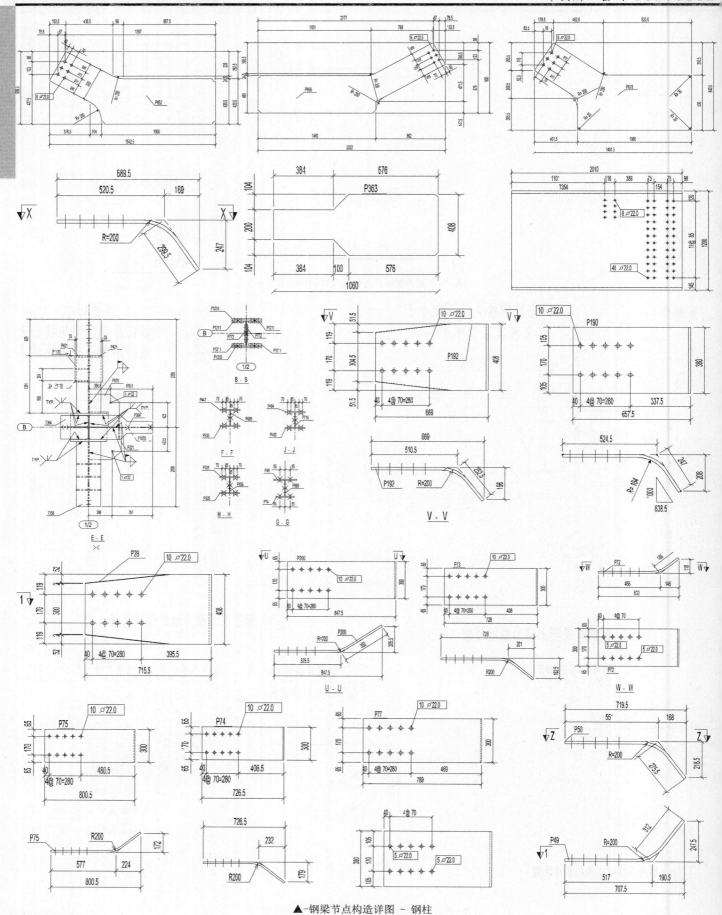

▲-钢梁节点构造详图 – 钢柱

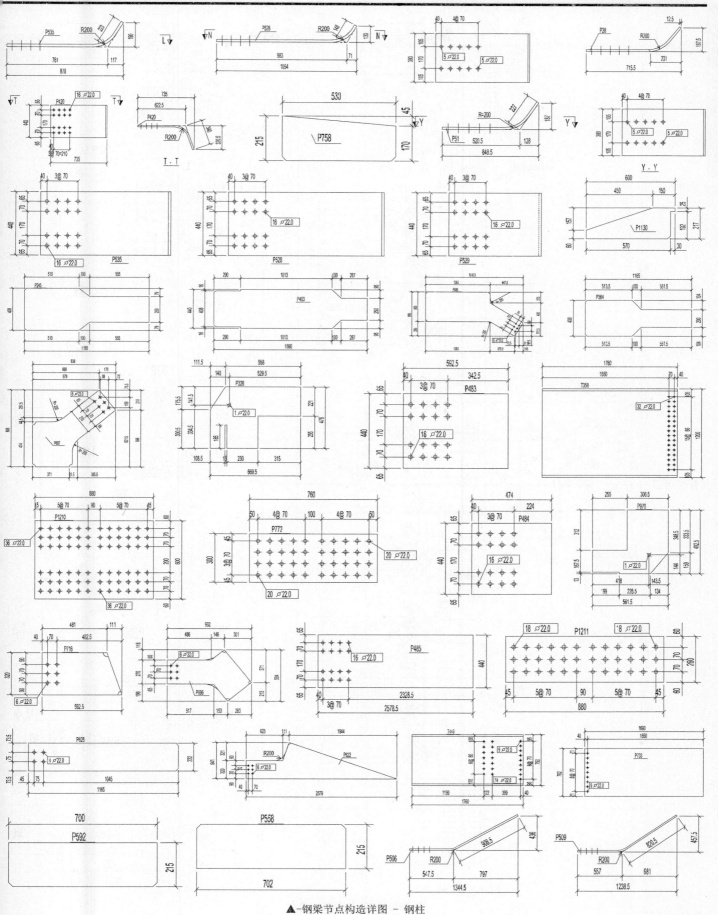

▲-钢梁节点构造详图 - 钢柱

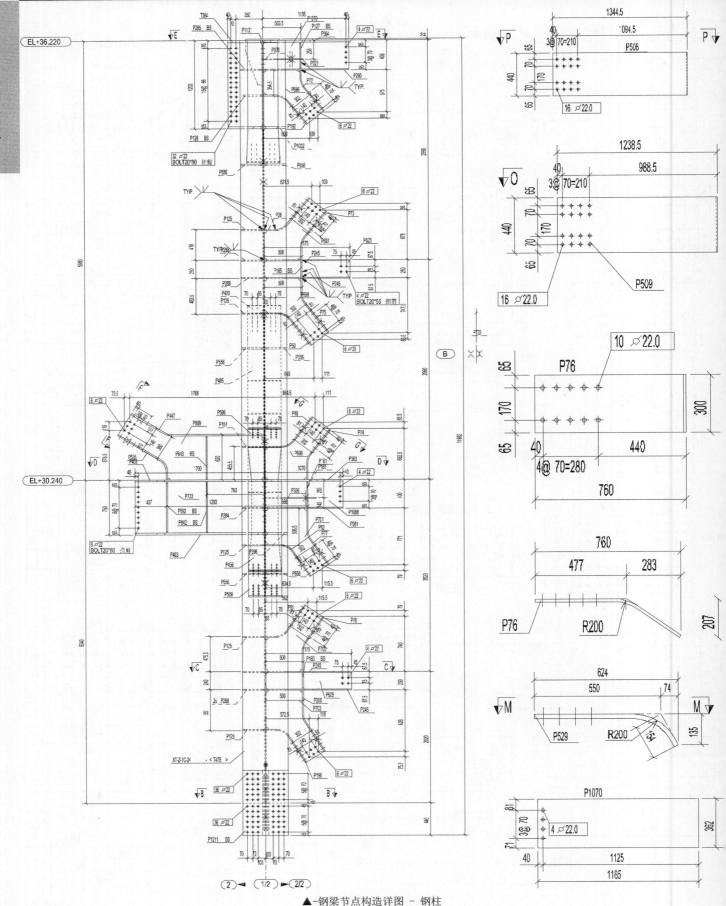

▲-钢梁节点构造详图 - 钢柱

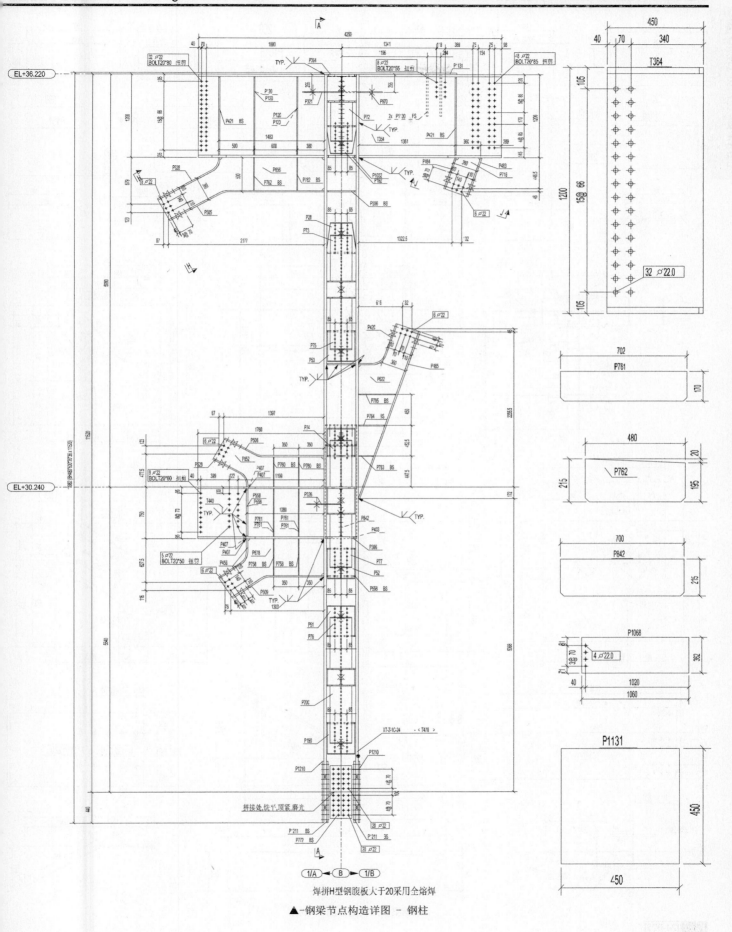

焊拼H型钢腹板大于20采用全熔焊

▲-钢梁节点构造详图 - 钢柱

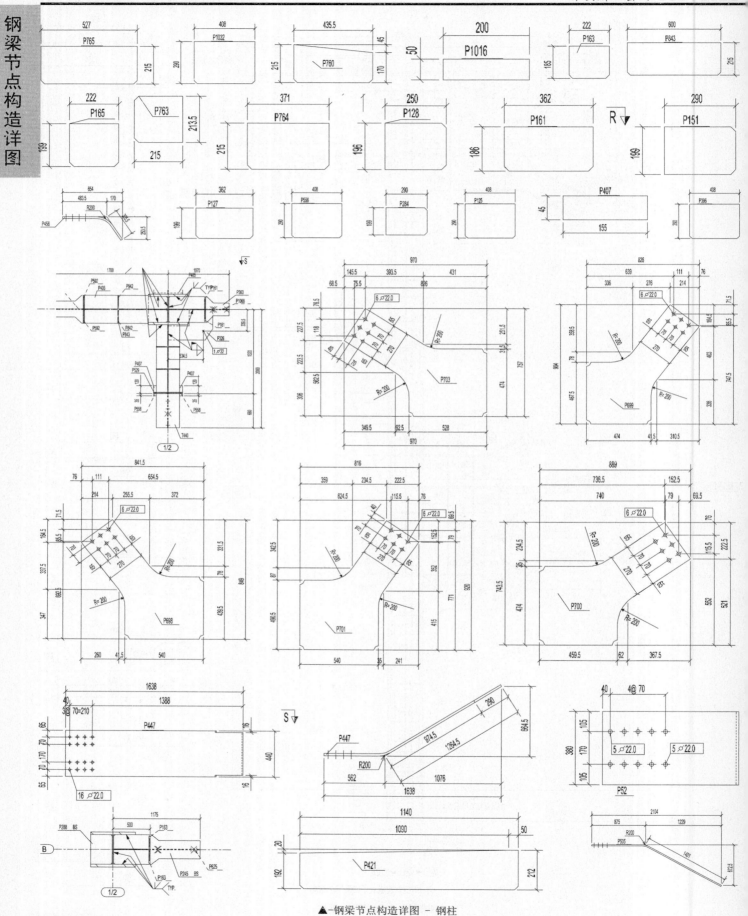

▲-钢梁节点构造详图 - 钢柱

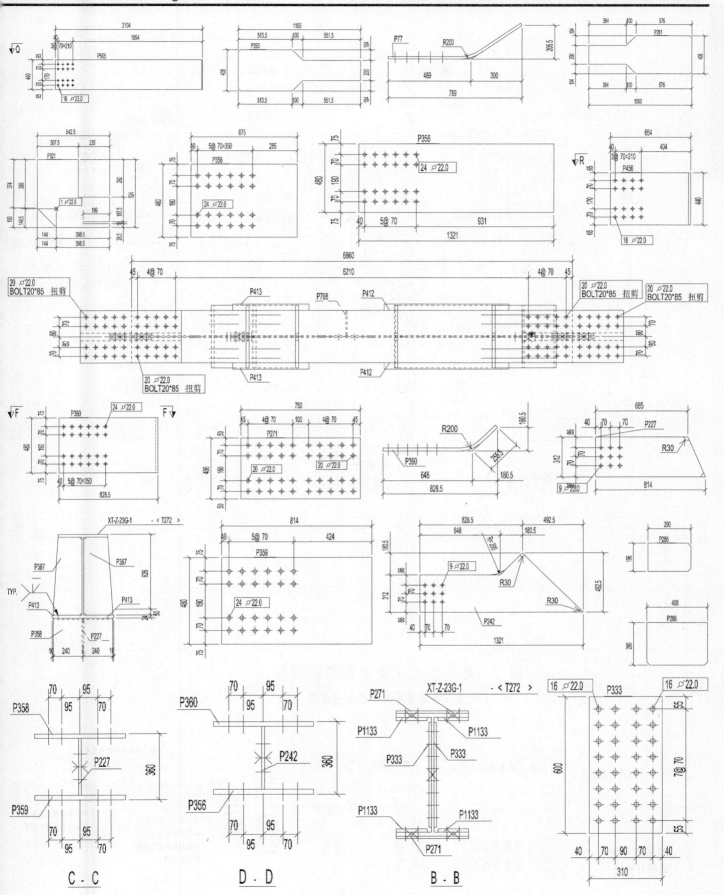

C - C   D - D   B - B

▲-钢梁节点构造详图 - 钢柱

钢梁节点构造详图

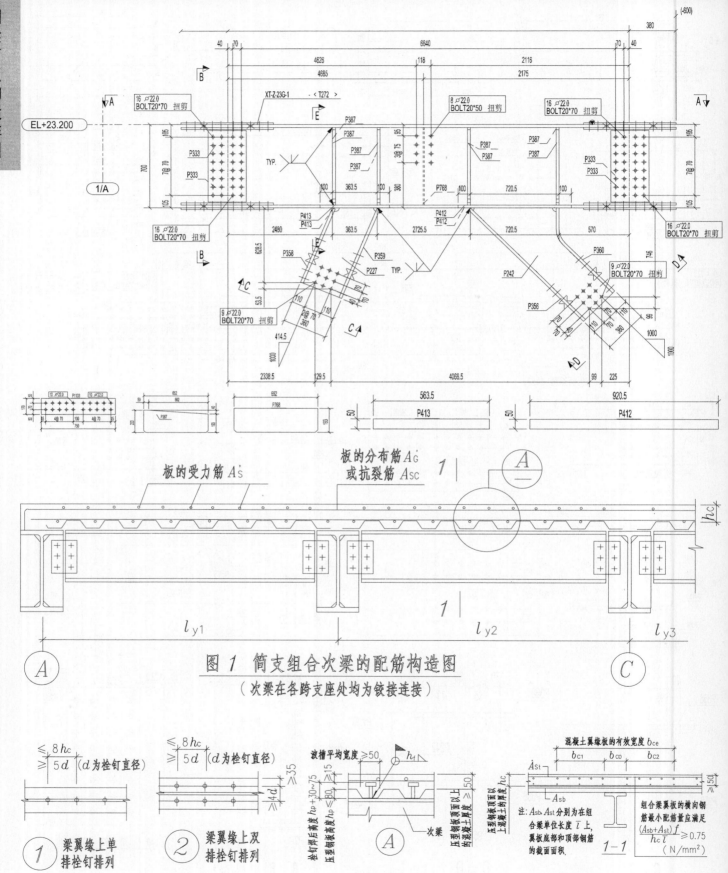

图1 简支组合次梁的配筋构造图

（次梁在各跨支座处均为铰接连接）

① 梁翼缘上单排栓钉排列

② 梁翼缘上双排栓钉排列

Ⓐ

1-1

注：A_{sb}、A_{st} 分别为在组合梁单位长度 $\bar{l}$ 上，翼板底部和顶部钢筋的截面面积。

组合梁翼板的横向钢筋最小配筋量应满足

$$\frac{(A_{sb}+A_{st})}{h_c \bar{l}} f \geqslant 0.75$$
（N/mm²）

▲-简支组合次梁的配筋节点构造详图

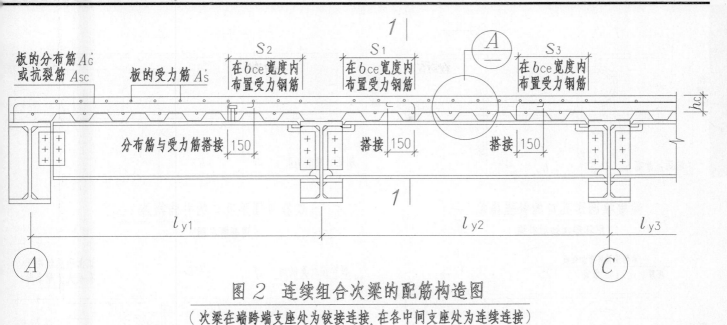

图 2　连续组合次梁的配筋构造图

（次梁在端跨端支座处为铰接连接，在各中间支座处为连续连接）

▲-简支组合次梁的配筋节点构造详图

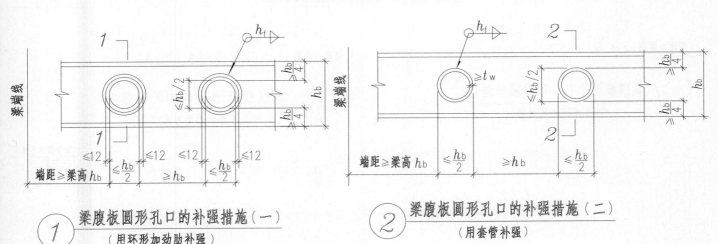

①　梁腹板圆形孔口的补强措施（一）
（用环形加劲肋补强）

②　梁腹板圆形孔口的补强措施（二）
（用套管补强）

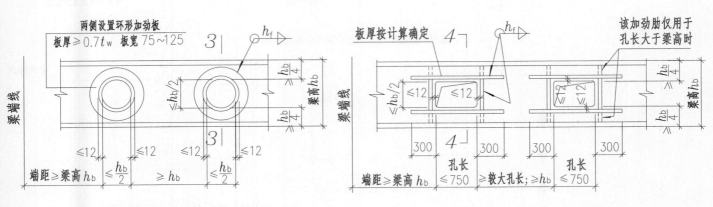

③　梁腹板圆形孔口的补强措施（三）
（用环形板补强）

④　梁腹板矩形孔口的补强措施
（用加劲肋补强）

▲-梁腹板孔口的补强节点详图

钢梁节点构造详图

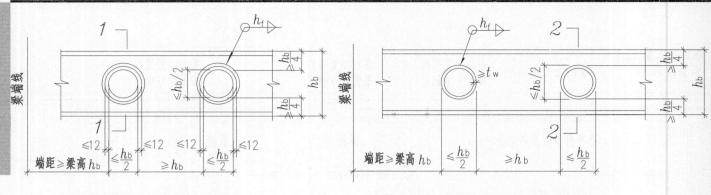

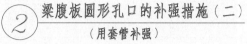

① 梁腹板圆形孔口的补强措施（一）
（用环形加劲肋补强）

② 梁腹板圆形孔口的补强措施（二）
（用套管补强）

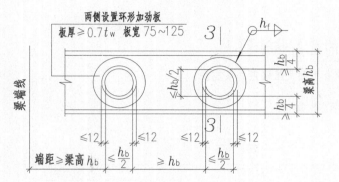

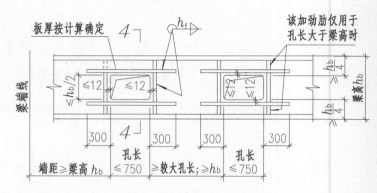

③ 梁腹板圆形孔口的补强措施（三）
（用环形板补强）

④ 梁腹板矩形孔口的补强措施
（用加劲肋补强）

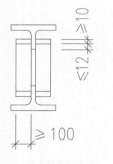

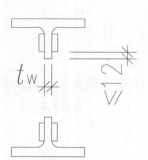

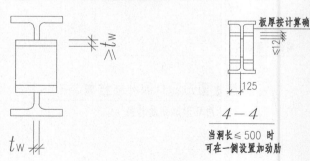

4—4

当洞长≤500时
可在一侧设置加劲肋

▲-梁腹板圆形孔口的补强节点构造详图

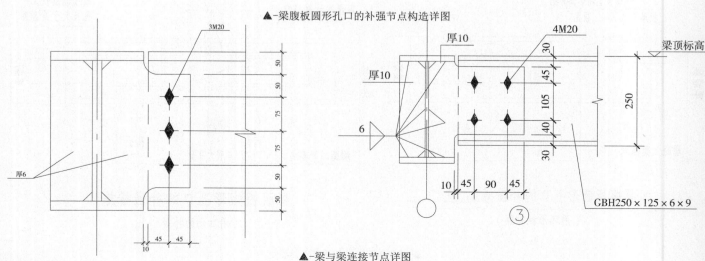

▲-梁与梁连接节点详图

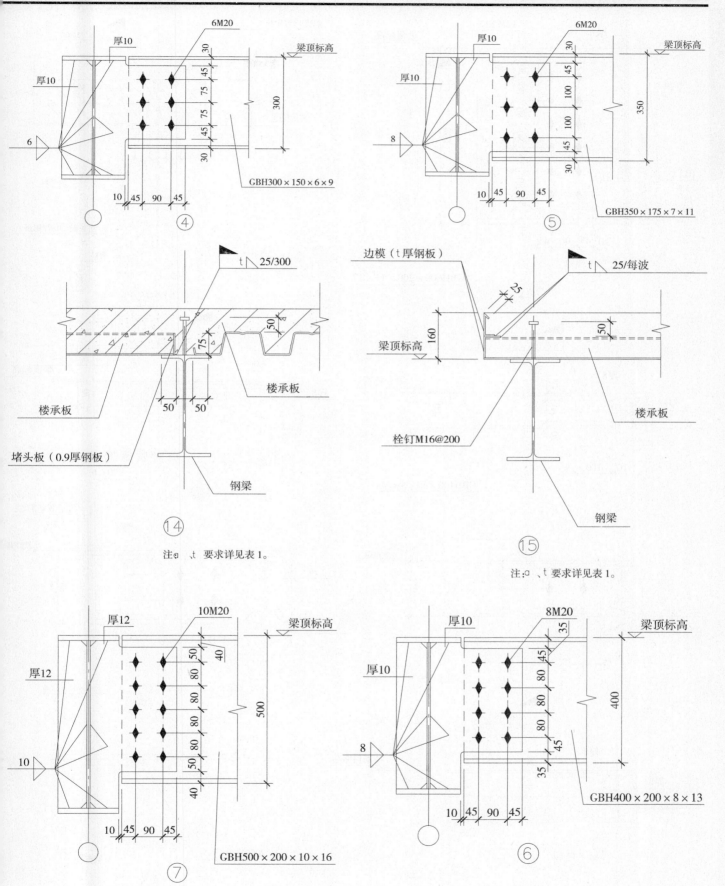

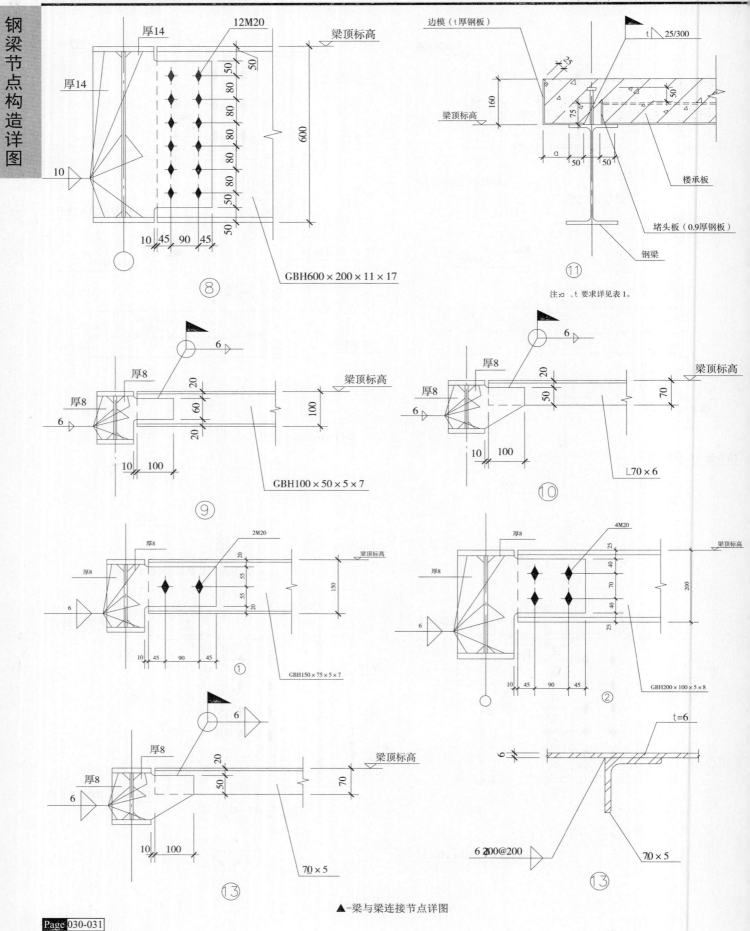

▲-梁与梁连接节点详图

注: a、t 要求详见表1。

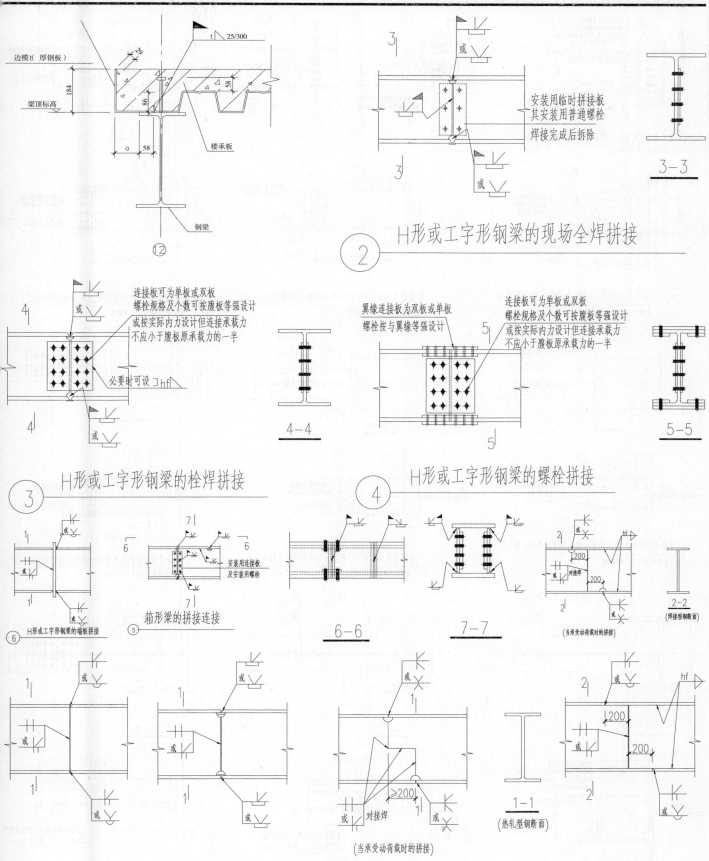

边模t(厚钢板)

梁顶标高

楼承板

钢梁

⑫

安装用临时拼接板
其安装用普通螺栓
焊接完成后拆除

3-3

H形或工字形钢梁的现场全焊拼接
② ─────

连接板可为单板或双板
螺栓规格及个数可按腹板等强设计
或按实际内力设计但连接承载力
不应小于腹板原承载力的一半

必要时可设 hf

翼缘连接板为双板或单板
螺栓按与翼缘等强设计

连接板可为单板或双板
螺栓规格及个数可按腹板等强设计
或按实际内力设计但连接承载力
不应小于腹板原承载力的一半

4-4

5-5

H形或工字形钢梁的栓焊拼接
③ ─────

H形或工字形钢梁的螺栓拼接
④ ─────

安装用连接板
及安装用螺栓

箱形梁的拼接连接
⑤

H形或工字形钢梁的端板拼接
⑥

6-6

7-7

200
对接焊
200

2-2
(焊接型钢断面)

(当承受动荷载时的拼接)

1-1
(热轧型钢断面)

≥200
对接焊

200
200

(当承受动荷载时的拼接)

H形或工字形钢梁的全焊拼接
① ─────
以上拼接均在工厂完成

▲-民用钢框架梁梁拼接节点构造详图

钢梁节点构造详图

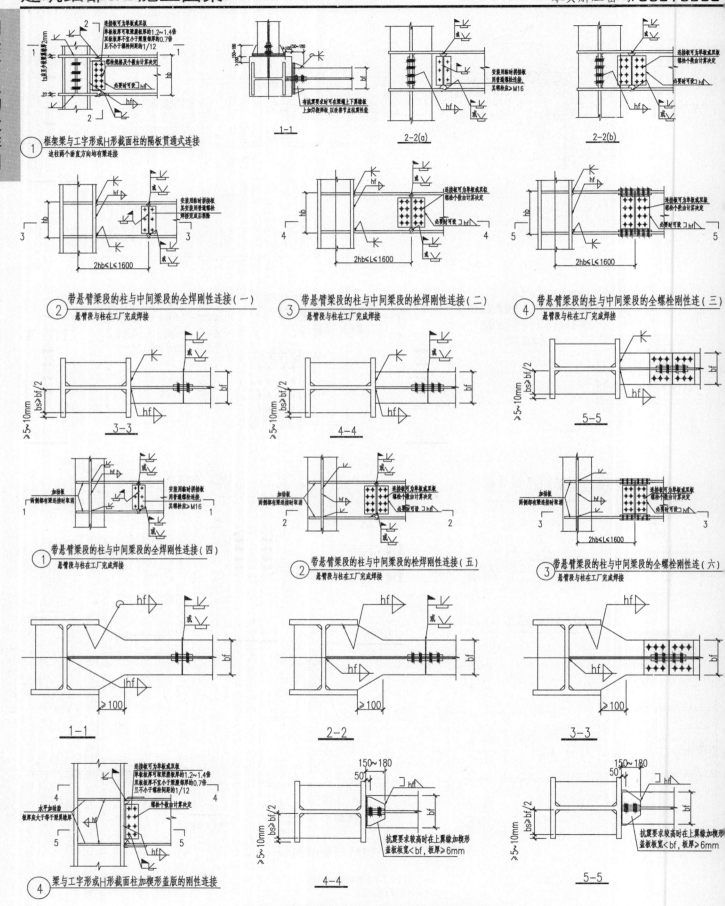

① 框架梁与工字形或H形截面柱的隔板贯通式连接
边柱两个垂直方向均有梁连接

1-1

2-2(a)

2-2(b)

② 带悬臂梁段的柱与中间梁段的全焊刚性连接（一）
悬臂段与柱在工厂完成焊接

③ 带悬臂梁段的柱与中间梁段的栓焊刚性连接（二）
悬臂段与柱在工厂完成焊接

④ 带悬臂梁段的柱与中间梁段的全螺栓刚性连（三）
悬臂段与柱在工厂完成焊接

3-3

4-4

5-5

① 带悬臂梁段的柱与中间梁段的全焊刚性连接（四）
悬臂段与柱在工厂完成焊接

② 带悬臂梁段的柱与中间梁段的栓焊刚性连接（五）
悬臂段与柱在工厂完成焊接

③ 带悬臂梁段的柱与中间梁段的全螺栓刚性连（六）
悬臂段与柱在工厂完成焊接

1-1

2-2

3-3

④ 梁与工字形或H形截面柱加楔形盖版的刚性连接

4-4

5-5

▲-民用钢框架H形或工字形梁柱刚接形式节点构造详图

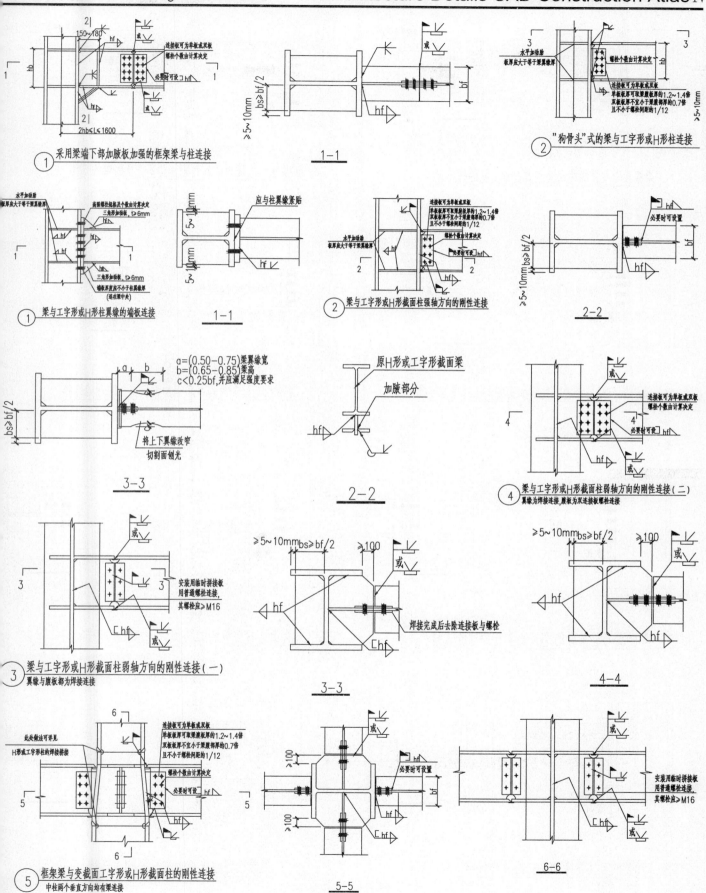

① 采用梁端下部加腋板加强的框架梁与柱连接

1—1

② "狗骨头"式的梁与工字形或H形柱连接

① 梁与工字形或H形柱翼缘的端板连接

1—1

② 梁与工字形或H形截面柱强轴方向的刚性连接

2—2

a=(0.50-0.75)梁翼缘宽
b=(0.65-0.85)梁高
c<0.25bf,并应满足强度要求

3—3

原H形或工字形截面梁
加腋部分

2—2

④ 梁与工字形或H形截面柱弱轴方向的刚性连接(二)
翼缘为焊接连接,腹板为双连接板螺栓连接

③ 梁与工字形或H形截面柱弱轴方向的刚性连接(一)
翼缘与腹板都为焊接连接

3—3

4—4

⑤ 框架梁与变截面工字形或H形截面柱的刚性连接
中柱两个垂直方向均有梁连接

5—5

6—6

▲-民用钢框架H形或工字形梁柱刚接形式节点构造详图

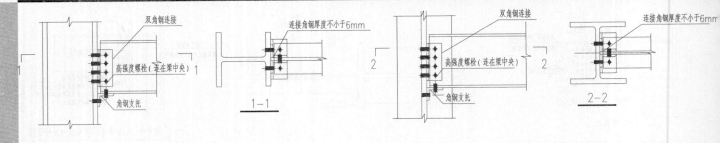

① 梁腹板与柱翼缘的双角钢加角钢支托的螺栓连接

② 梁腹板与柱腹板的双角钢加角钢支托的螺栓连接

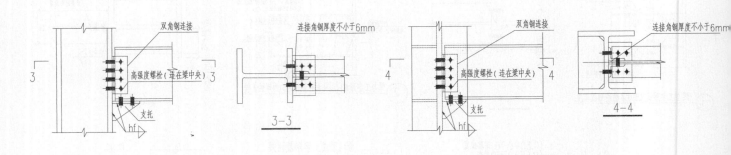

③ 梁腹板与柱翼缘的双角钢加钢板支托的螺栓连接

④ 梁腹板与柱腹板的双角钢加钢板支托的螺栓连接

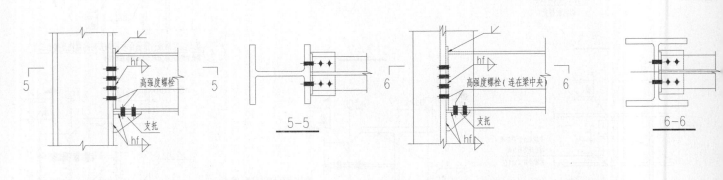

⑤ 梁腹板与柱翼缘的端板加支托的螺栓连接

⑥ 梁腹板与柱腹板的端板加支托的螺栓连接

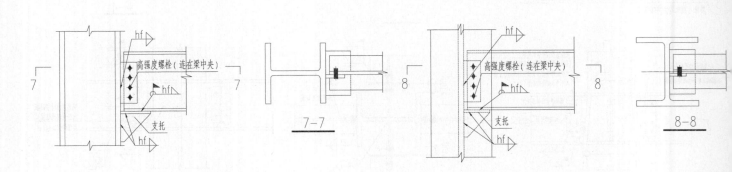

⑦ 梁腹板与柱翼缘加支托的栓焊连接

⑧ 梁腹板与柱腹板加支托的栓焊连接

▲-民用钢框架梁柱半刚性连接形式节点构造详图

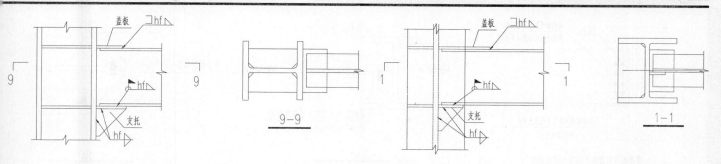

9 梁腹板与柱翼缘的盖板加支托的全焊连接

1 梁腹板与柱腹板的盖板加支托的全焊连接

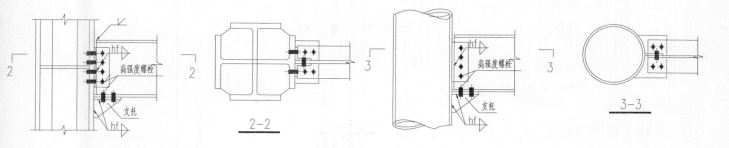

2 梁腹板与十字形柱翼缘的双角钢加支托的螺栓连接

5 梁腹板与圆管柱的连接板加支托的螺栓连接

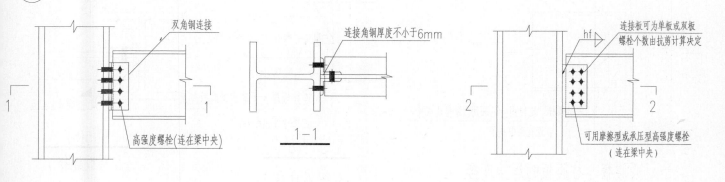

1 梁腹板与柱翼缘的双角钢螺栓连接

2 梁腹板与柱翼缘的连接板螺栓连接

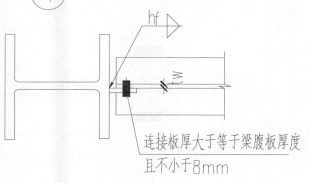

2-2(a)

（当螺栓为单剪连接时）

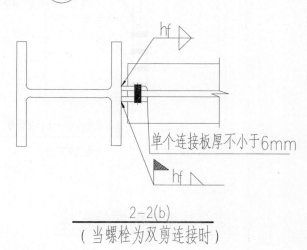

2-2(b)

（当螺栓为双剪连接时）

▲-民用钢框架梁柱铰接形式节点构造详图

钢梁节点构造详图

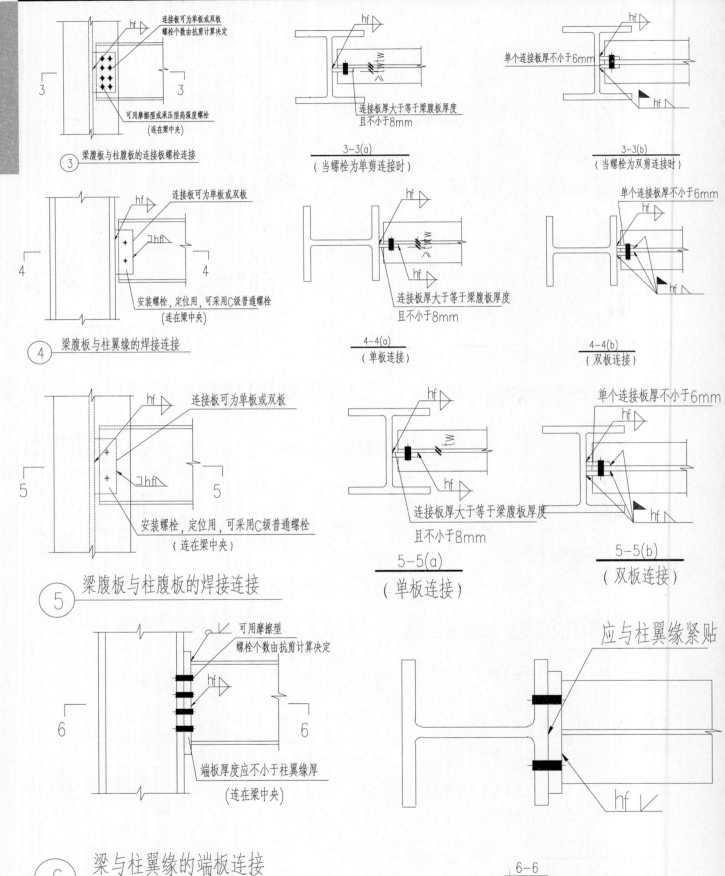

连接板可为单板或双板
螺栓个数由抗剪计算决定

可用摩擦型或承压型高强度螺栓
（连在梁中央）

③ 梁腹板与柱腹板的连接板螺栓连接

hf

连接板厚大于等于梁腹板厚度
且不小于8mm

3-3(a)
（当螺栓为单剪连接时）

单个连接板厚不小于6mm

hf

3-3(b)
（当螺栓为双剪连接时）

连接板可为单板或双板

安装螺栓，定位用，可采用C级普通螺栓
（连在梁中央）

④ 梁腹板与柱翼缘的焊接连接

连接板厚大于等于梁腹板厚度
且不小于8mm

4-4(a)
（单板连接）

单个连接板厚不小于6mm

hf

4-4(b)
（双板连接）

连接板可为单板或双板

安装螺栓，定位用，可采用C级普通螺栓
（连在梁中央）

⑤ 梁腹板与柱腹板的焊接连接

连接板厚大于等于梁腹板厚度
且不小于8mm

5-5(a)
（单板连接）

单个连接板厚不小于6mm

5-5(b)
（双板连接）

可用摩擦型
螺栓个数由抗剪计算决定

端板厚度应不小于柱翼缘厚
（连在梁中央）

⑥ 梁与柱翼缘的端板连接

应与柱翼缘紧贴

6-6

▲-民用钢框架梁柱铰接形式节点构造详图

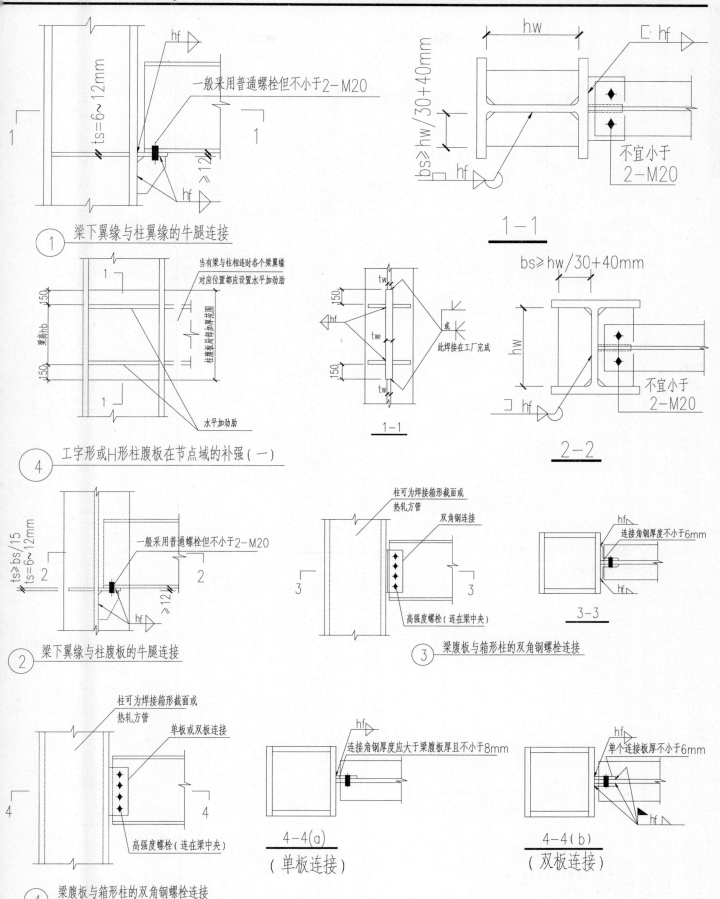

▲-民用钢框架梁柱铰接形式节点构造详图

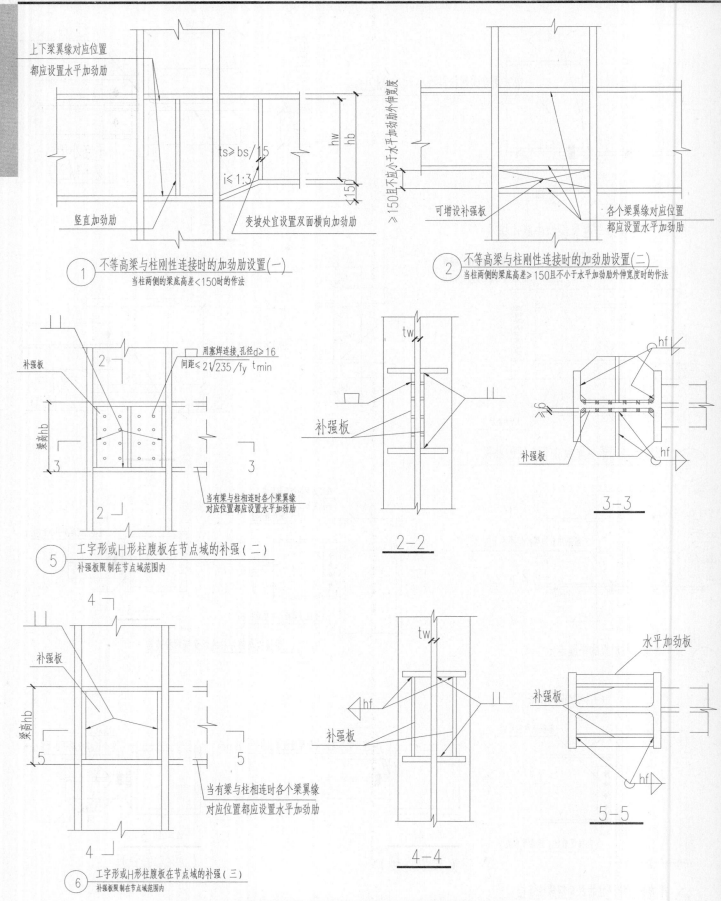

上下梁翼缘对应位置都应设置水平加劲肋

竖直加劲肋

$ts≥bs/15$

$i≤1:3$

变坡处宜设置双面横向加劲肋

① 不等高梁与柱刚性连接时的加劲肋设置(一)
当柱两侧的梁底高差<150时的作法

≥150且不应小于水平加劲肋外伸宽度

可增设补强板

各个梁翼缘对应位置都应设置水平加劲肋

② 不等高梁与柱刚性连接时的加劲肋设置(二)
当柱两侧的梁底高差≥150且不小于水平加劲肋外伸宽度时的作法

补强板

梁高hb

用塞焊连接,孔径d≥16
间距≤$21\sqrt{235/fy}$ t_{min}

当有梁与柱相连时各个梁翼缘对应位置都应设置水平加劲肋

⑤ 工字形或H形柱腹板在节点域的补强(二)
补强板限制在节点域范围内

补强板

2-2

补强板

hf

hf

3-3

补强板

梁高hb

当有梁与柱相连时各个梁翼缘对应位置都应设置水平加劲肋

⑥ 工字形或H形柱腹板在节点域的补强(三)
补强板限制在节点域范围内

补强板

hf

4-4

水平加劲板

补强板

hf

5-5

▲-民用钢框架梁柱连接处的加劲设置及节点域补强节点构造详图

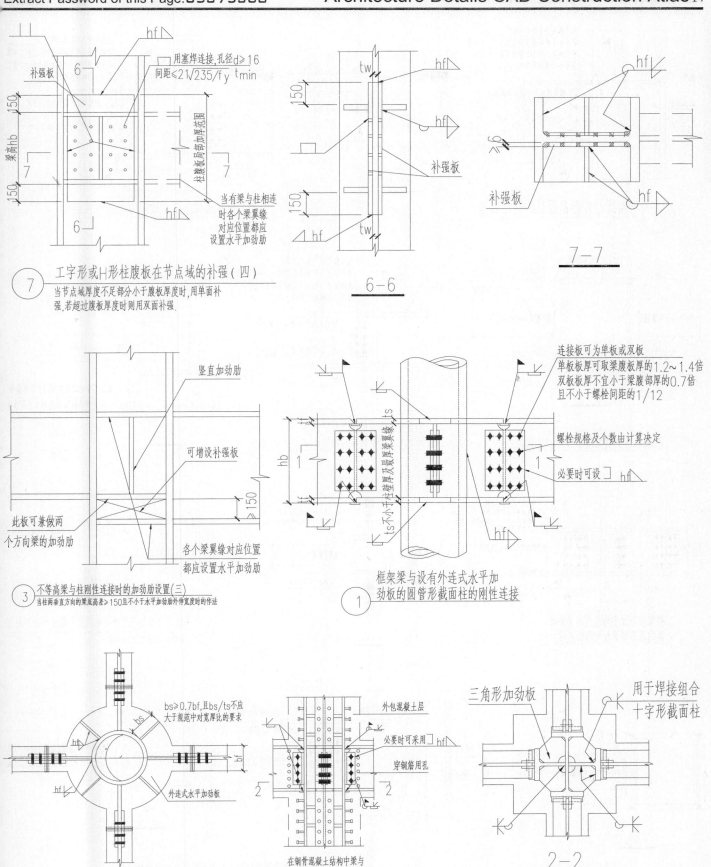

⑦ **工字形或H形柱腹板在节点域的补强（四）**
当节点域厚度不足部分小于腹板厚度时,用单面补强,若超过腹板厚度时则用双面补强.

用塞焊连接,孔径d≥16
间距≤21√235/f y t min

补强板

梁高hb

当有梁与柱相连时各个梁翼缘对应位置都应设置水平加劲肋

柱腹板局部加厚范围

6-6

tw

补强板

补强板

7-7

③ **不等高梁与柱刚性连接时的加劲肋设置（三）**
当柱两垂直方向的梁底高差≥150且不小于水平加劲肋外伸宽度时的作法

竖直加劲肋

可增设补强板

此板可兼做两个方向梁的加劲肋

各个梁翼缘对应位置都应设置水平加劲肋

① **框架梁与设有外连式水平加劲板的圆管形截面柱的刚性连接**

连接板可为单板或双板
单板板厚可取梁腹板厚的1.2~1.4倍
双板板厚不宜小于梁腹部厚的0.7倍
且不小于螺栓间距的1/12

ts不小于柱壁厚及最厚梁翼缘

螺栓规格及个数由计算决定

必要时可设

1-1

bs≥0.7bf,且bs/ts不应大于规范中对宽厚比的要求

外连式水平加劲板

② **在钢骨混凝土结构中梁与十字形截面柱的刚性连接**

外包混凝土层

必要时可采用

穿钢筋用孔

三角形加劲板

用于焊接组合十字形截面柱

2-2

▲-民用钢框架其他断面柱梁刚接形式节点构造详图

钢梁节点构造详图

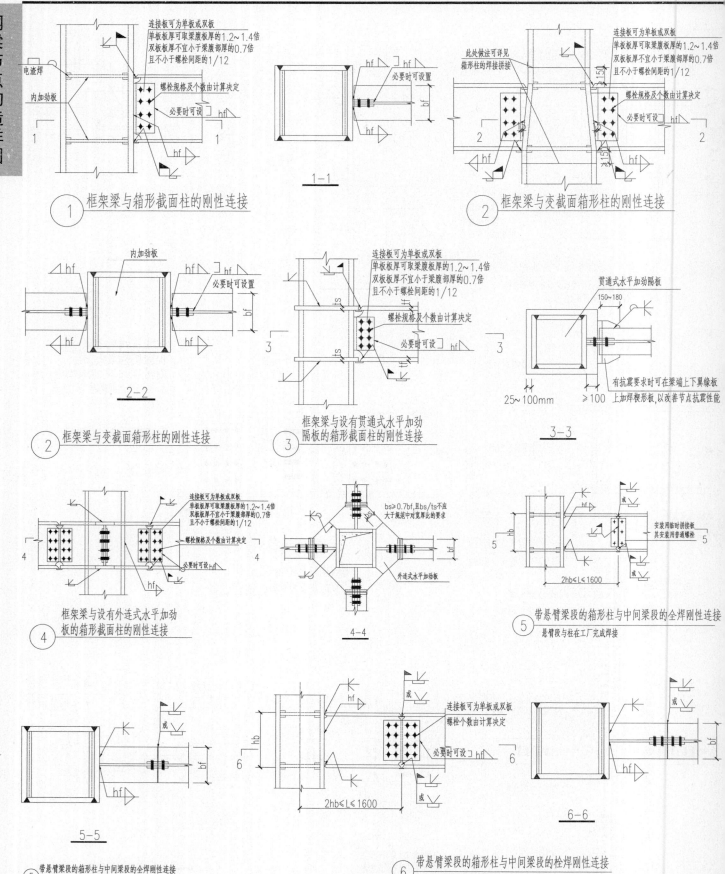

1 框架梁与箱形截面柱的刚性连接

连接板可为单板或双板
单板板厚可取梁腹板厚的1.2~1.4倍
双板板厚不宜小于梁腹部厚的0.7倍
且不小于螺栓间距的1/12

螺栓规格及个数由计算决定

电渣焊
内加劲板

1—1

此处做法可详见箱形柱的焊接拼接

2 框架梁与变截面箱形柱的刚性连接

内加劲板

2—2

2 框架梁与变截面箱形柱的刚性连接

连接板可为单板或双板
单板板厚可取梁腹板厚的1.2~1.4倍
双板板厚不宜小于梁腹部厚的0.7倍
且不小于螺栓间距的1/12

螺栓规格及个数由计算决定

3 框架梁与设有贯通式水平加劲隔板的箱形截面柱的刚性连接

贯通式水平加劲隔板
150~180

有抗震要求时可在梁端上下翼缘板
上加焊楔形板,以改善节点抗震性能
25~100mm   ≥100

3—3

4 框架梁与设有外连式水平加劲板的箱形截面柱的刚性连接

连接板可为单板或双板
单板板厚可取梁腹板厚的1.2~1.4倍
双板板厚不宜小于梁腹部厚的0.7倍
且不小于螺栓间距的1/12

螺栓规格及个数由计算决定

bs≥0.7bf,且bs/ts不应
大于规范中对宽厚比的要求

外连式水平加劲板

4—4

5 带悬臂梁段的箱形柱与中间梁段的全焊刚性连接
悬臂段与柱在工厂完成焊接

安装用临时拼接板
其安装用普通螺栓
2hb≤L≤1600

5 带悬臂梁段的箱形柱与中间梁段的全焊刚性连接
悬臂段与柱在工厂完成焊接

5—5

连接板可为单板或双板
螺栓个数由计算决定
2hb≤L≤1600

6 带悬臂梁段的箱形柱与中间梁段的栓焊刚性连接
悬臂段与柱在工厂完成焊接

6—6

▲-民用钢框架箱形柱梁刚接形式节点构造详图

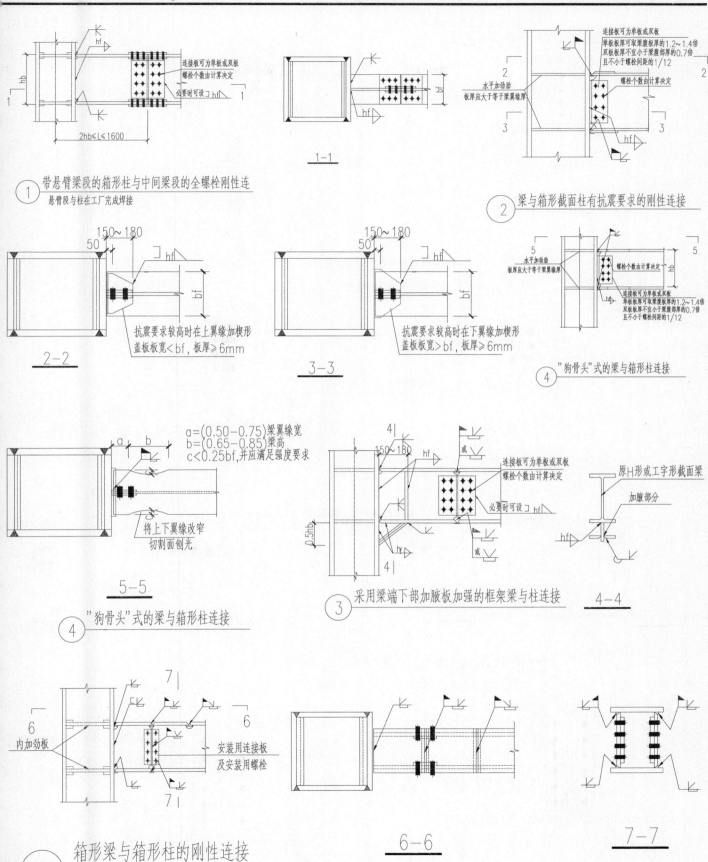

连接板可为单板或双板
螺栓个数由计算决定
必要时可设⊐hf

2hb≤L≤1600

1-1

① 带悬臂梁段的箱形柱与中间梁段的全螺栓刚性连
悬臂段与柱在工厂完成焊接

连接板可为单板或双板
单板板厚可取梁腹板厚的1.2～1.4倍
双板板厚不宜小于梁腹厚的0.7倍
且不小于螺栓间距的1/12
螺栓个数由计算决定

水平加劲肋
板厚应大于等于梁翼缘厚

② 梁与箱形截面柱有抗震要求的刚性连接

150～180
50
hf
bf

抗震要求较高时在上翼缘加模形
盖板板宽＜bf，板厚≥6mm

2-2

150～180
50
hf
bf

抗震要求较高时在下翼缘加模形
盖板板宽＞bf，板厚≥6mm

3-3

水平加劲肋
板厚应大于等于梁翼缘厚
hb
连接板可为单板或双板
单板板厚可取梁腹板厚的1.2～1.4倍
双板板厚不宜小于梁腹厚的0.7倍
且不小于螺栓间距的1/12

④ "狗骨头"式的梁与箱形柱连接

a=(0.50-0.75)梁翼缘宽
b=(0.65-0.85)梁高
c＜0.25bf,并应满足强度要求

将上下翼缘改窄
切割面刨光

5-5

④ "狗骨头"式的梁与箱形柱连接

150～180
hf
或
连接板可为单板或双板
螺栓个数由计算决定
必要时可设⊐hf

0.5hb

③ 采用梁端下部加腋板加强的框架梁与柱连接

4-4

原H形或工字形截面梁
加腋部分
hf

6
内加劲板
安装用连接板
及安装用螺栓

⑤ 箱形梁与箱形柱的刚性连接

6-6

7-7

▲-民用钢框架箱形柱梁刚接形式节点构造详图

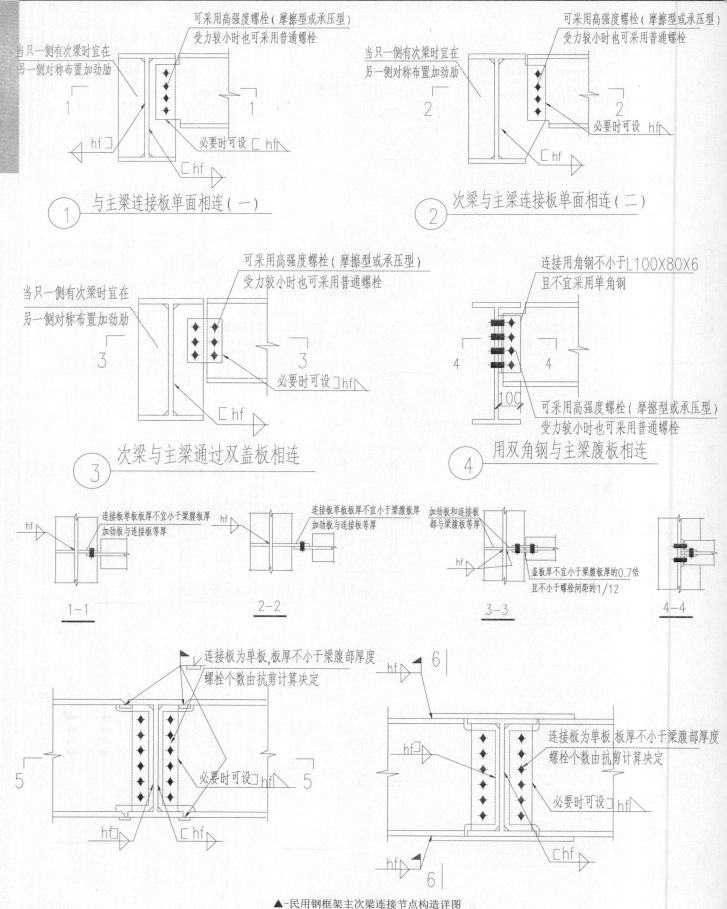

① 与主梁连接板单面相连 (一)

② 次梁与主梁连接板单面相连 (二)

③ 次梁与主梁通过双盖板相连

④ 用双角钢与主梁腹板相连

1-1   2-2   3-3   4-4

⑤

⑥

▲-民用钢框架主次梁连接节点构造详图

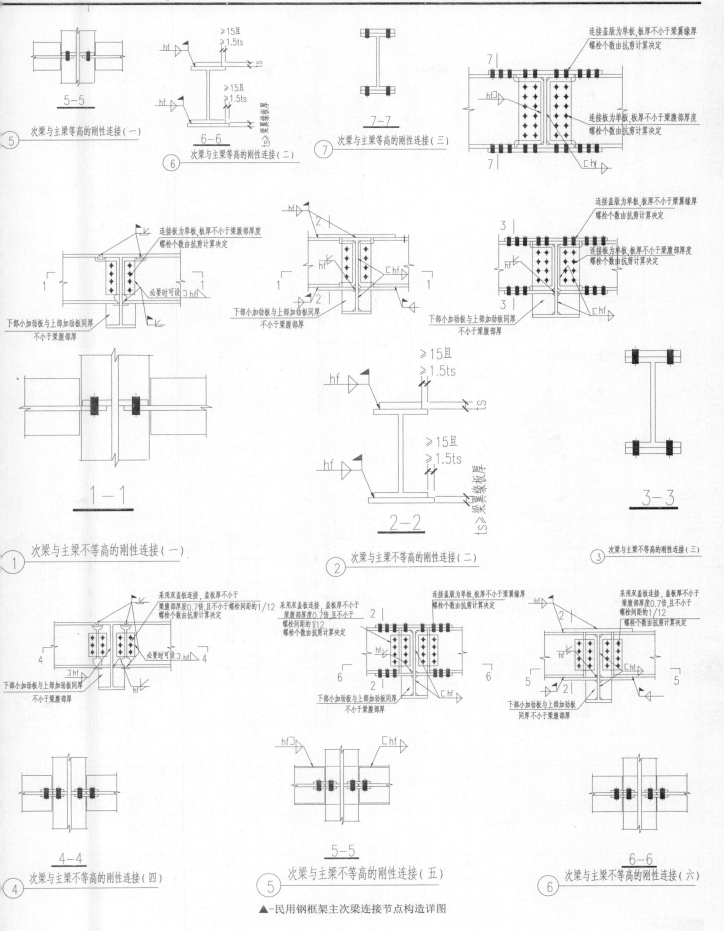

5-5

⑤ 次梁与主梁等高的刚性连接（一）

≥15且
≥1.5ts
hf
ts
hf
6-6
⑥ 次梁与主梁等高的刚性连接（二）
ts≥梁翼缘板厚

7-7
⑦ 次梁与主梁等高的刚性连接（三）

连接盖版为单板,板厚不小于梁翼缘厚
螺栓个数由抗剪计算决定
hf
连接板为单板,板厚不小于梁腹部厚度
螺栓个数由抗剪计算决定
hf

连接板为单板,板厚不小于梁腹部厚度
螺栓个数由抗剪计算决定
hf
必要时可设 hf
下部小加劲板与上部加劲板同厚
不小于梁腹部厚

hf
hf
下部小加劲板与上部加劲板同厚
不小于梁腹部厚

连接盖版为单板,板厚不小于梁翼缘厚
螺栓个数由抗剪计算决定
hf
连接板为单板,板厚不小于梁腹部厚度
螺栓个数由抗剪计算决定
hf
下部小加劲板与上部加劲板
不小于梁腹部厚

1-1

① 次梁与主梁不等高的刚性连接（一）

≥15且
≥1.5ts
hf
ts
≥15且
≥1.5ts
hf
2-2
ts≥梁翼缘板厚
② 次梁与主梁不等高的刚性连接（二）

3-3

③ 次梁与主梁不等高的刚性连接（三）

采用双盖板连接,盖板厚不小于
梁腹部厚度0.7倍,且不小于螺栓间距的1/12
螺栓个数由抗剪计算决定
hf
必要时可设 hf
hf
下部小加劲板与上部加劲板同厚
不小于梁腹部厚

采用双盖板连接,盖板厚不小于
梁腹部厚度0.7倍,且不小于
螺栓间距的1/12
螺栓个数由抗剪计算决定
连接盖版为单板,板厚不小于梁翼缘厚
螺栓个数由抗剪计算决定
hf
hf
下部小加劲板与上部加劲板同厚
不小于梁腹部厚

采用双盖板连接,盖板厚不小于
梁腹部厚度0.7倍,且不小于螺栓间距的1/12
螺栓个数由抗剪计算决定
hf
hf
下部小加劲板与上部加劲板
同厚不小于梁腹部厚

hf
hf

4-4

④ 次梁与主梁不等高的刚性连接（四）

5-5

⑤ 次梁与主梁不等高的刚性连接（五）

6-6

⑥ 次梁与主梁不等高的刚性连接（六）

▲-民用钢框架主次梁连接节点构造详图

钢梁节点构造详图

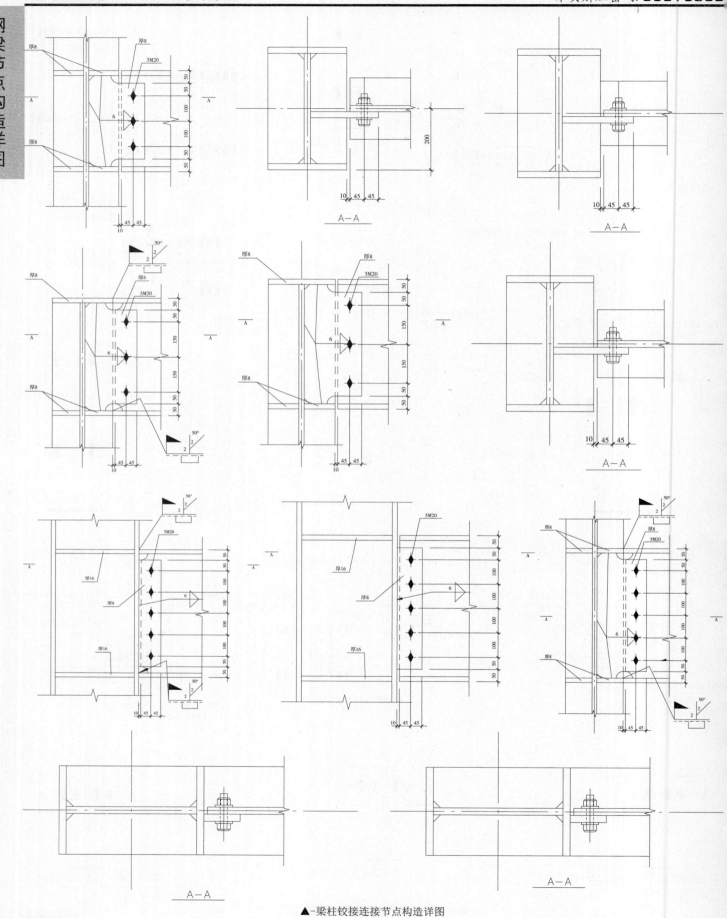

▲-梁柱铰接连接节点构造详图

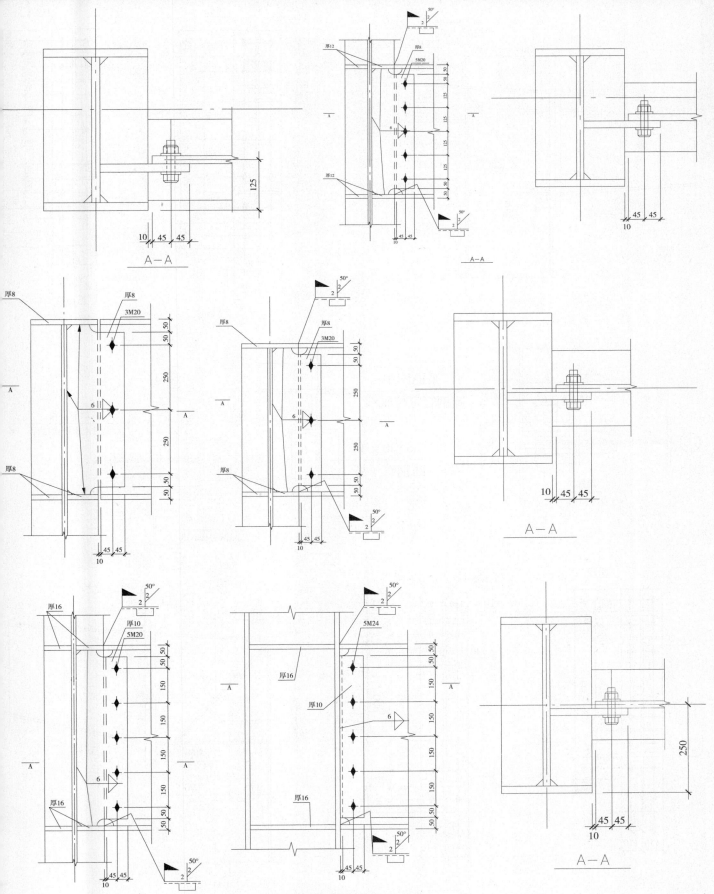

▲-梁柱铰接连接节点构造详图

钢梁节点构造详图

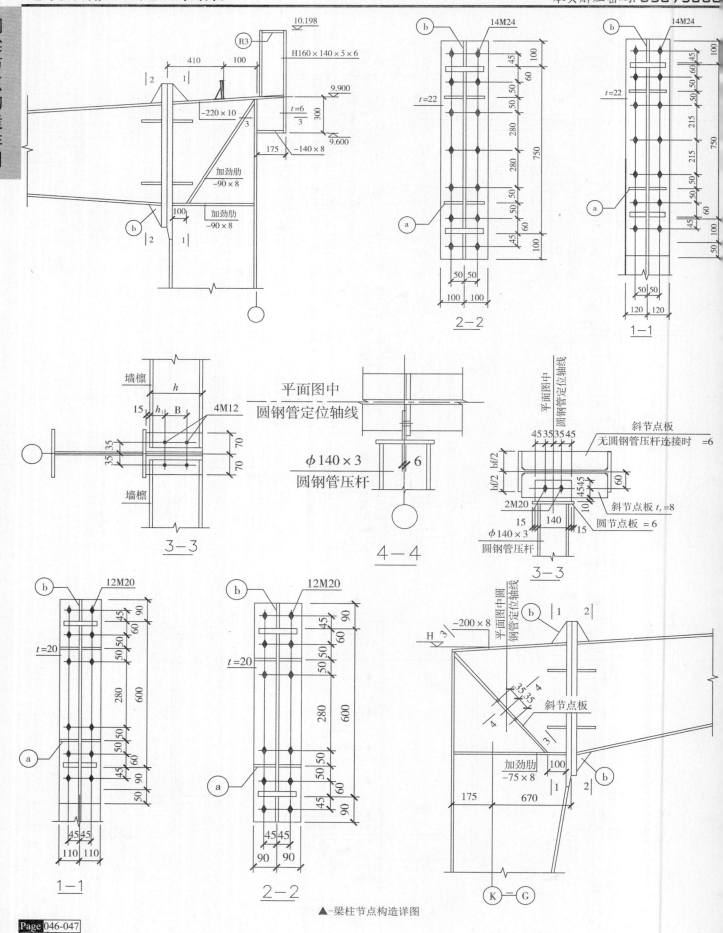

2—2

1—1

3—3

平面图中
圆钢管定位轴线

$\phi 140 \times 3$
圆钢管压杆

4—4

3—3

1—1

2—2

▲-梁柱节点构造详图

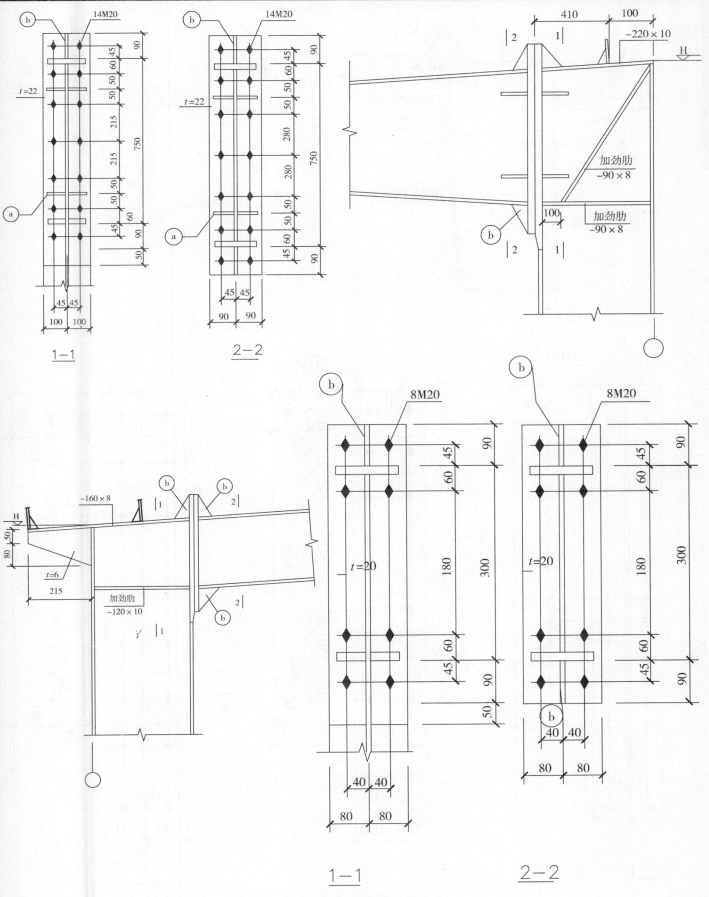

加劲肋
-90×8

加劲肋
-90×8

-220×10

-160×8

$t=6$

加劲肋
-120×10

$1-1$ $2-2$

$1-1$ $2-2$

14M20   14M20

8M20   8M20

$t=22$ $t=22$

$t=20$ $t=20$

▲—梁柱节点构造详图

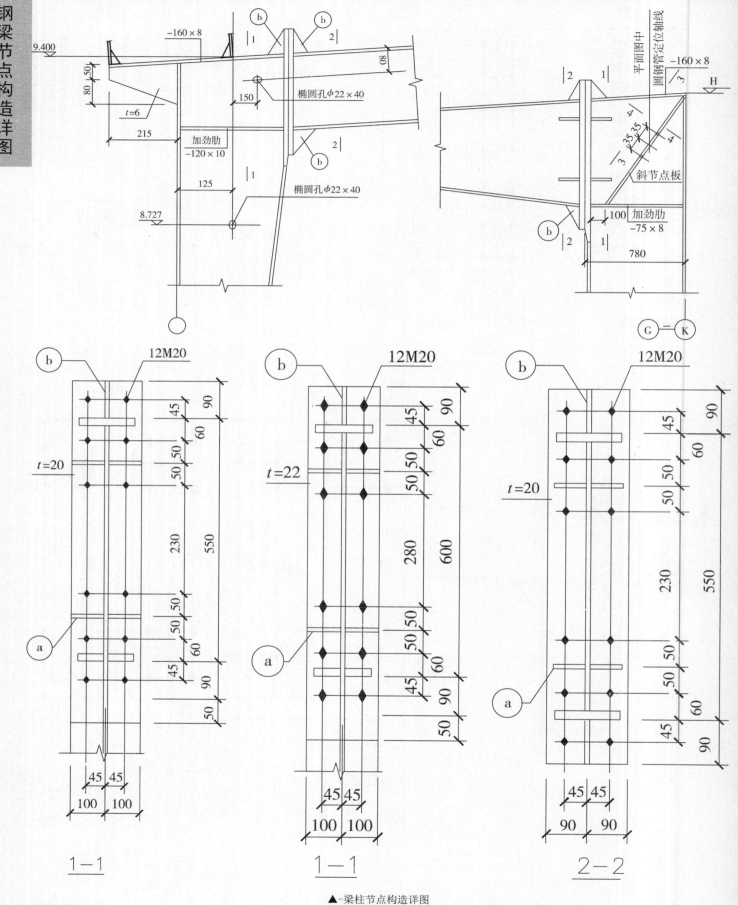

▲-梁柱节点构造详图

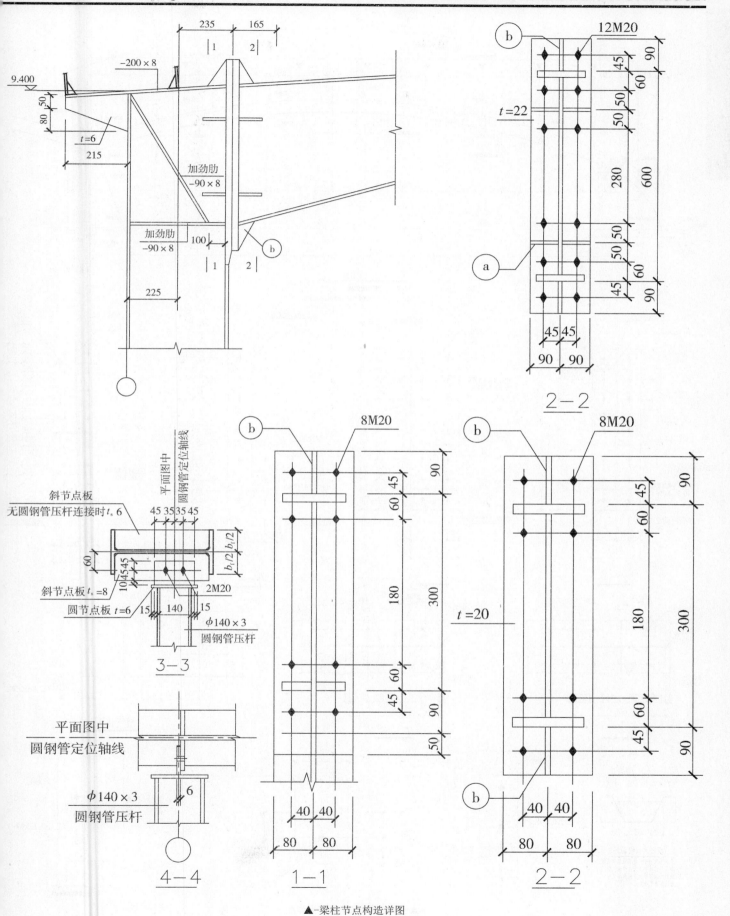

▲-梁柱节点构造详图

钢梁节点构造详图

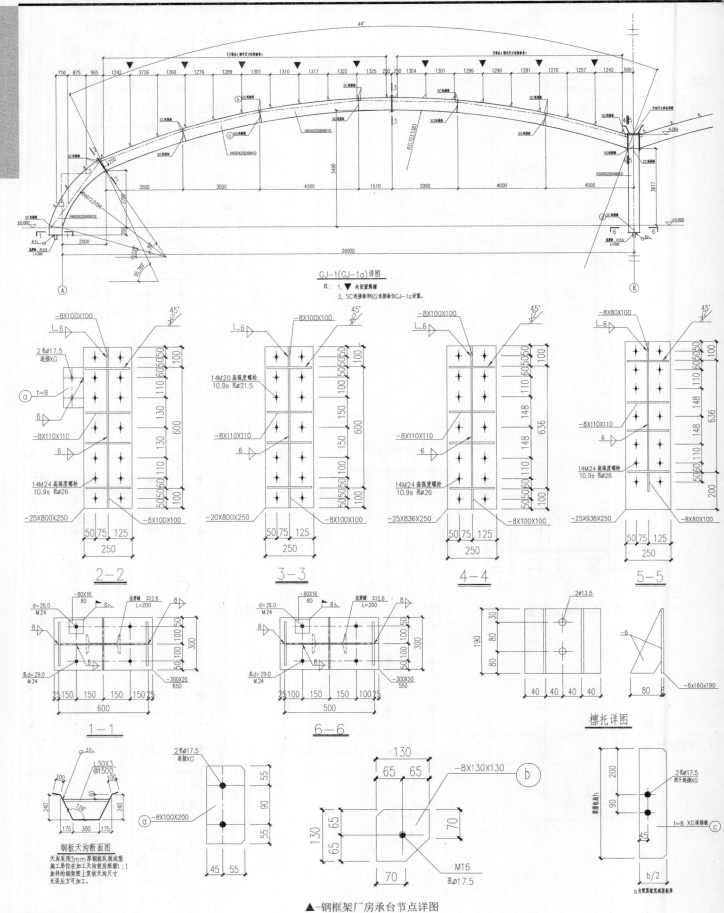

GJ-1(GJ-1a)详图

注: 1、▼ 为设置隅撑。
2、SC连接板和XG连接板仅GJ-1a设置。

2-2

3-3

4-4

5-5

檩托详图

1-1

6-6

钢板天沟断面图

天沟采用3mm厚钢板轧制成型
施工单位在加工天沟前应根据1:1
放样的钢架图上复核天沟尺寸
无误后方可加工。

▲-钢框架厂房承台节点详图

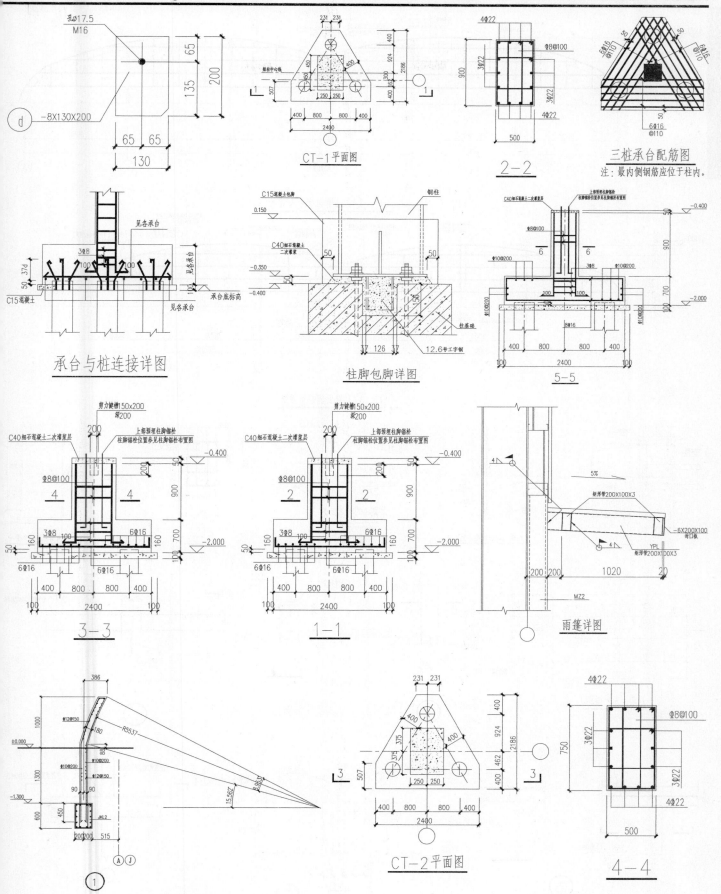

CT-1平面图

2-2

三桩承台配筋图

注：最内侧钢筋应位于柱内。

承台与桩连接详图

柱脚包脚详图

5-5

3-3

1-1

雨篷详图

CT-2平面图

4-4

▲-钢框架厂房承台节点详图

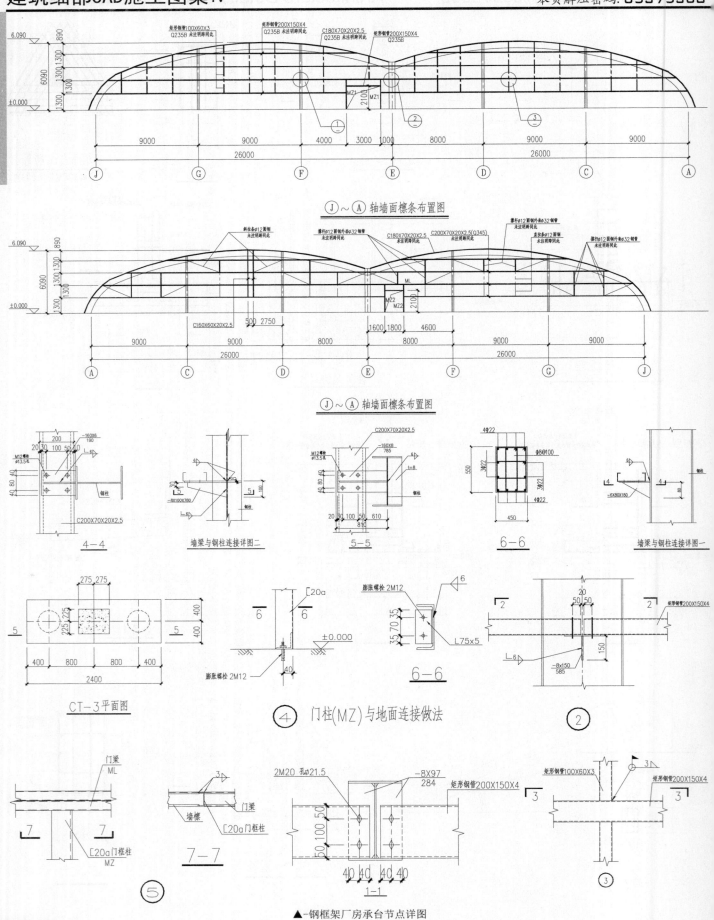

J～A 轴墙面檩条布置图

J～A 轴墙面檩条布置图

4-4

墙梁与钢柱连接详图二

5-5

6-6

墙梁与钢柱连接详图一

CT-3平面图

④ 门柱(MZ)与地面连接做法

⑤

7-7

1-1

③

▲-钢框架厂房承台节点详图

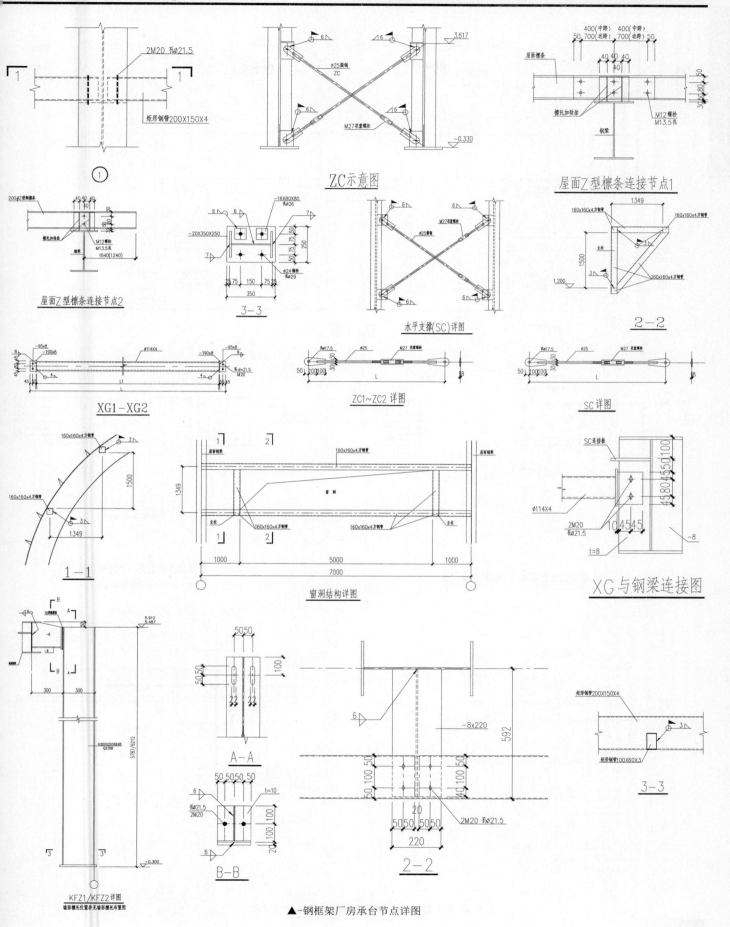

2M20 孔φ21.5

柜形钢管200X150X4

①

1

ZC示意图

φ25圆钢
ZC

M27花蓝螺栓

屋面Z型檩条连接节点1

400(中跨) 400(中跨)
50 700(边跨) 700(边跨) 50
40 40 40
40

屋面檩条

檩托加劲肋

M12螺栓
M13.5孔

钢梁

屋面Z型檩条连接节点2

200X70Z型檩条

40 40 40
40

檩托加劲肋

M12螺栓
M13.5孔
1640(1240)

钢梁

-16X80X80
孔φ26

-20X350X250

φ24螺栓
孔φ29

25 75 150 75 25
350

3-3

φ25圆钢

M27花蓝螺栓

水平支撑(SC)详图

160x160x4方钢管

立柱

160x160x4方钢管

1349

1500

1.200

2-2

XG1—XG2

-95x8
-190x8

φ114X4

-95x8
-190x8

孔d=21.5
2M20

孔φ17.5   φ25   M27 花蓝螺栓

50 100 L

ZC1~ZC2 详图

孔φ17.5   φ25   M27 花蓝螺栓

50 100 L

SC 详图

160x160x4方钢管

3

1500

160x160x4方钢管

3

1349

1—1

2

屋面钢梁   160x160x4方钢管   屋面钢梁

1349

管科

立柱   160x160x4方钢管   160x160x4方钢管   立柱

1   2   1

1000   5000   1000
7000

窗洞结构详图

SC连接板

φ114X4

2M20
孔φ21.5

t=8

XG与钢梁连接图

-8

10 45 45

5.912
5.487

50

-6

300 300

H300X20X6X8
Q235B

5787/6212

5

3

-0.300

KFZ1/KFZ2详图
墙面檩托位置参见墙面檩托布置图

50 50

50 50

22 22

A—A

50 50 50 50

孔φ21.5
2M20

t=10

B—B

6

-8x220

592

50 100 50

50 100 50

20

50 50 50 50
220

2M20 孔φ21.5

2-2

柜形钢管200X150X4

柜形钢管100X60X3

3—3

▲—钢框架厂房承台节点详图

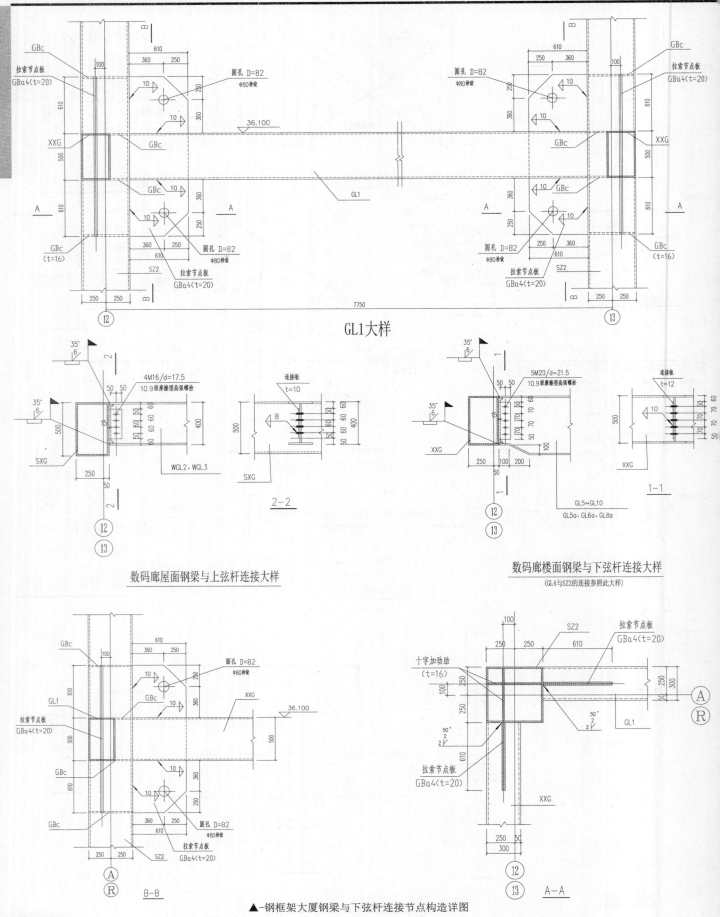

GL1大样

数码廊屋面钢梁与上弦杆连接大样

数码廊楼面钢梁与下弦杆连接大样
(GL4与SZ2的连接参照此大样)

▲-钢框架大厦钢梁与下弦杆连接节点构造详图

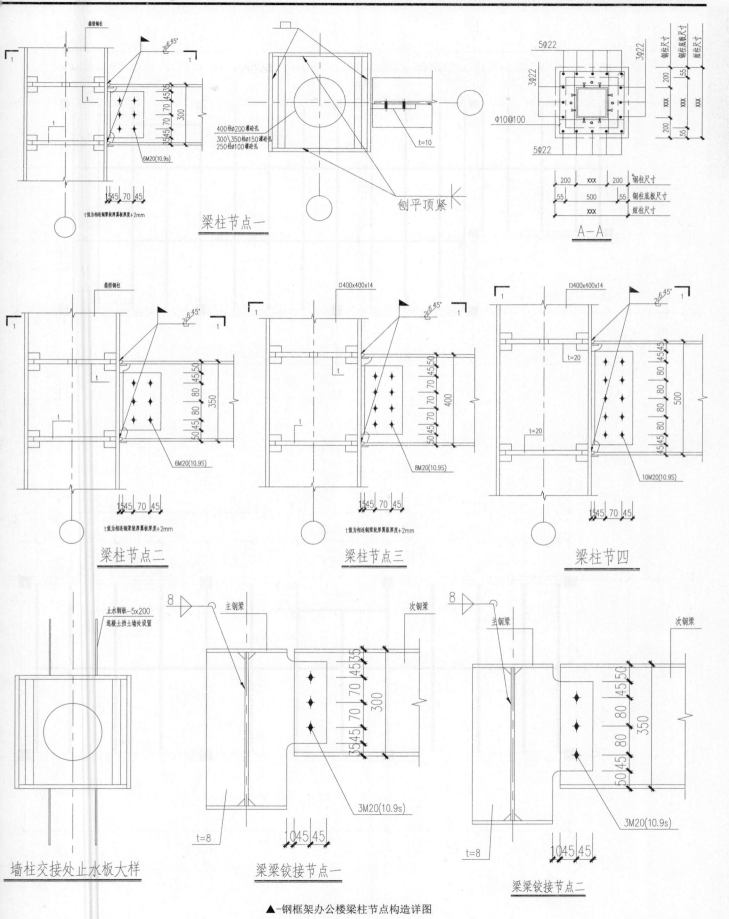

梁柱节点一

A-A

梁柱节点二

梁柱节点三

梁柱节四

墙柱交接处止水板大样

梁梁铰接节点一

梁梁铰接节点二

▲-钢框架办公楼梁柱节点构造详图

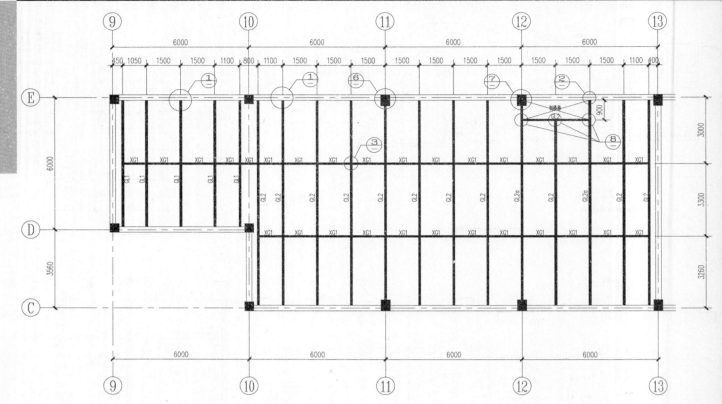

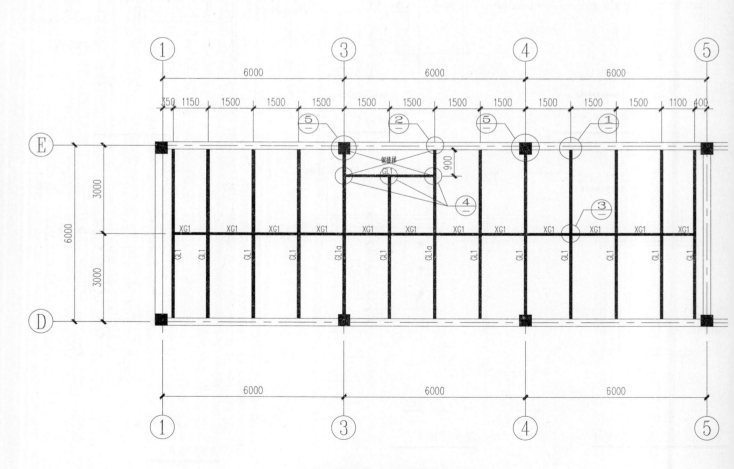

▲-钢结构螺栓连接节点构造详图

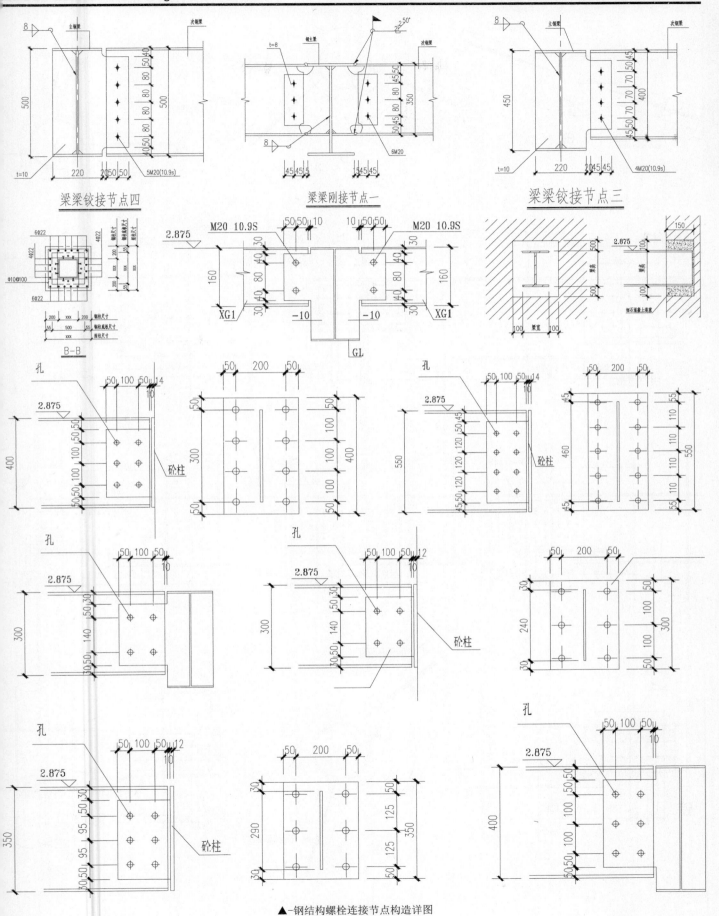

▲-钢结构螺栓连接节点构造详图

钢梁节点构造详图

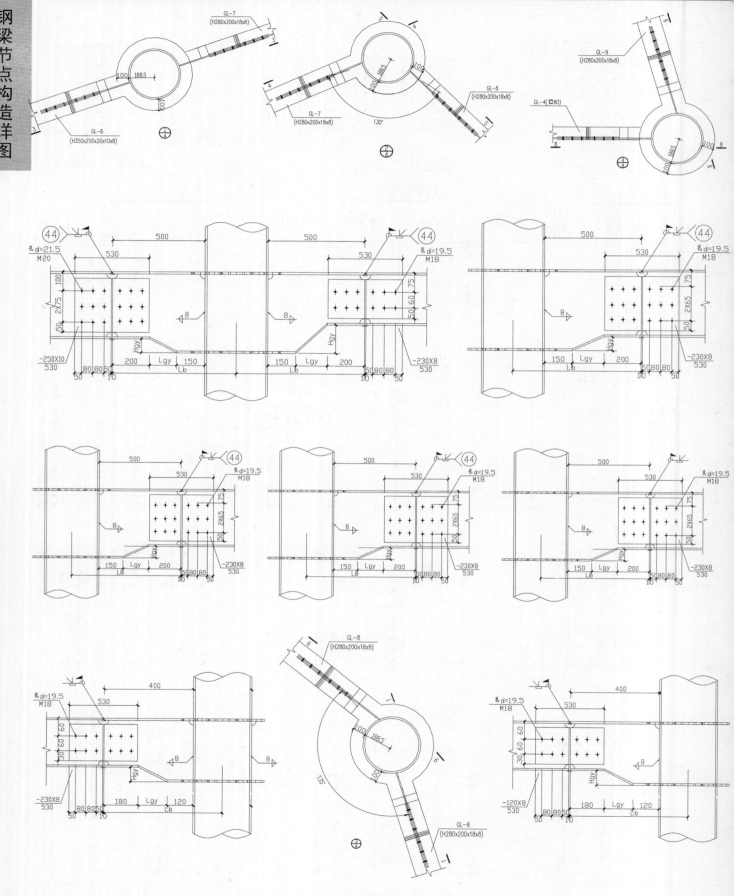

▲-钢框架节点构造详图

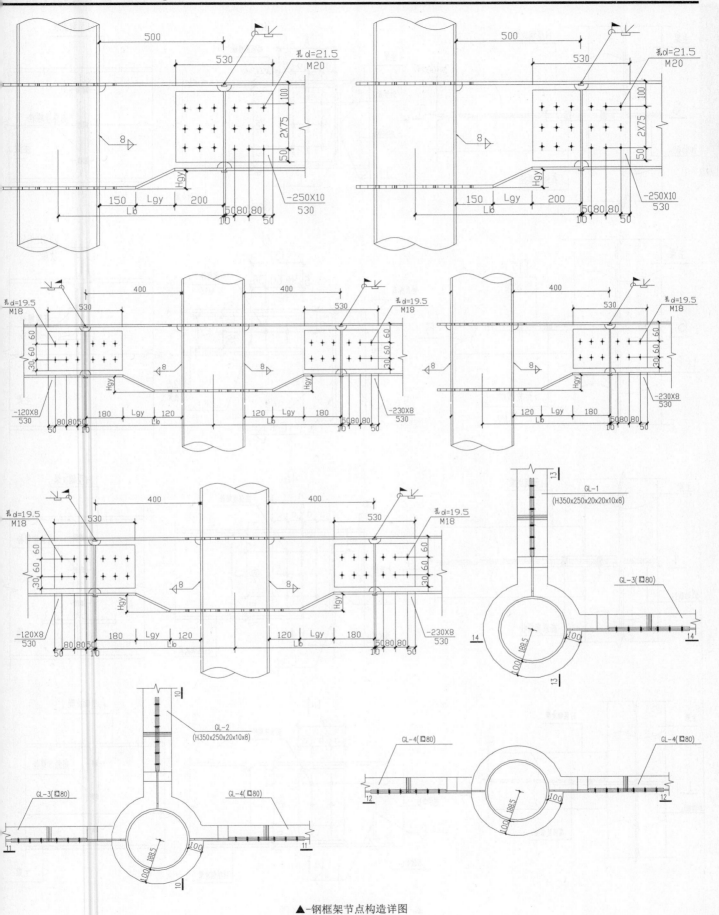

▲-钢框架节点构造详图

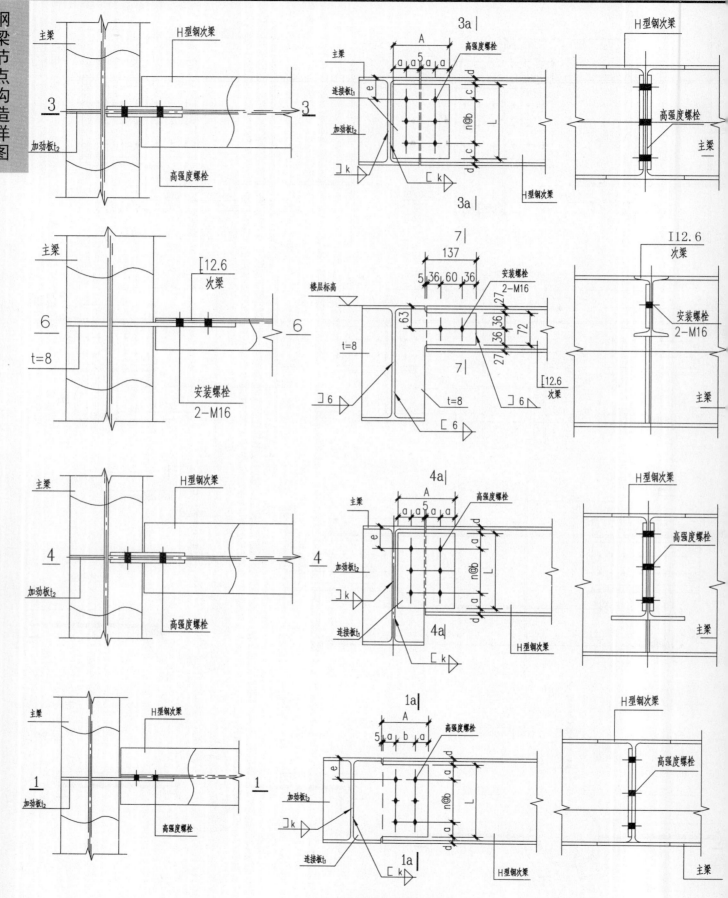

▲-钢框架梁梁连接节点造详图

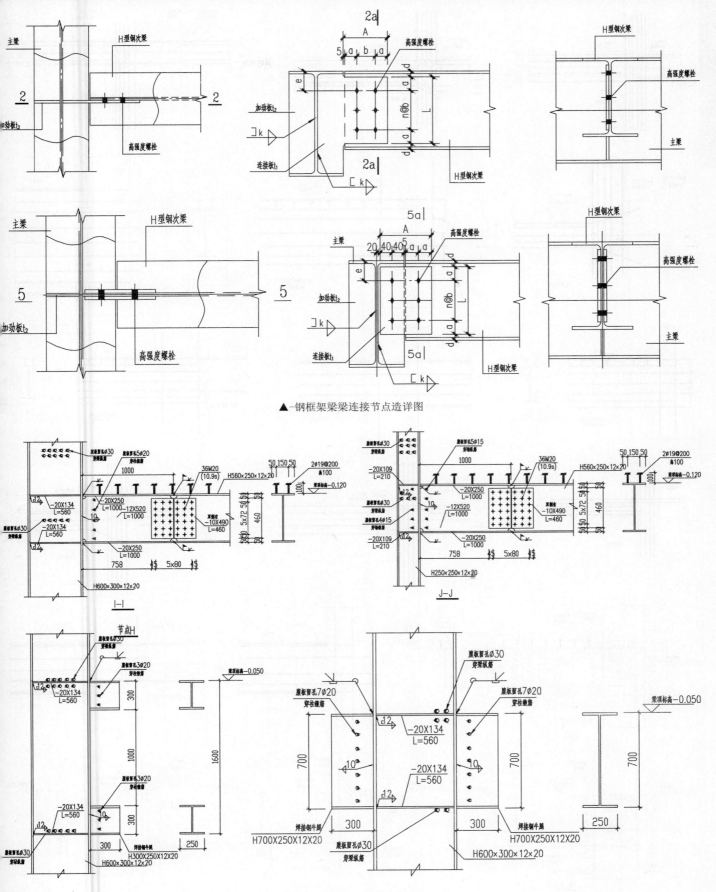

▲-钢框架梁梁连接节点造详图

▲-钢框架梁柱节点构造详图

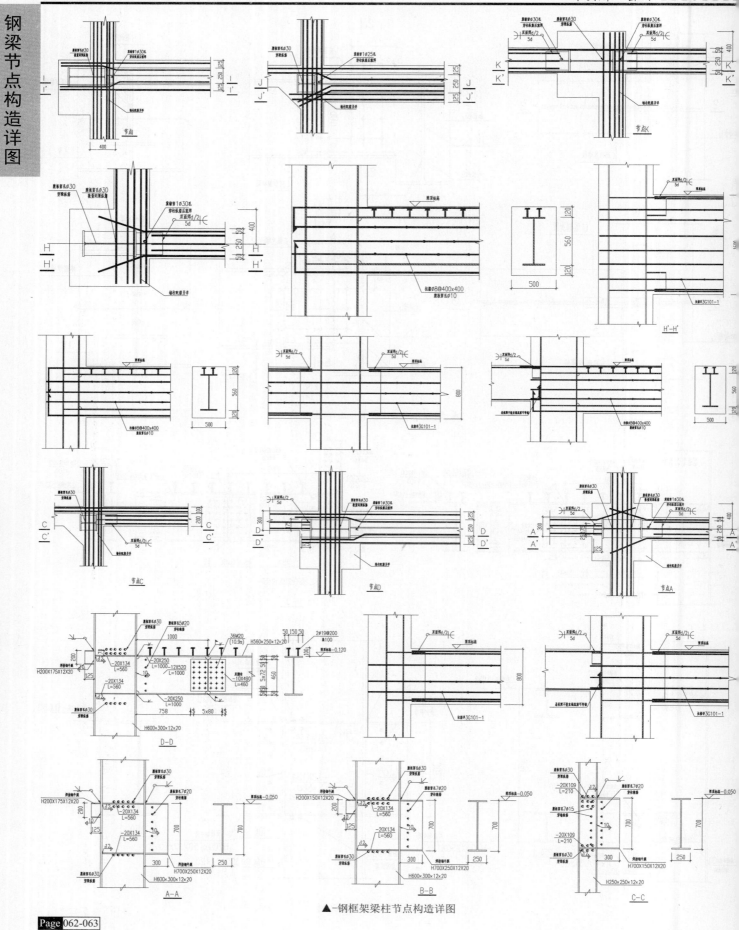

▲-钢框架梁柱节点构造详图

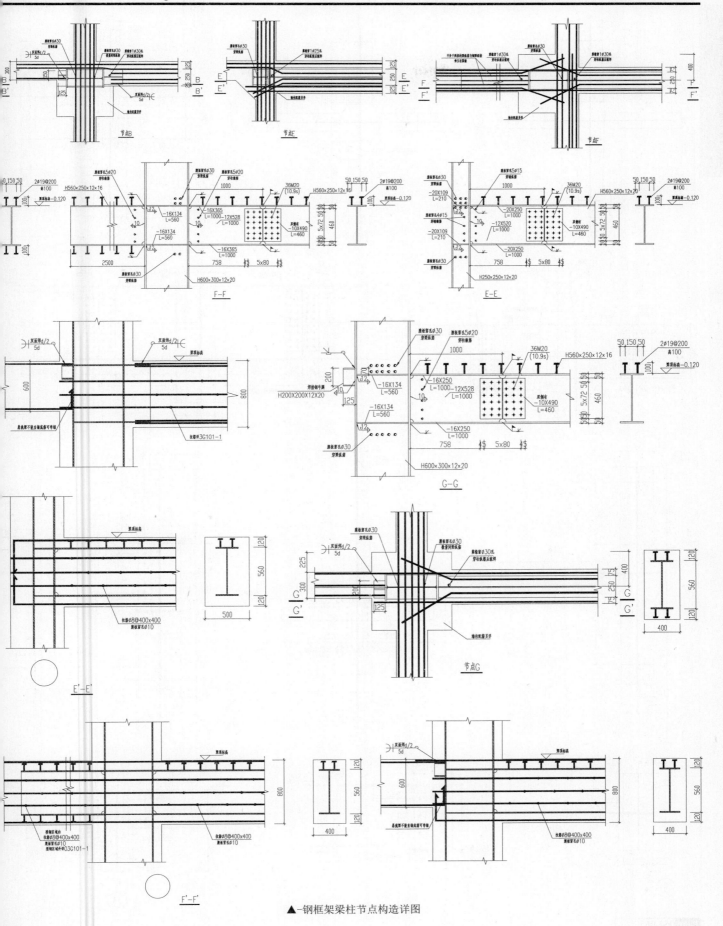

▲-钢框架梁柱节点构造详图

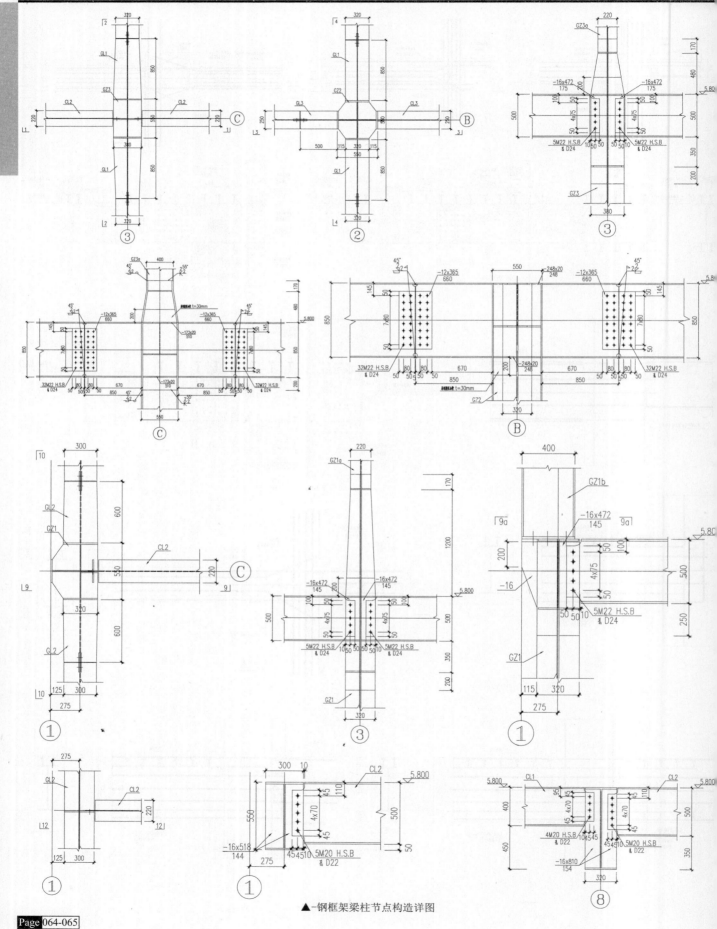

▲-钢框架梁柱节点构造详图

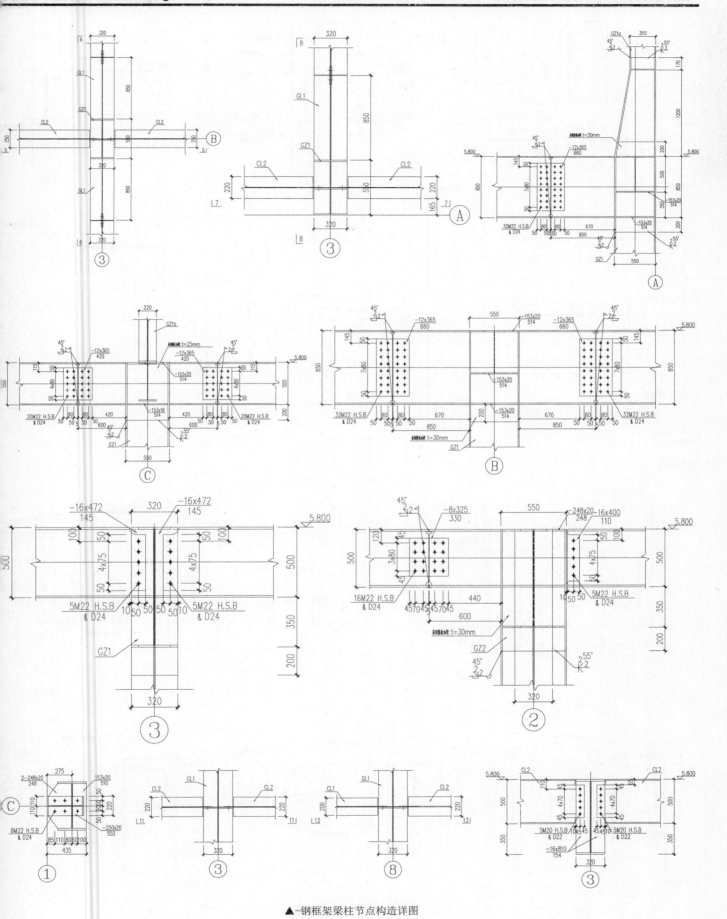

▲-钢框架梁柱节点构造详图

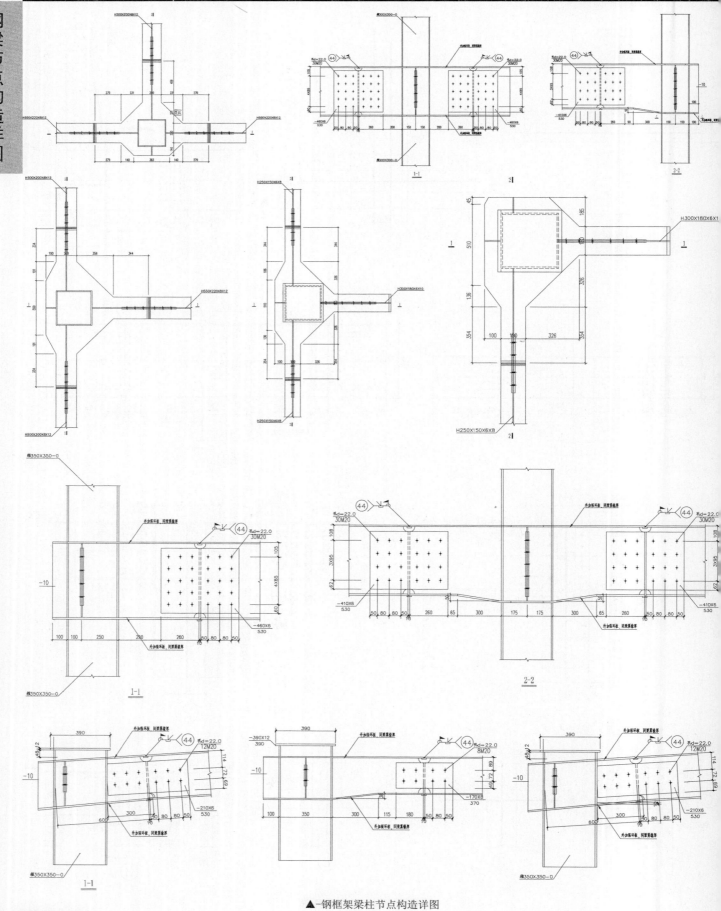

▲-钢框架梁柱节点构造详图

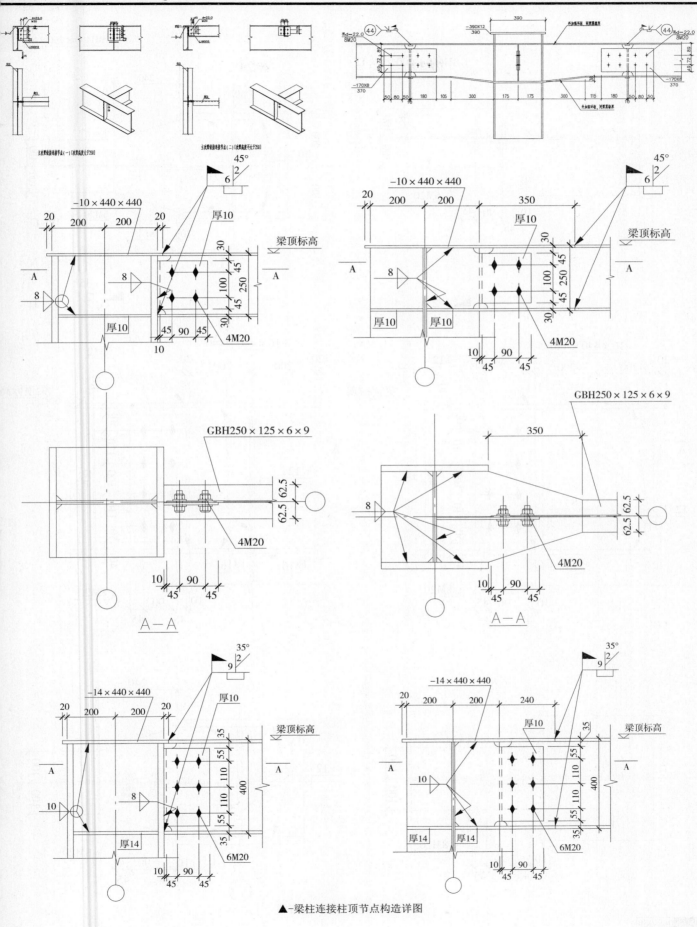

主次梁铰接连接节点(一)[次梁高度大于250]   主次梁铰接连接节点(二)[次梁高度不大于250]

GBH250 × 125 × 6 × 9

A－A

GBH250 × 125 × 6 × 9

A－A

▲-梁柱连接柱顶节点构造详图

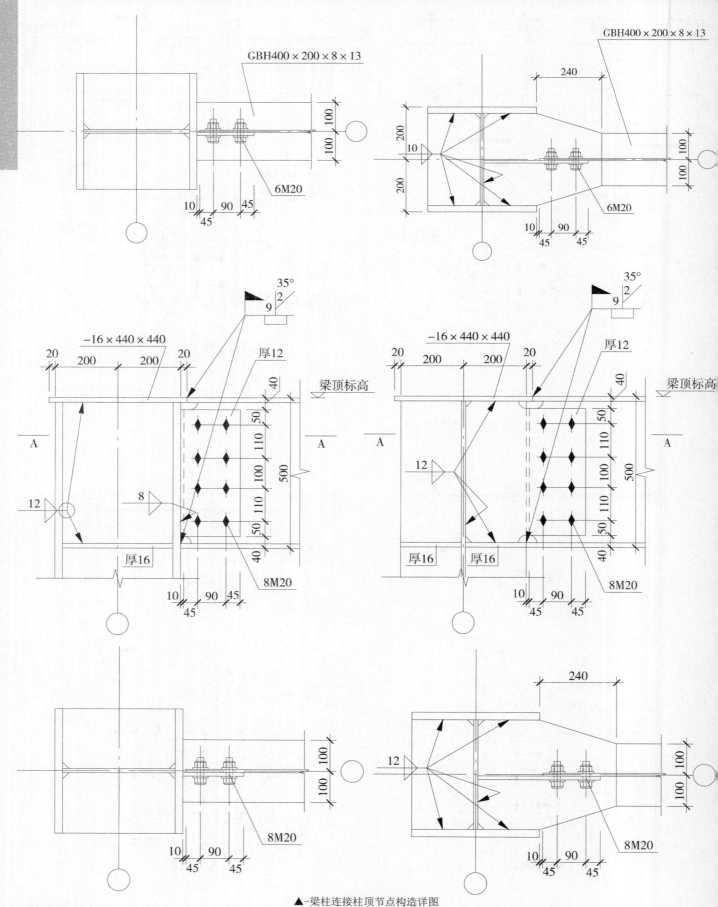

▲-梁柱连接柱顶节点构造详图

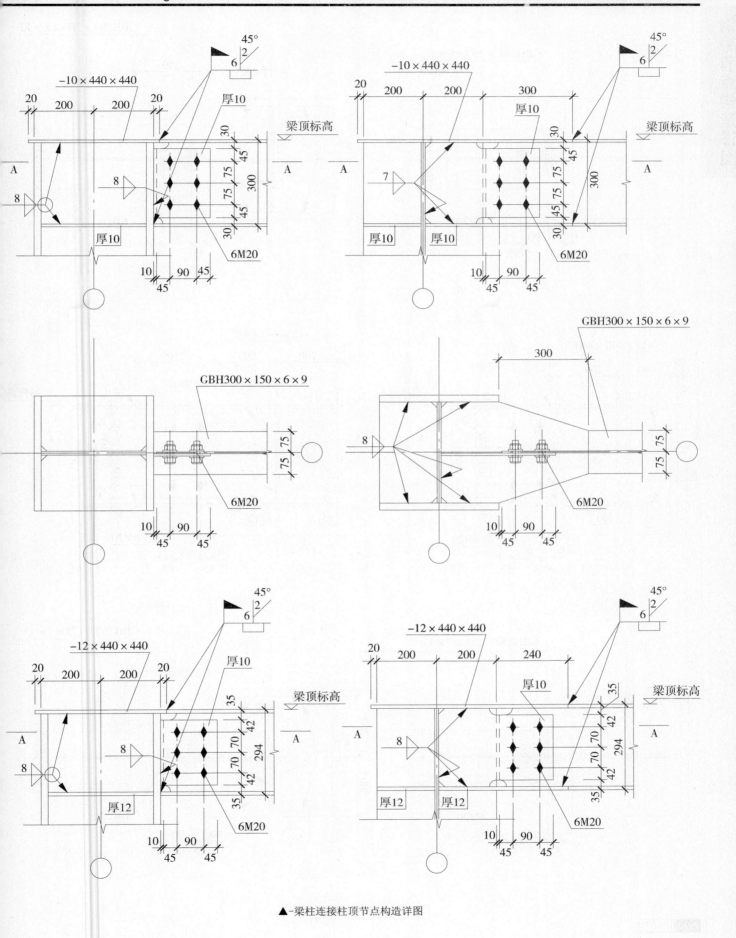

▲-梁柱连接柱顶节点构造详图

钢梁节点构造详图

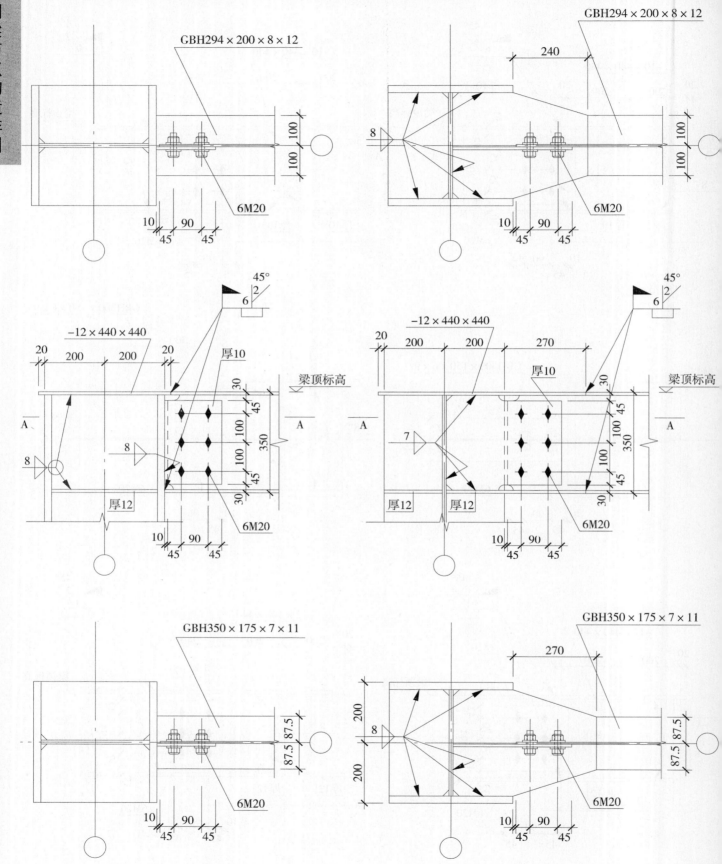

▲-梁柱连接柱顶节点构造详图

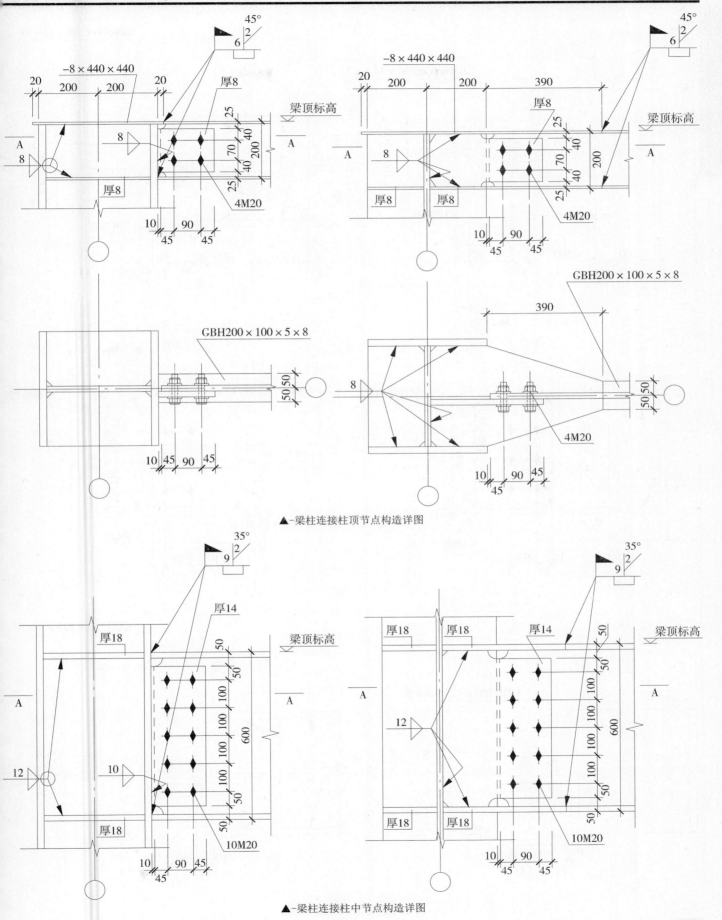

▲-梁柱连接柱顶节点构造详图

▲-梁柱连接柱中节点构造详图

钢梁节点构造详图

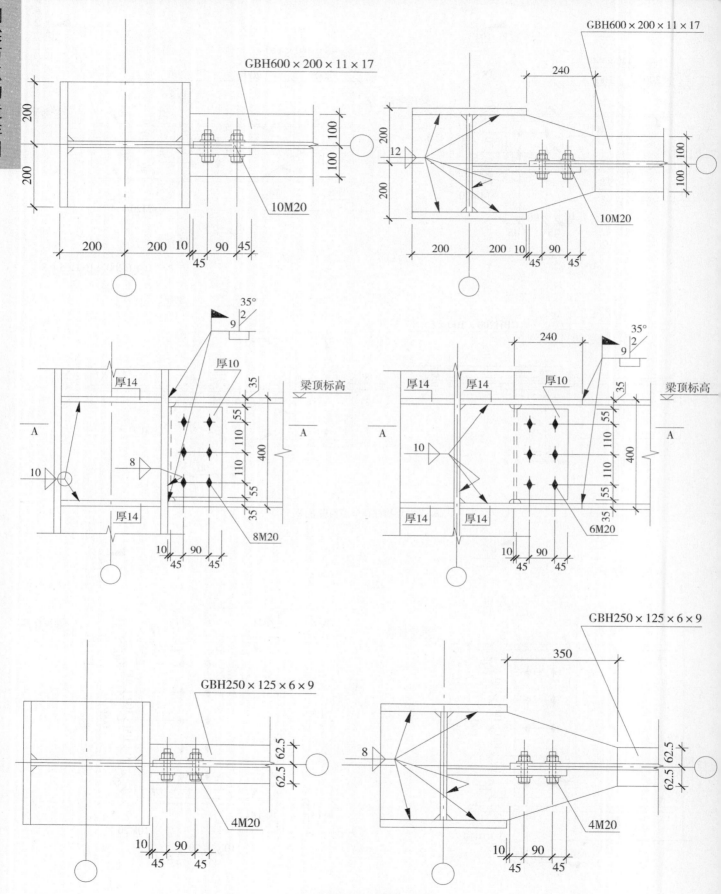

GBH600×200×11×17

10M20

GBH600×200×11×17

10M20

厚14
厚10
梁顶标高

8M20

厚14
厚14
厚10
梁顶标高

6M20

GBH250×125×6×9

4M20

GBH250×125×6×9

4M20

▲-梁柱连接柱中节点构造详图

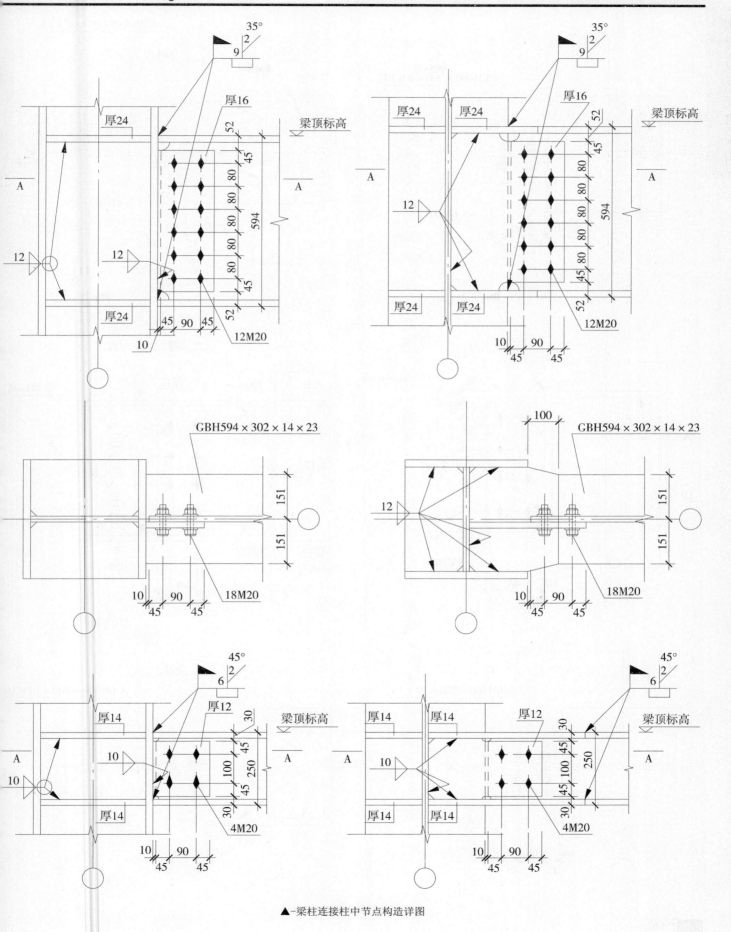

▲-梁柱连接柱中节点构造详图

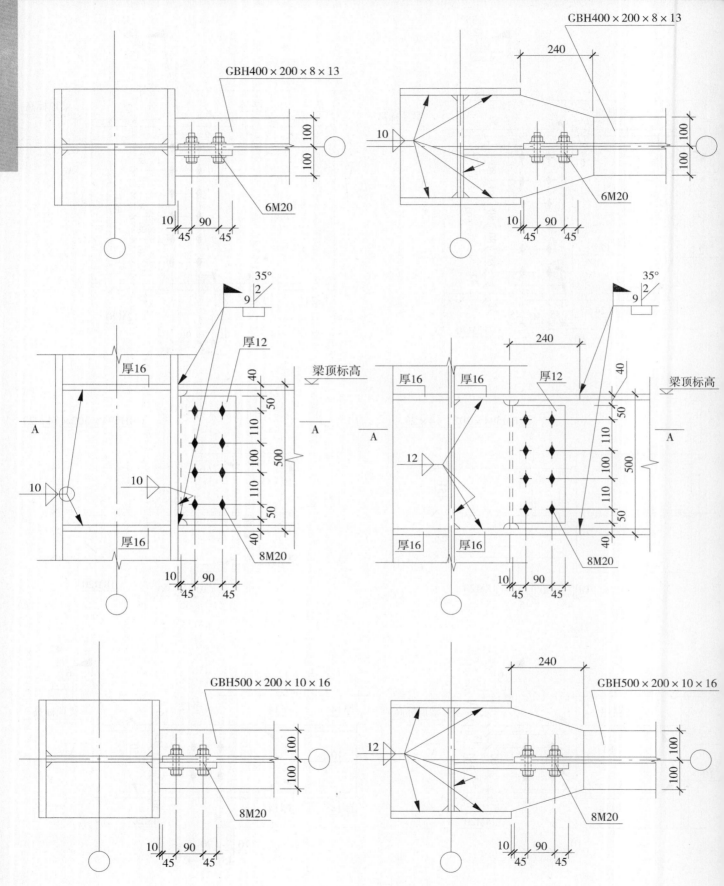

▲-梁柱连接柱中节点构造详图

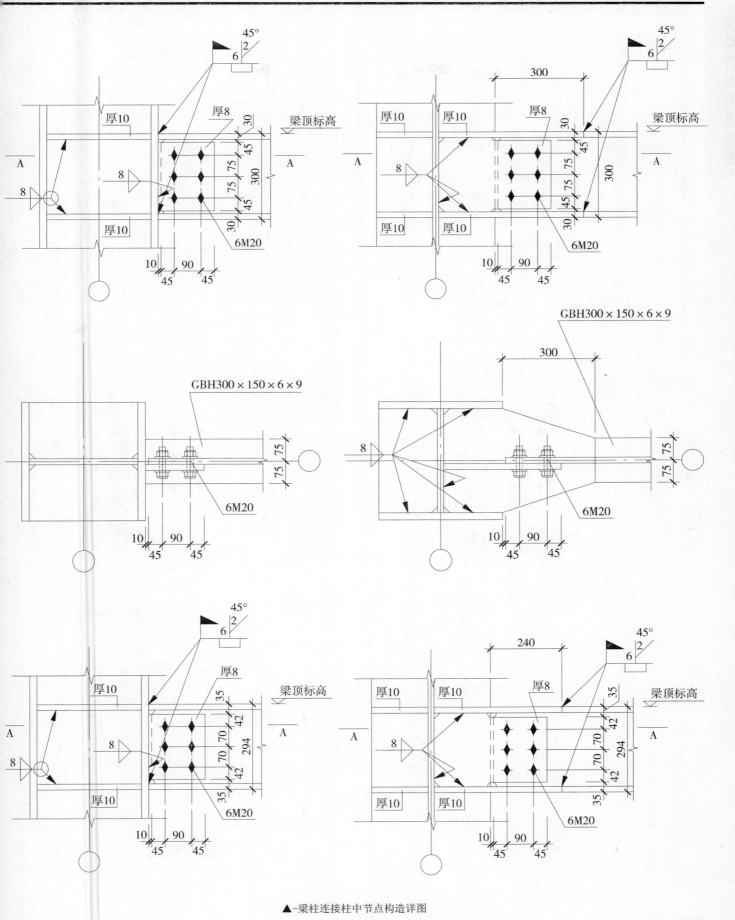

▲-梁柱连接柱中节点构造详图

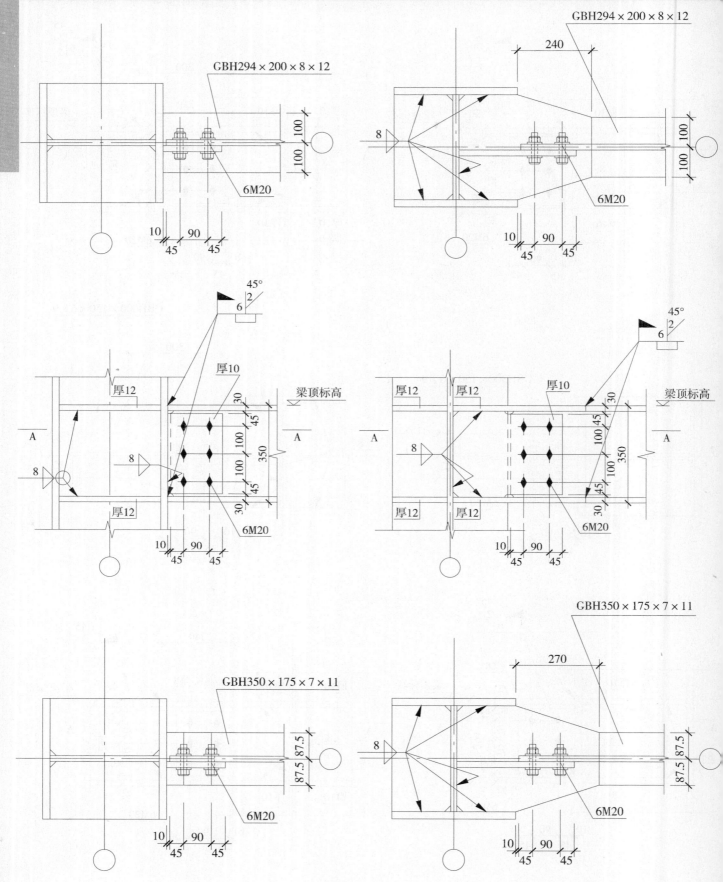

▲-梁柱连接柱中节点构造详图

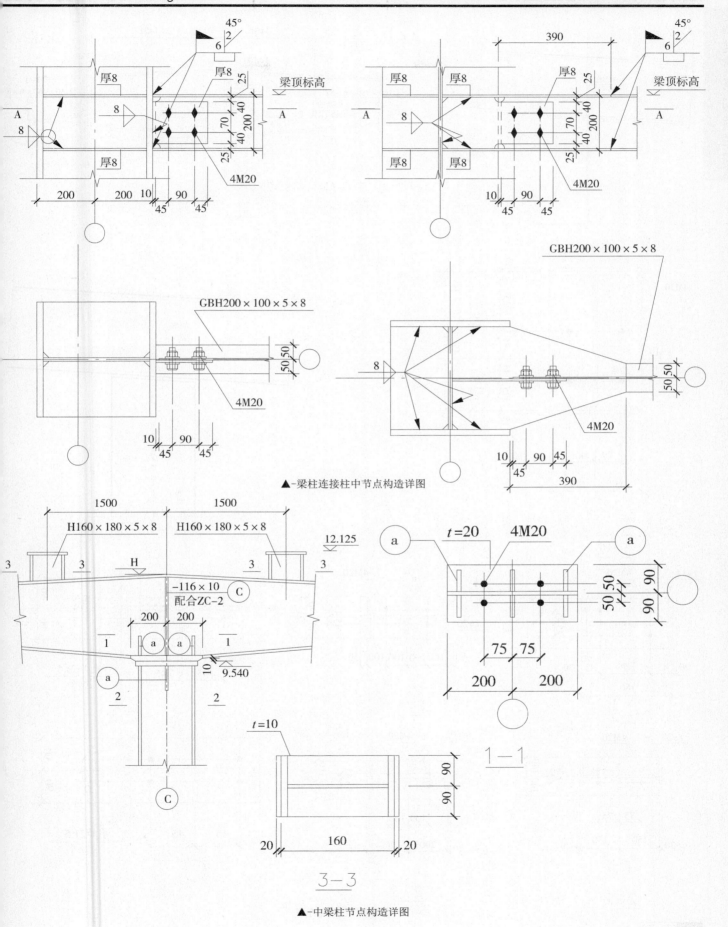

▲-梁柱连接柱中节点构造详图

3—3

▲-中梁柱节点构造详图

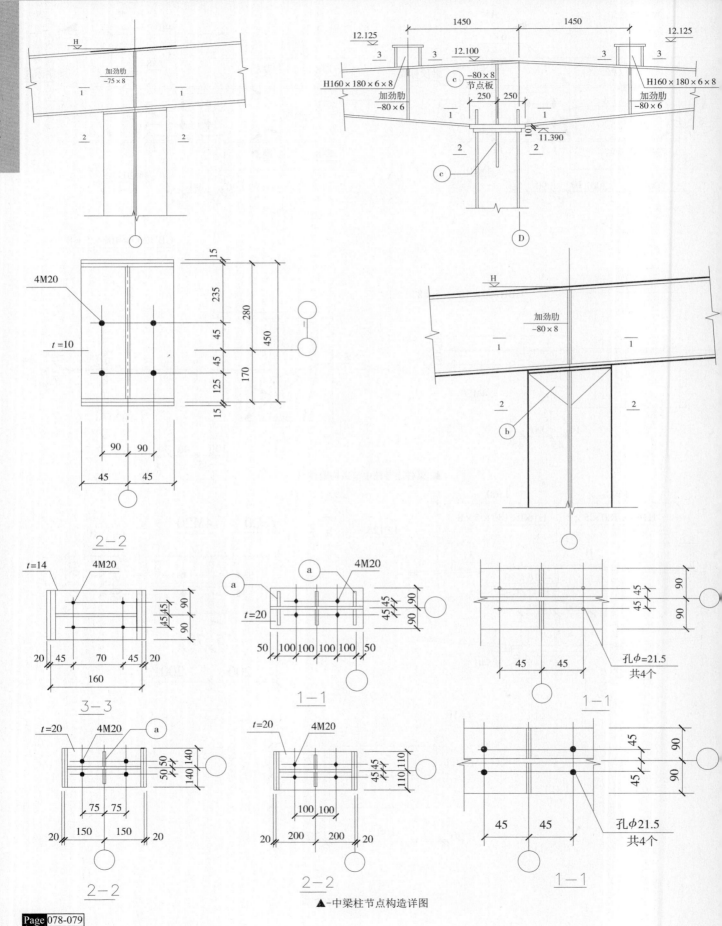

▲-中梁柱节点构造详图

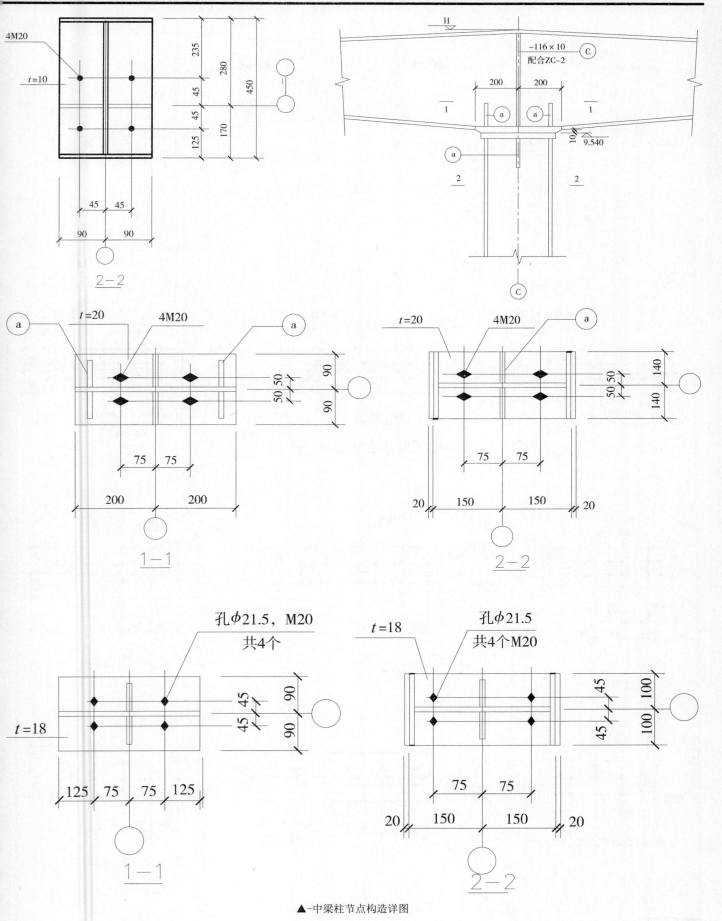

▲-中梁柱节点构造详图

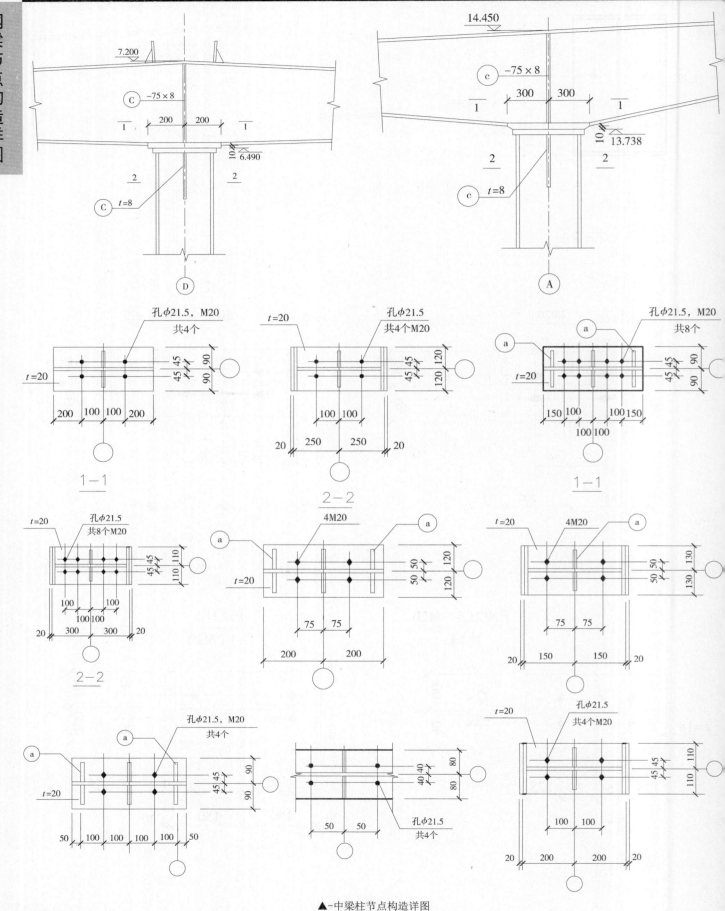

▲-中梁柱节点构造详图

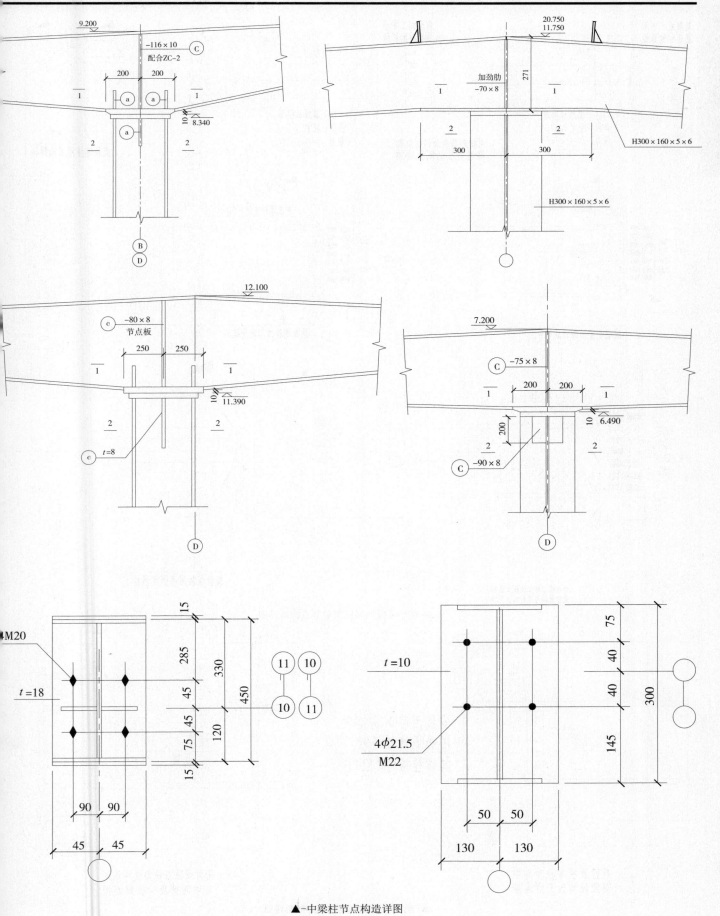

▲-中梁柱节点构造详图

钢梁节点构造详图

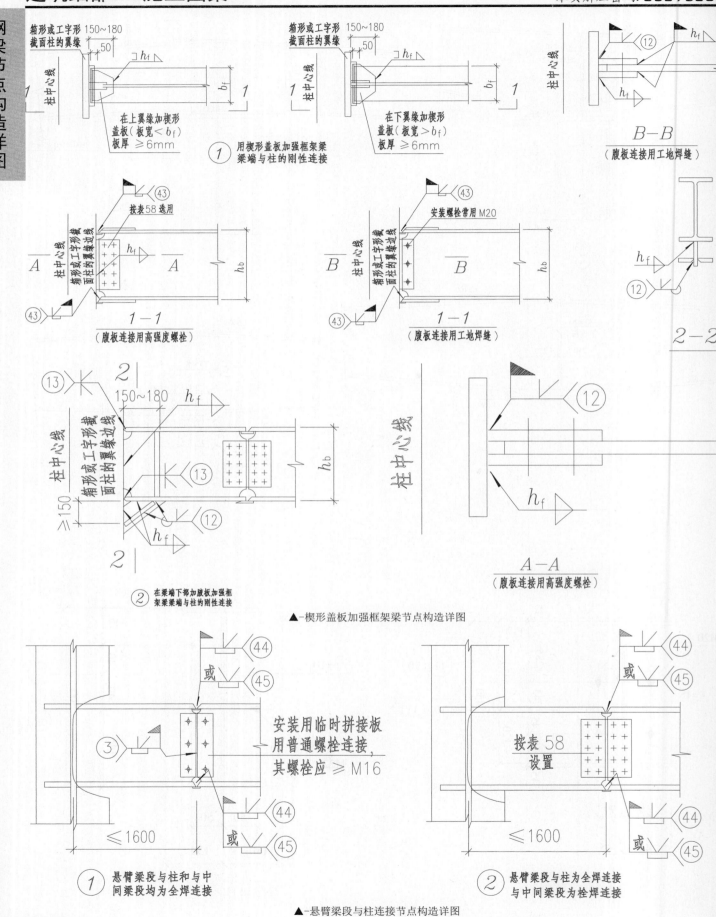

箱形或工字形 150~180 截面柱的翼缘

50

h_f

b_f

在上翼缘加楔形盖板（板宽＜b_f）板厚 ≥6mm

① 用楔形盖板加强框架梁梁端与柱的刚性连接

箱形或工字形 150~180 截面柱的翼缘

50

h_f

b_f

在下翼缘加楔形盖板（板宽＞b_f）板厚 ≥6mm

⑫　h_f

h_f

B—B
（腹板连接用工地焊缝）

43　按表58选用
柱中心线
箱形或工字形截面柱的翼缘边线
h_f　h_b

A　A

43

1—1
（腹板连接用高强度螺栓）

43　安装螺栓常用 M20
柱中心线
箱形或工字形截面柱的翼缘边线
h_b

B　B

43

1—1
（腹板连接用工地焊缝）

h_f

⑫

2—2

⑬　2
150~180　h_f
柱中心线
箱形或工字形截面柱的翼缘边线
≥150
⑬
⑫
h_f
2

② 在梁端下部加腋板加强框架梁梁端与柱的刚性连接

⑫
柱中心线
h_f

A—A
（腹板连接用高强度螺栓）

▲－楔形盖板加强框架梁节点构造详图

⑶　44　或　45
安装用临时拼接板用普通螺栓连接，其螺栓应 ≥ M16
≤1600
44　或　45

① 悬臂梁段与柱和与中间梁段均为全焊连接

44　或　45
按表58设置
≤1600
44　或　45

② 悬臂梁段与柱为全焊连接与中间梁段为栓焊连接

▲－悬臂梁段与柱连接节点构造详图

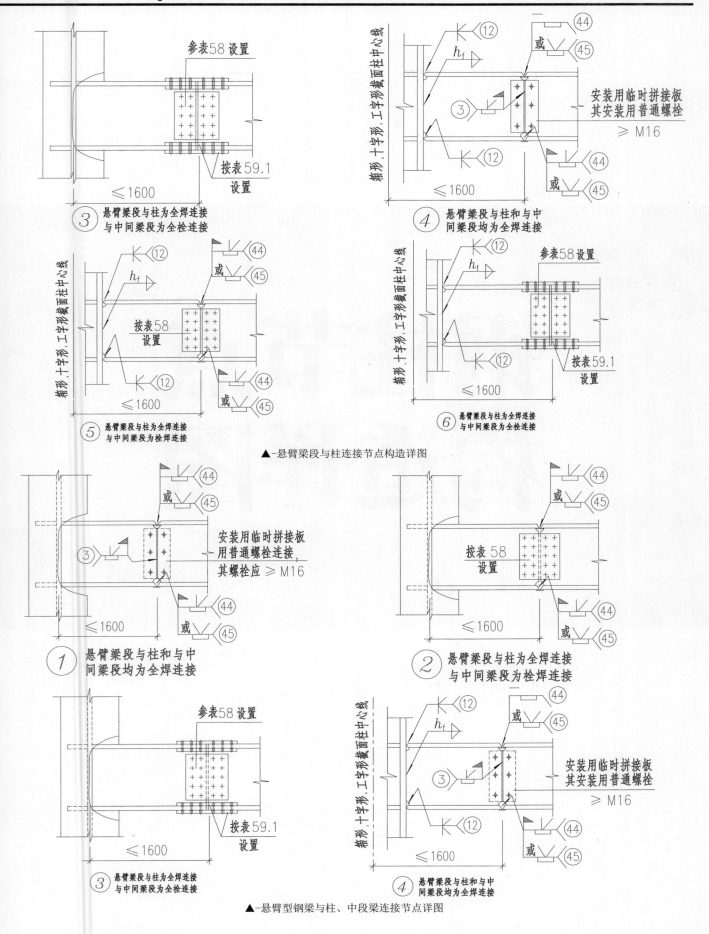

③ 悬臂梁段与柱为全焊连接
与中间梁段为全栓连接

④ 悬臂梁段与柱和与中
间梁段均为全焊连接

⑤ 悬臂梁段与柱为全焊连接
与中间梁段为栓焊连接

⑥ 悬臂梁段与柱为全焊连接
与中间梁段为全栓连接

▲—悬臂梁段与柱连接节点构造详图

① 悬臂梁段与柱和与中
间梁段均为全焊连接

② 悬臂梁段与柱为全焊连接
与中间梁段为栓焊连接

③ 悬臂梁段与柱为全焊连接
与中间梁段为全栓连接

④ 悬臂梁段与柱和与中
间梁段均为全焊连接

▲—悬臂型钢梁与柱、中段梁连接节点详图

钢柱节点构造详图

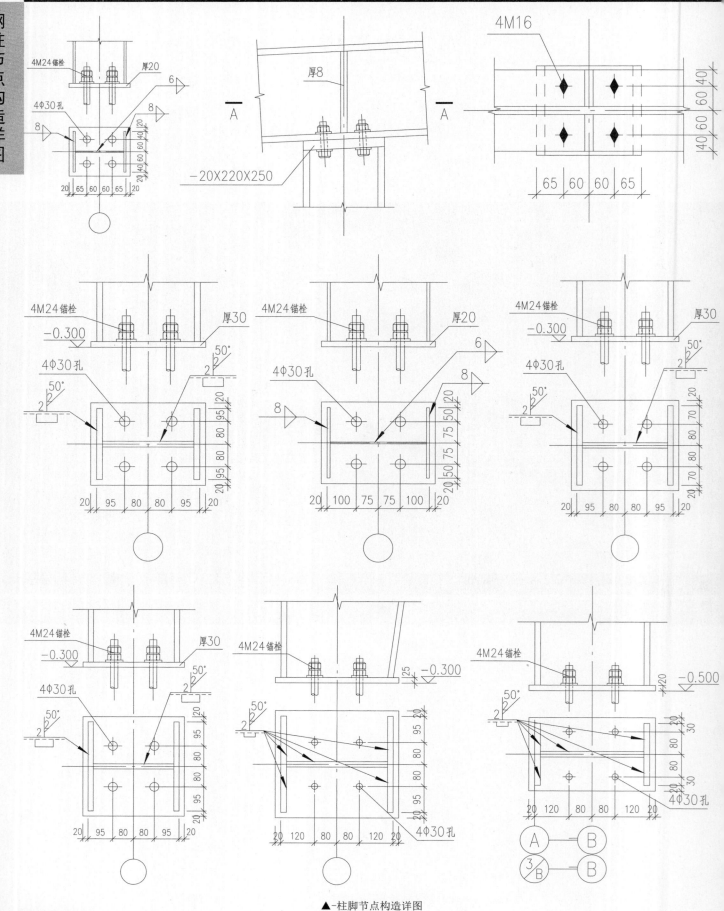

▲-柱脚节点构造详图

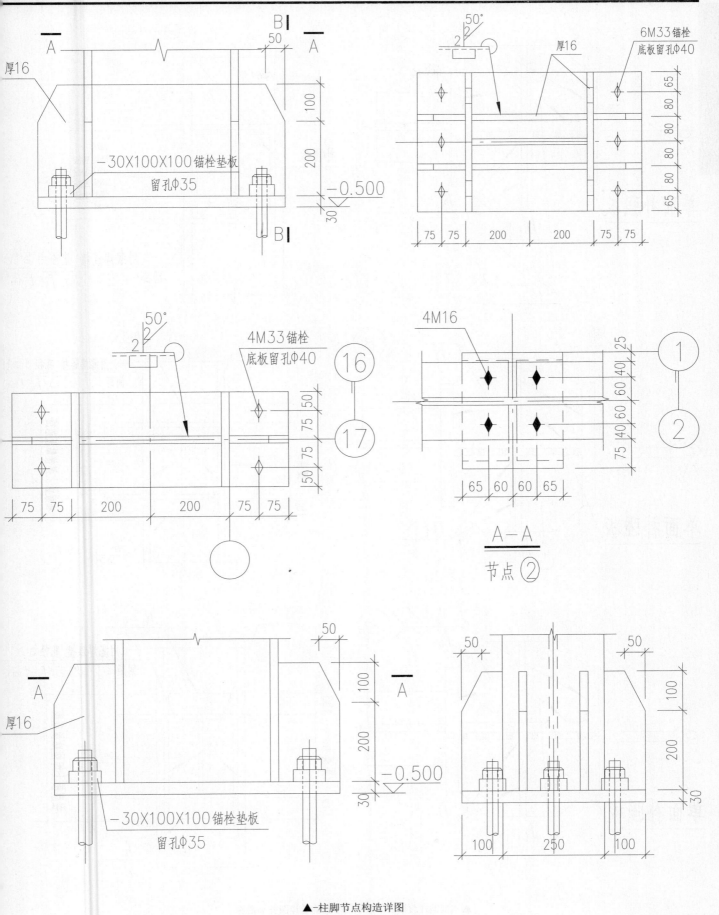

▲-柱脚节点构造详图

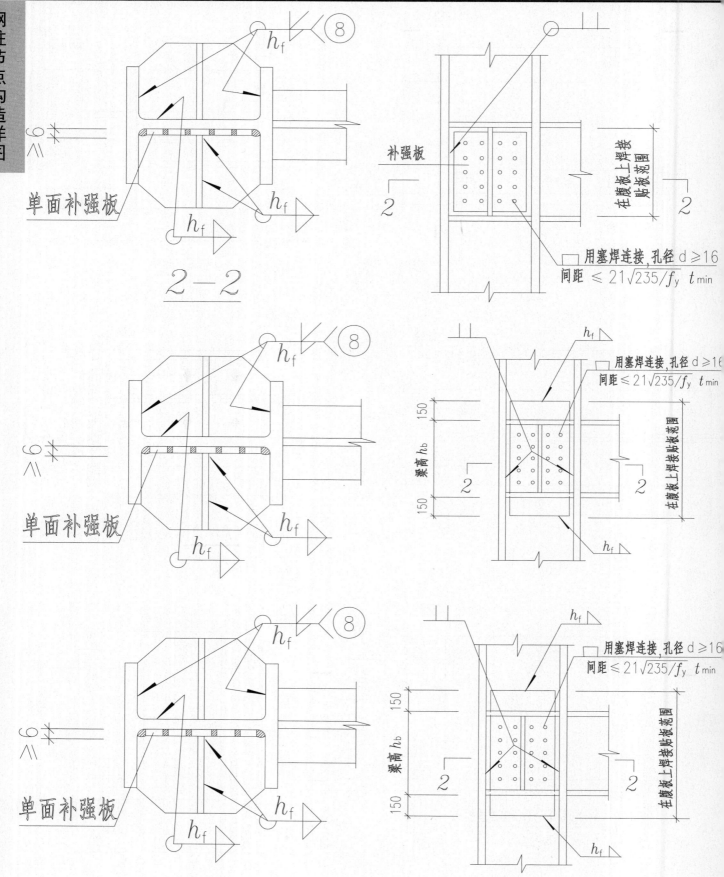

▲-H型钢柱腹板在节点域的节点构造详图补强措施

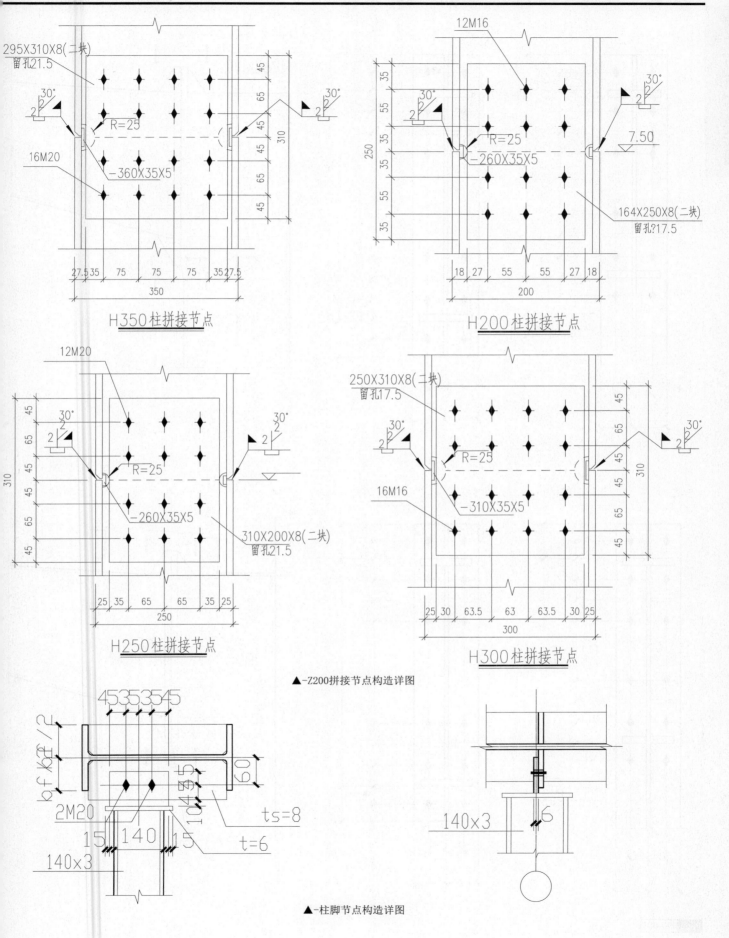

H350柱拼接节点

H200柱拼接节点

H250柱拼接节点

H300柱拼接节点

▲-Z200拼接节点构造详图

▲-柱脚节点构造详图

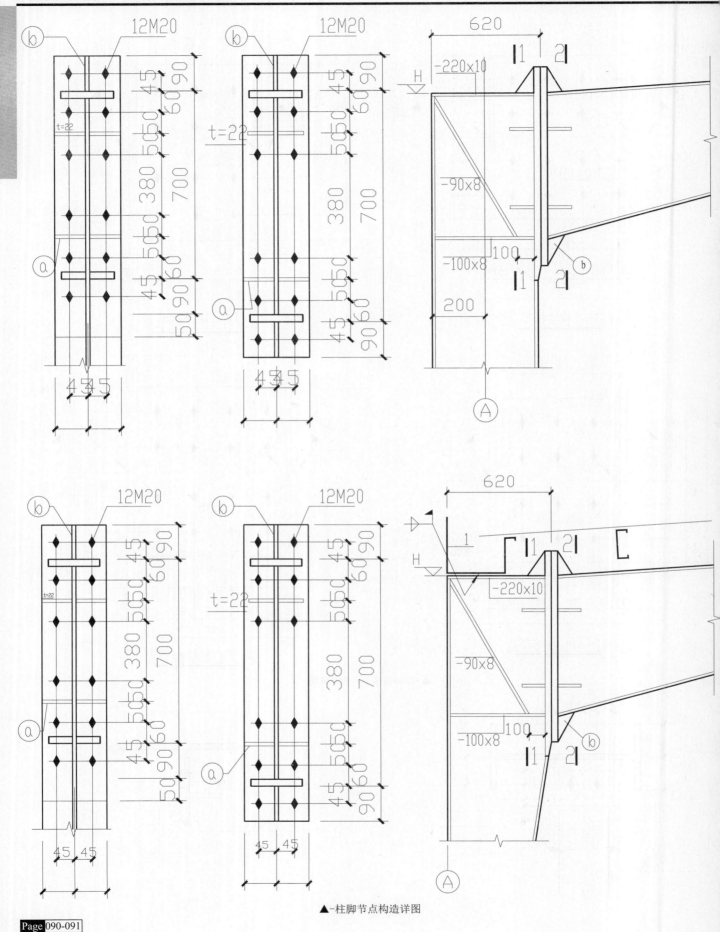

▲一柱脚节点构造详图

Architecture Details CAD Construction Atlas Ⅳ

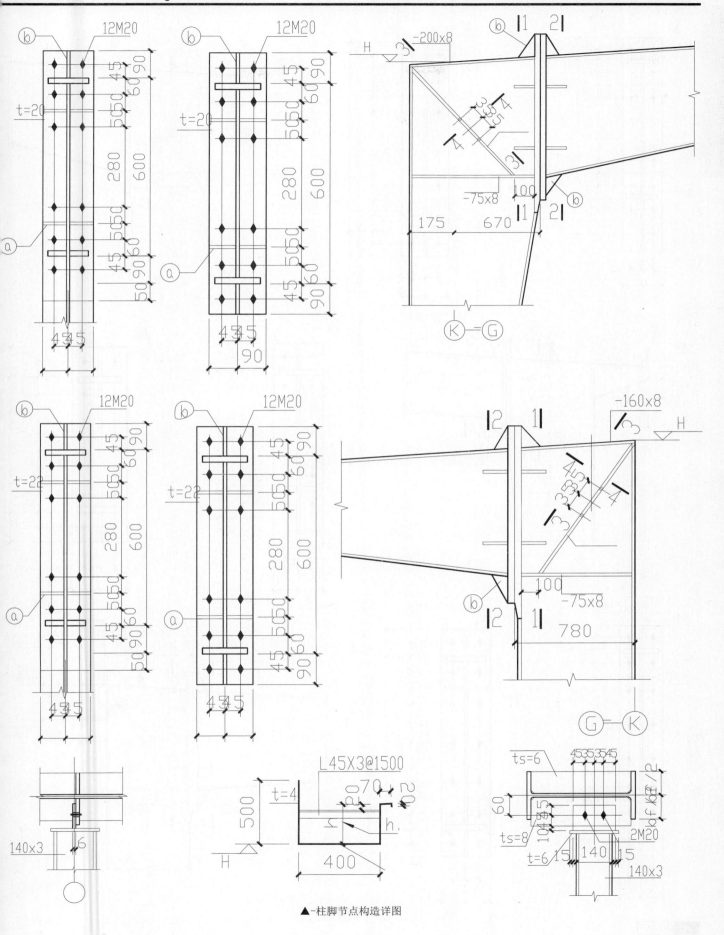

▲-柱脚节点构造详图

钢柱节点构造详图

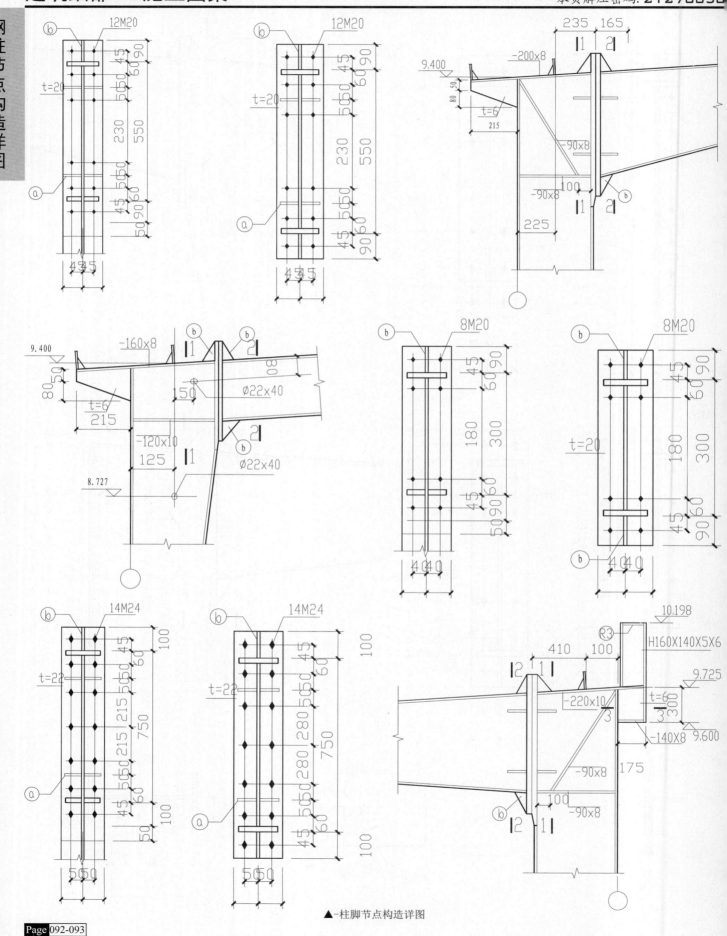

▲-柱脚节点构造详图

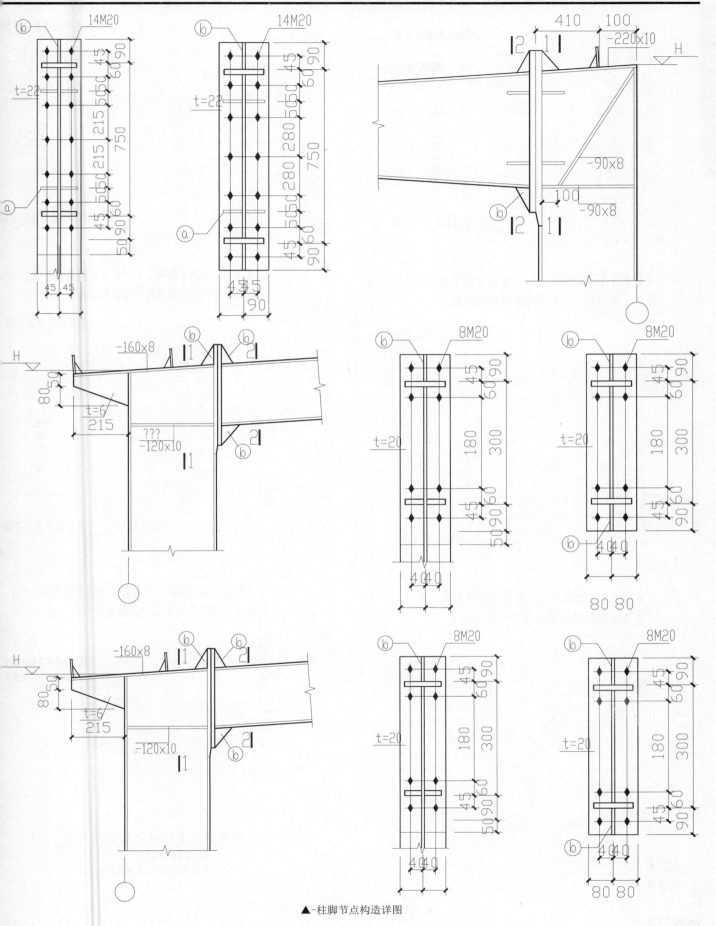

▲-柱脚节点构造详图

钢柱节点构造详图

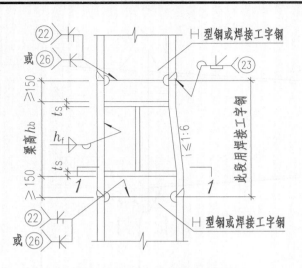

① 变截面工字形边柱的工厂拼接及当框架梁与柱刚性连接时柱中设置水平加劲肋的构造（一）

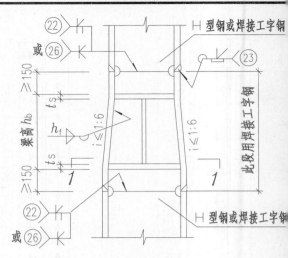

② 变截面工字形中柱的工厂拼接及当框架梁与柱刚性连接时柱中设置水平加劲肋的构造（二）

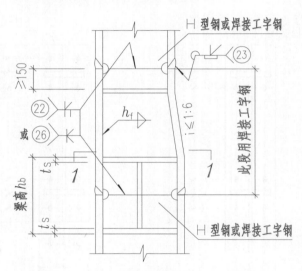

③ 变截面工字形边柱的工厂拼接及当框架梁与柱刚性连接时柱中设置水平加劲肋的构造（三）

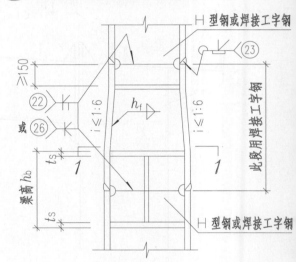

④ 变截面工字形中柱的工厂拼接及当框架梁与柱刚性连接时柱中设置水平加劲肋的构造（四）

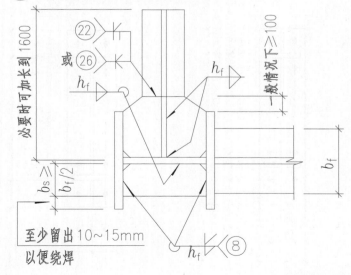

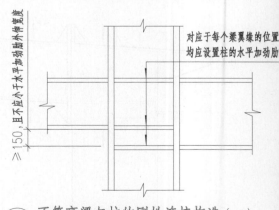

① 不等高梁与柱的刚性连接构造（一）
（当柱两侧的梁底高差≥150且不小于水平加劲肋外伸宽度时的作法）

▲-变截面工字形边柱节点构造详图

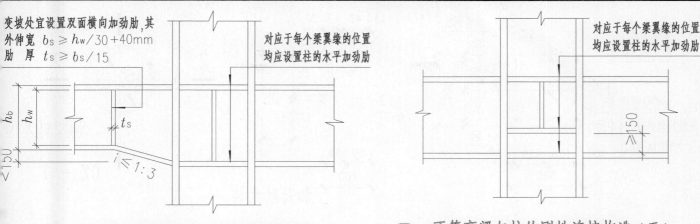

变坡处宜设置双面横向加劲肋,其
外伸宽 $b_s \geq h_w/30+40mm$
肋 厚 $t_s \geq b_s/15$

对应于每个梁翼缘的位置
均应设置柱的水平加劲肋

对应于每个梁翼缘的位置
均应设置柱的水平加劲肋

$i \leq 1:3$

② 不等高梁与柱的刚性连接构造（二）
（当柱两侧的梁底高差＜150 时的作法）

③ 不等高梁与柱的刚性连接构造（三）
（在柱的两个互相垂直的方向的梁底高差 ≥150
且不小于水平加劲肋外伸宽度时的作法）

▲－不等高梁与柱的刚性连接节点构造详图

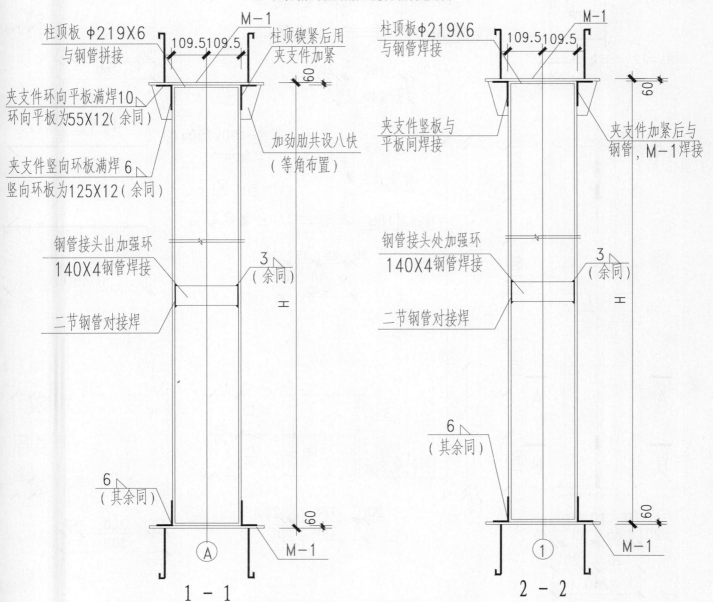

柱顶板 φ219X6
与钢管拼接

109.5 109.5

M－1

柱顶锚紧后用
夹支件加紧

夹支件环向平板满焊10
环向平板为55X12（余同）

加劲肋共设八快
（等角布置）

夹支件竖向环板满焊6
竖向环板为125X12（余同）

钢管接头出加强环
140X4钢管焊接

3
（余同）

二节钢管对接焊

6
（其余同）

A

M－1

1－1

柱顶板 φ219X6
与钢管焊接

109.5 109.5

M－1

夹支件竖板与
平板间焊接

夹支件加紧后与
钢管，M－1焊接

钢管接头处加强环
140X4钢管焊接

3
（余同）

二节钢管对接焊

6
（其余同）

①

M－1

2－2

▲－大跨度结构临战加钢管柱节点构造详图

钢柱节点构造详图

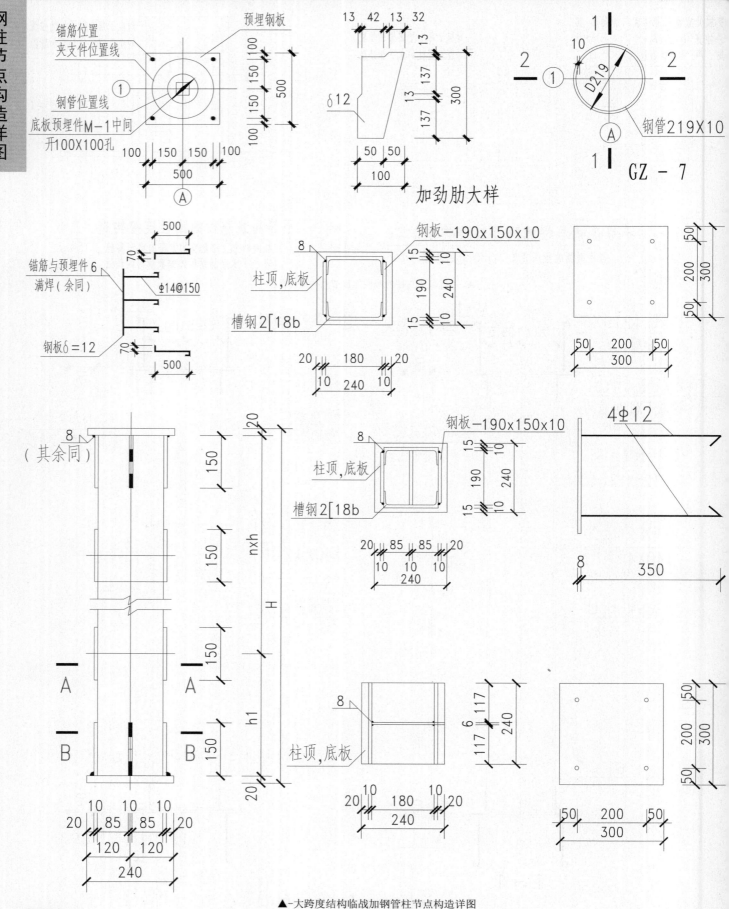

加劲肋大样

GZ - 7

▲-大跨度结构临战加钢管柱节点构造详图

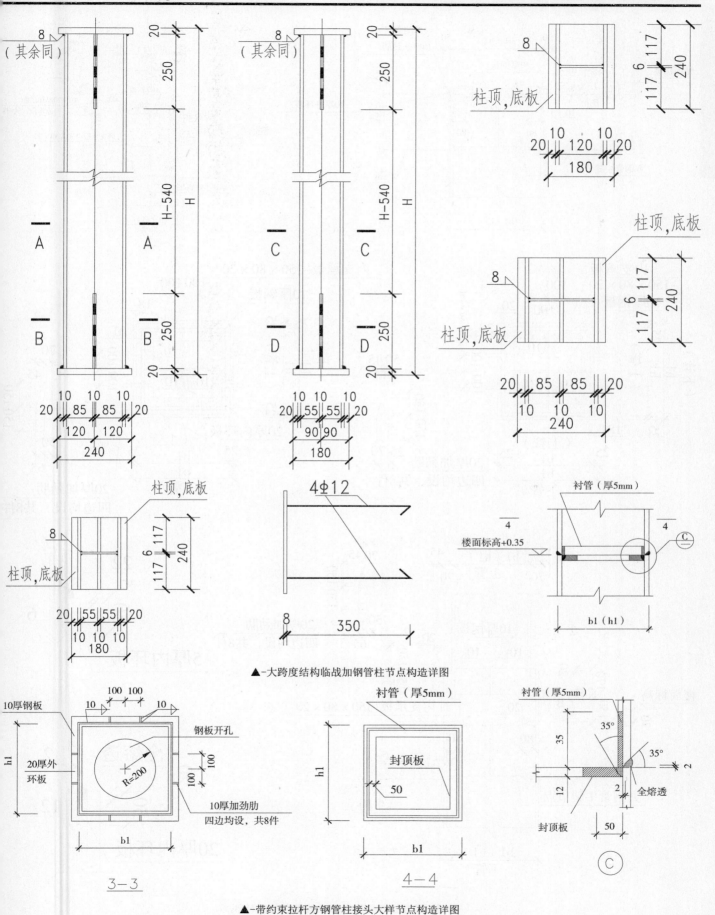

▲-大跨度结构临战加钢管柱节点构造详图

3-3　　　　4-4

▲-带约束拉杆方钢管柱接头大样节点构造详图

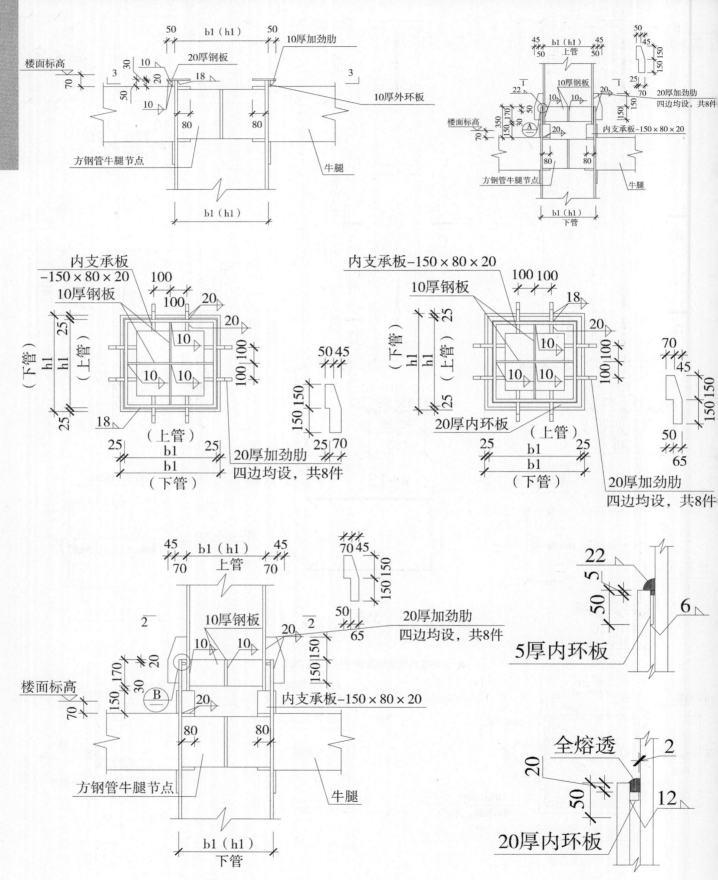

▲-带约束拉杆方钢管柱接头大样节点构造详图

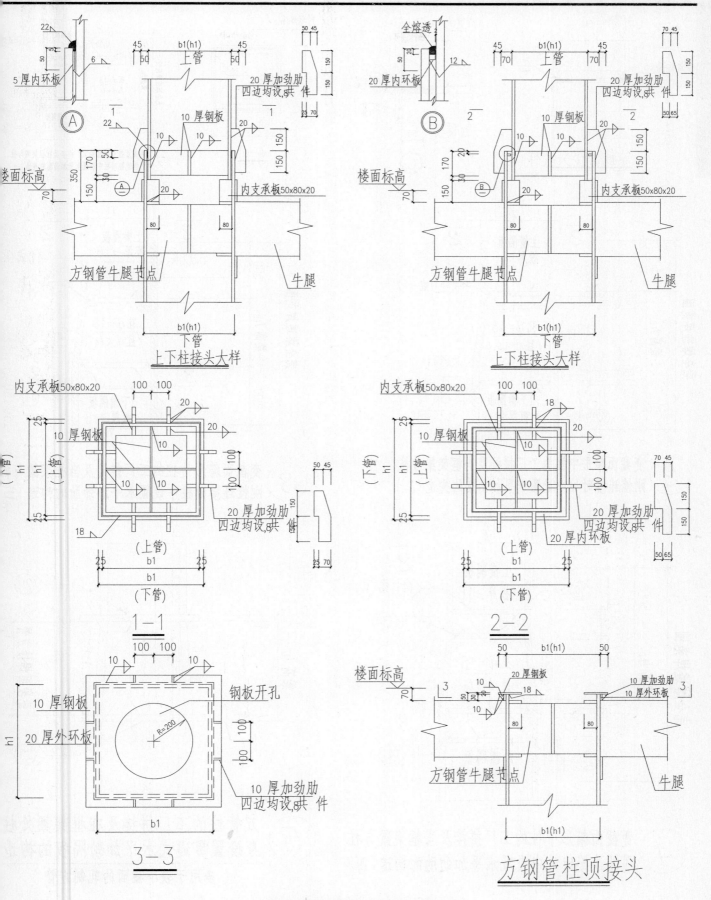

上下柱接头大样

上下柱接头大样

1-1

2-2

3-3

方钢管柱顶接头

▲-带约束拉杆方钢管柱接头大样节点构造详图

钢柱节点构造详图

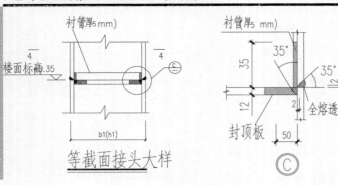

等截面接头大样

© C

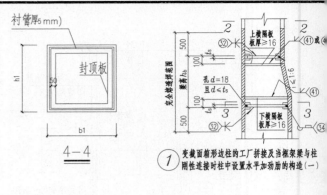

4-4

① 变截面箱形边柱的工厂拼接及当框架梁与柱刚性连接时柱中设置水平加劲肋的构造（一）

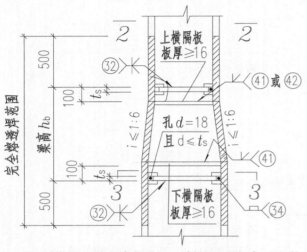

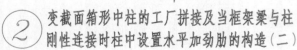

② 变截面箱形中柱的工厂拼接及当框架梁与柱刚性连接时柱中设置水平加劲肋的构造（二）

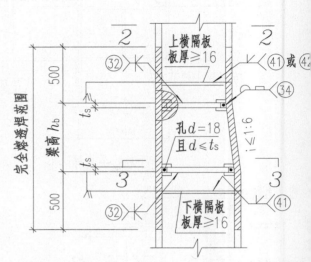

③ 变截面箱形边柱的工厂拼接及当框架梁与柱刚性连接时柱中设置水平加劲肋的构造（三）

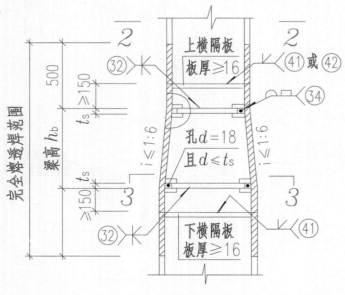

④ 变截面箱形中柱的工厂拼接及当框架梁与柱刚性连接时柱中设置水平加劲肋的构造（四）

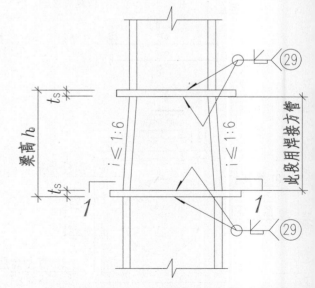

⑤ 方管柱的工厂拼接及在框架梁处柱身设置贯通式水平加劲隔板的构造
（多用于较小截面的轧制方管）

▲-方管柱节点构造详图

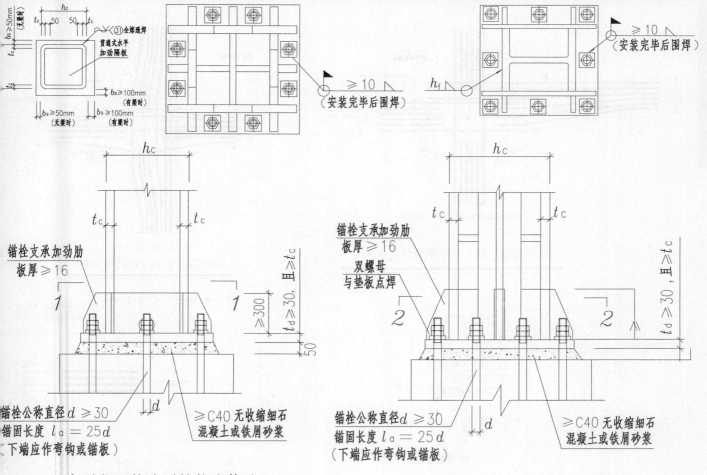

锚栓支承加劲肋
板厚≥16

锚栓公称直径 d ≥30
锚固长度 l_a = 25d
（下端应作弯钩或锚板）

≥C40 无收缩细石
混凝土或铁屑砂浆

① **工字形截面柱的刚性柱脚构造**
（用于柱底端在弯矩和轴力作用下锚
栓出现较小拉力和不出现拉力时）

锚栓支承加劲肋
板厚≥16

双螺母
与垫板点焊

锚栓公称直径 d ≥30
锚固长度 l_a = 25d
（下端应作弯钩或锚板）

≥C40 无收缩细石
混凝土或铁屑砂浆

② **十字形截面柱的刚性柱脚构造**
注：十字形截面柱只适用于钢骨混凝土柱

▲-刚性柱脚节点构造详图

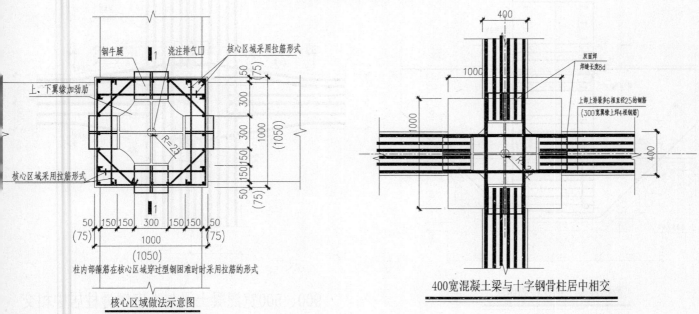

钢牛腿
浇注排气口
核心区域采用拉筋形式
上、下翼缘加劲肋
核心区域采用拉筋形式

柱内部箍筋在核心区域穿过型钢困难时时采用拉筋的形式

核心区域做法示意图

双面焊
焊缝长度8d
上部上排最多5根互径25的钢筋
（300宽翼缘上焊4根钢筋）

400宽混凝土梁与十字钢骨柱居中相交

▲-钢骨混凝土梁柱节点构造详图

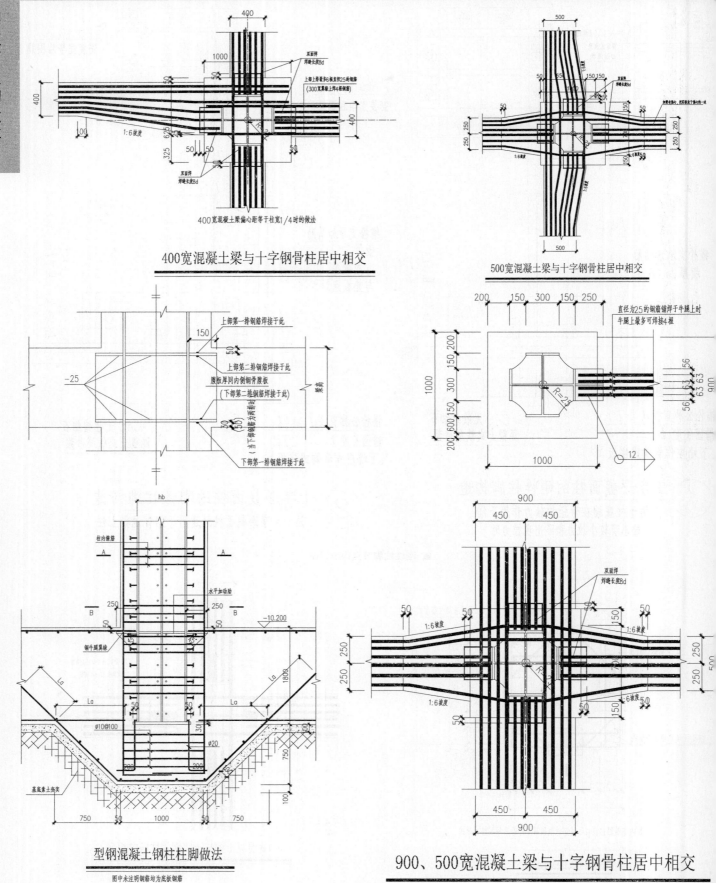

400宽混凝土梁与十字钢骨柱居中相交

500宽混凝土梁与十字钢骨柱居中相交

型钢混凝土钢柱柱脚做法

图中未注明钢筋均为底板钢筋

900、500宽混凝土梁与十字钢骨柱居中相交

▲-钢骨混凝土梁柱节点构造详图

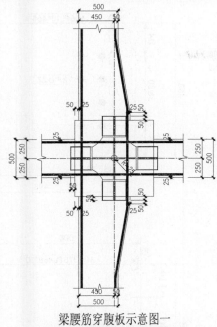

梁腰筋穿腹板示意图一

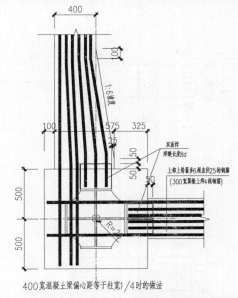

400宽混凝土梁偏心距等于柱宽1/4时的做法

400宽混凝土梁与十字钢骨柱居中相交

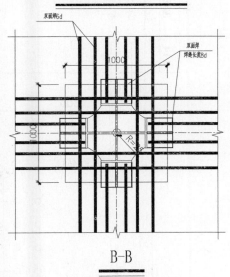

B-B

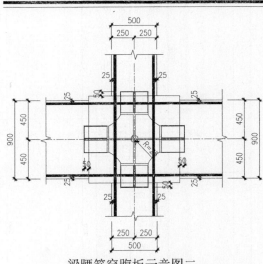

梁腰筋穿腹板示意图二

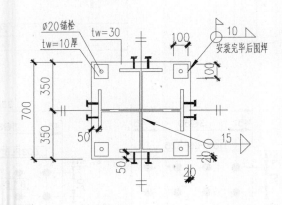

柱脚与底板连接及锚栓示意图

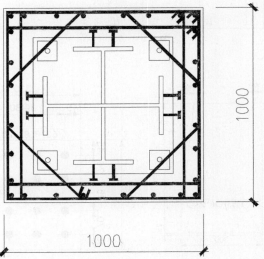

▲-钢骨混凝土梁柱节点构造详图

钢柱节点构造详图

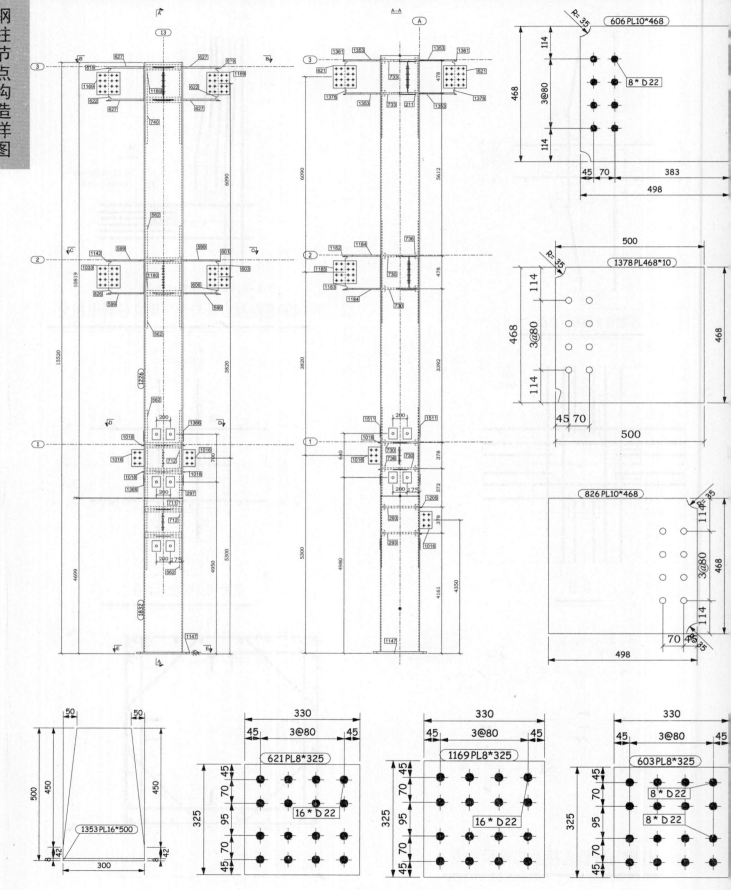

▲-钢结构钢柱钢梁详图

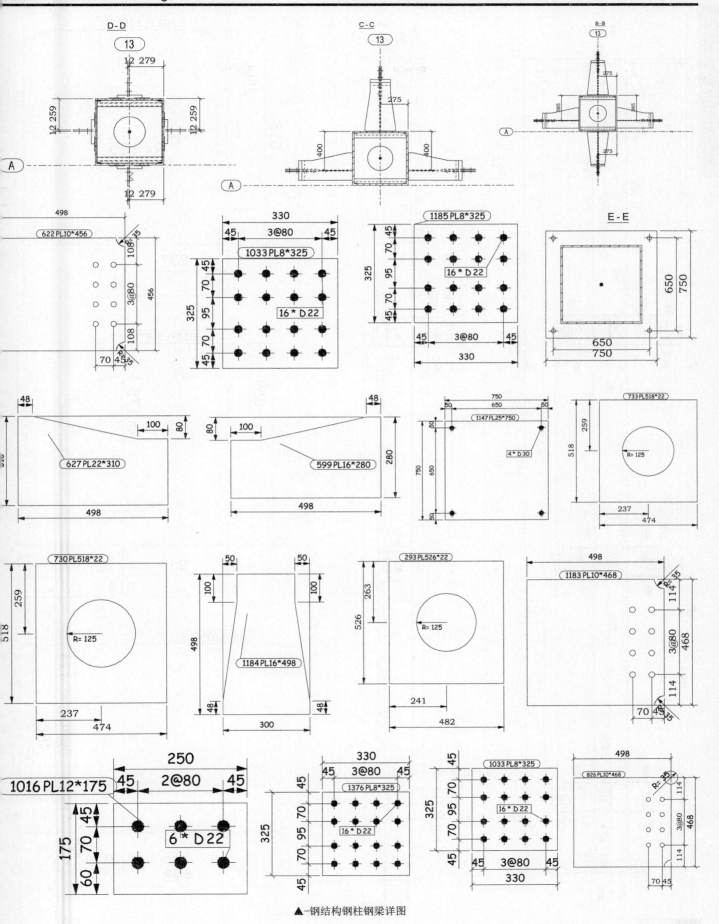

▲-钢结构钢柱钢梁详图

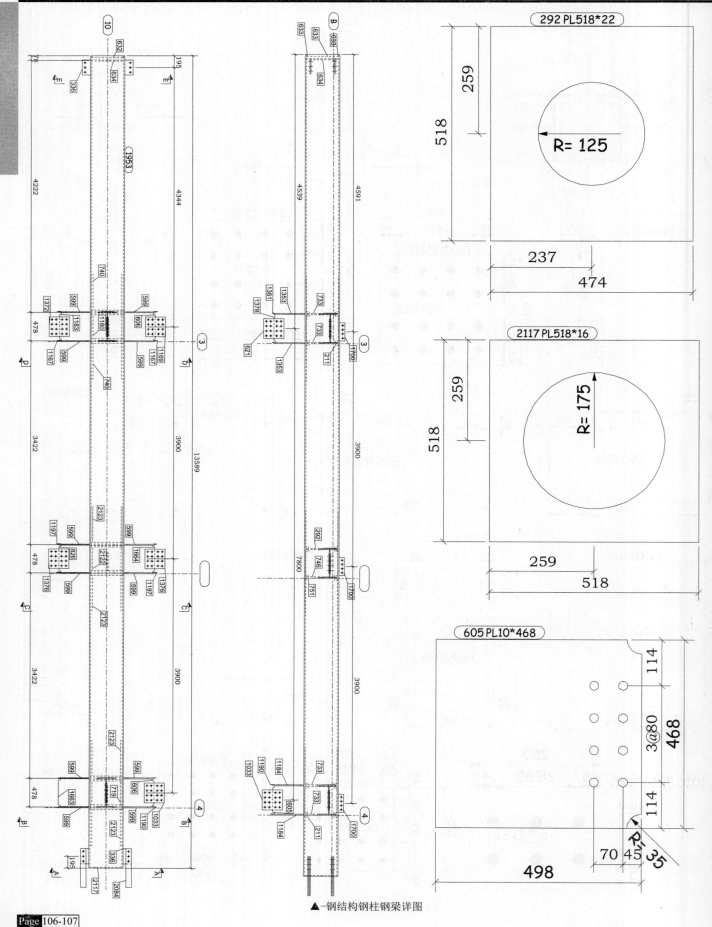

292 PL518*22

R= 125

2117 PL518*16

R= 175

605 PL10*468

▲-钢结构钢柱钢梁详图

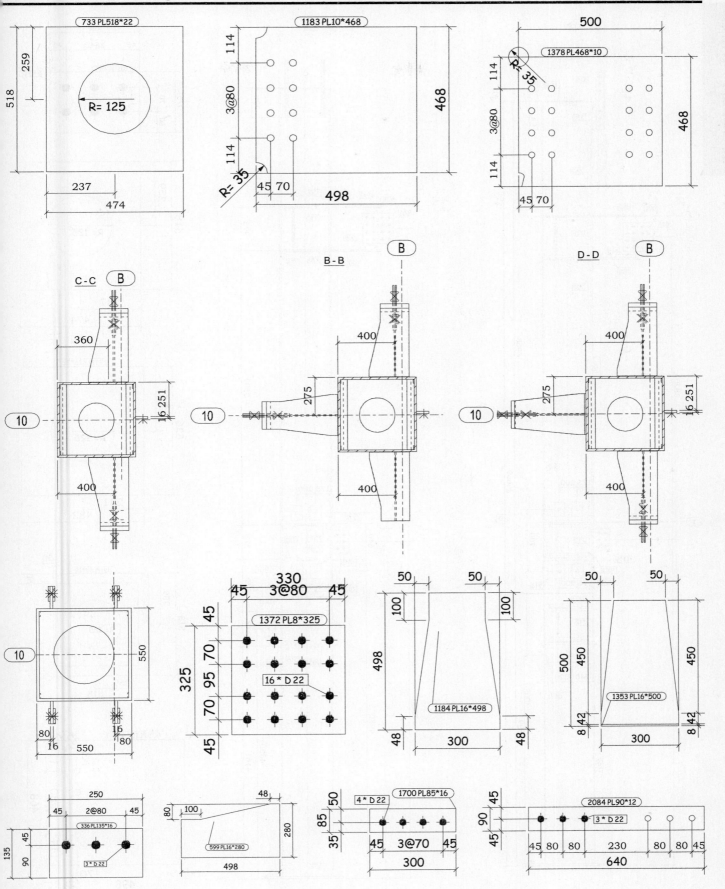

▲-钢结构钢柱钢梁详图

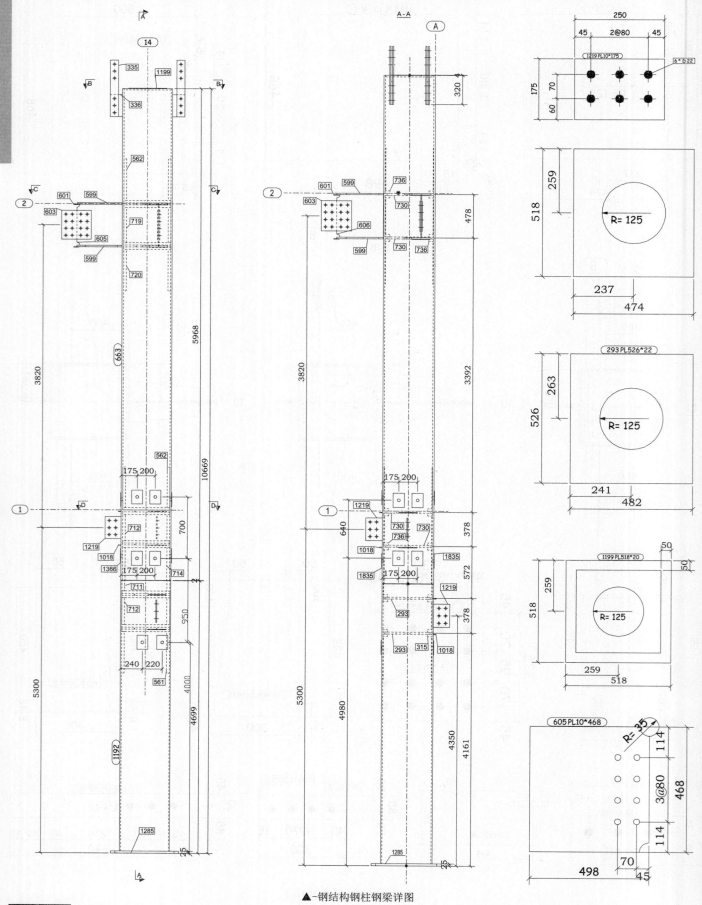

▲-钢结构钢柱钢梁详图

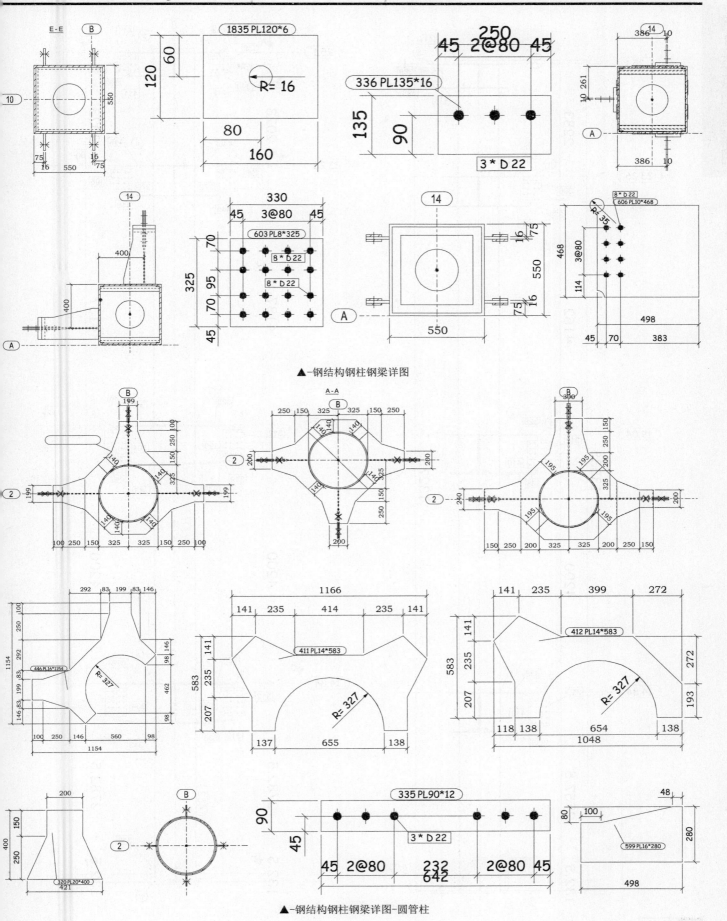

▲-钢结构钢柱钢梁详图

▲-钢结构钢柱钢梁详图-圆管柱

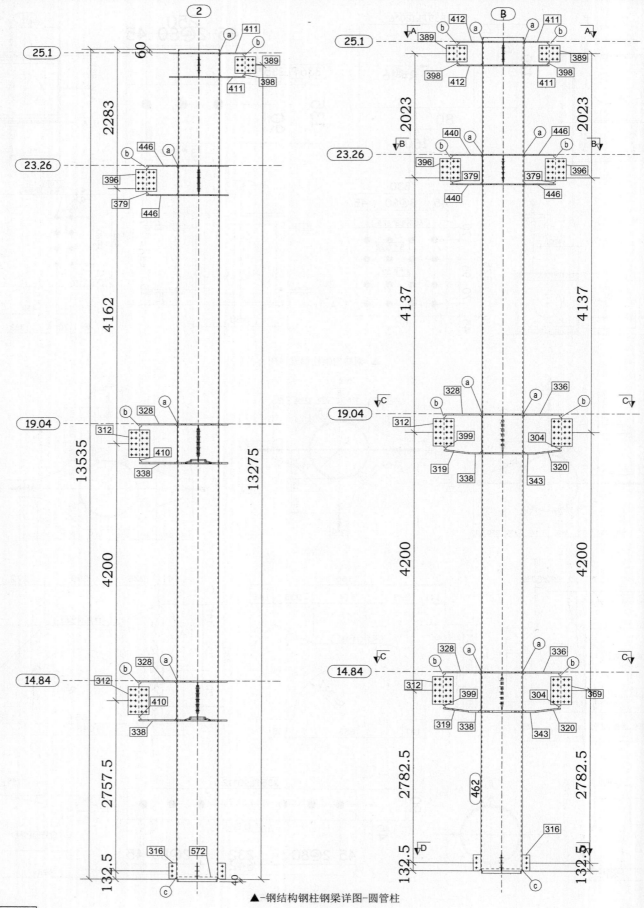

▲-钢结构钢柱钢梁详图-圆管柱

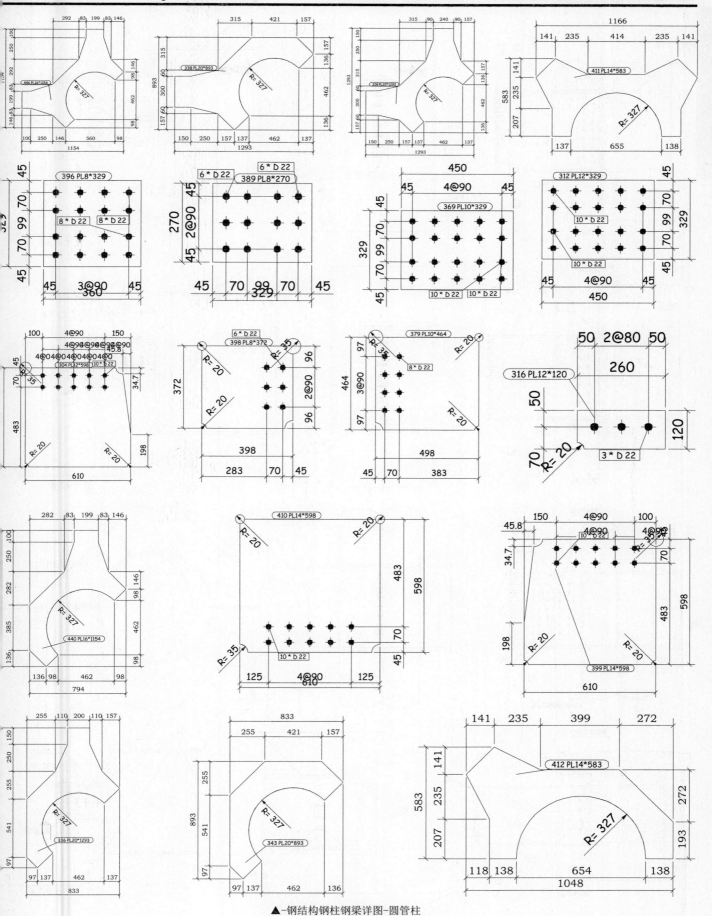

▲-钢结构钢柱钢梁详图-圆管柱

钢柱节点构造详图

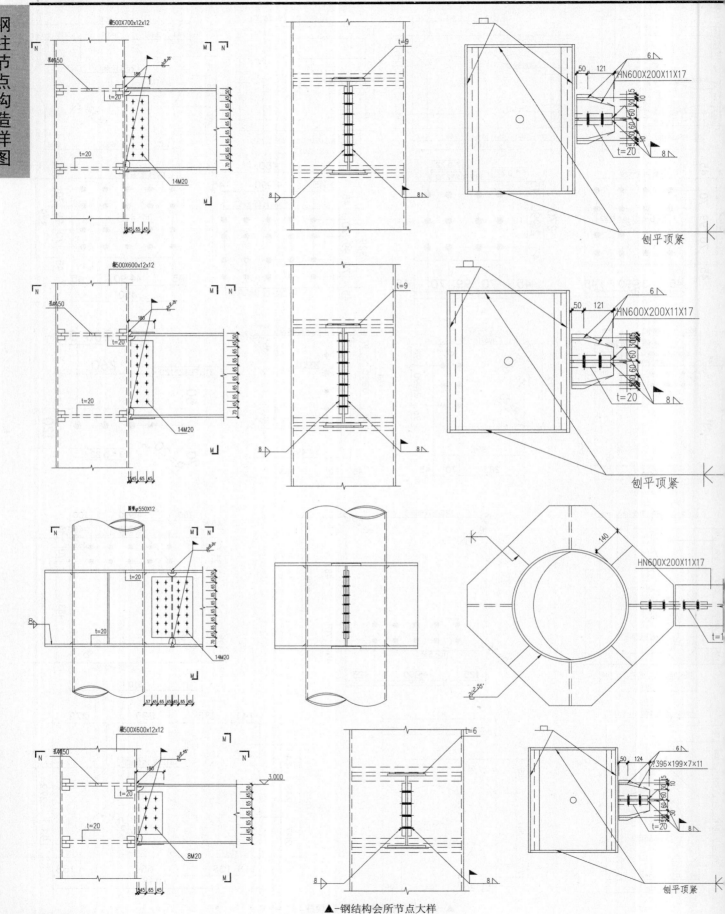

▲-钢结构会所节点大样

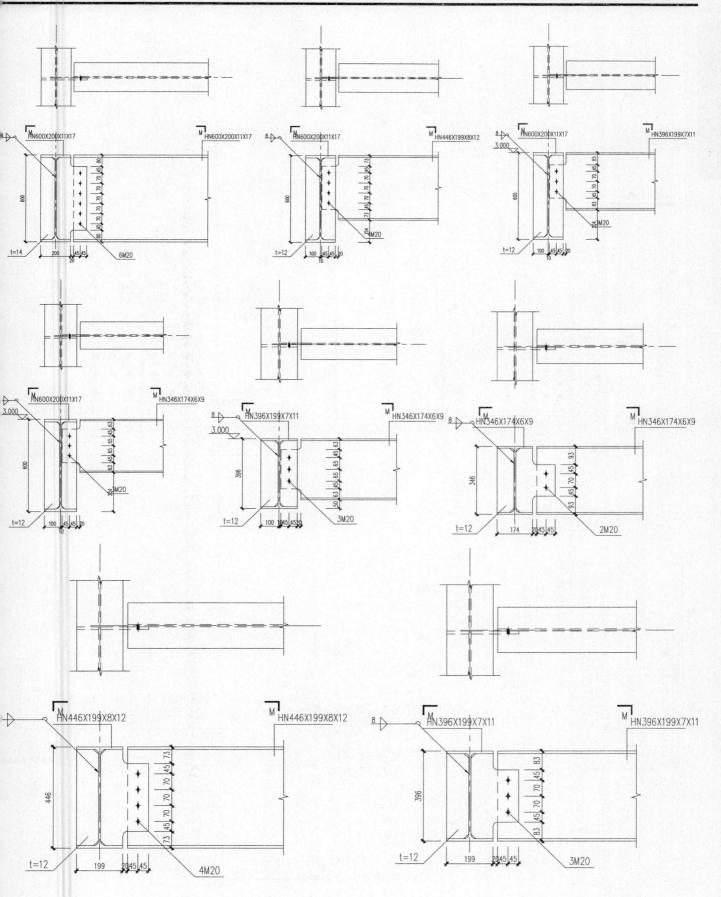

▲-钢结构会所节点大样

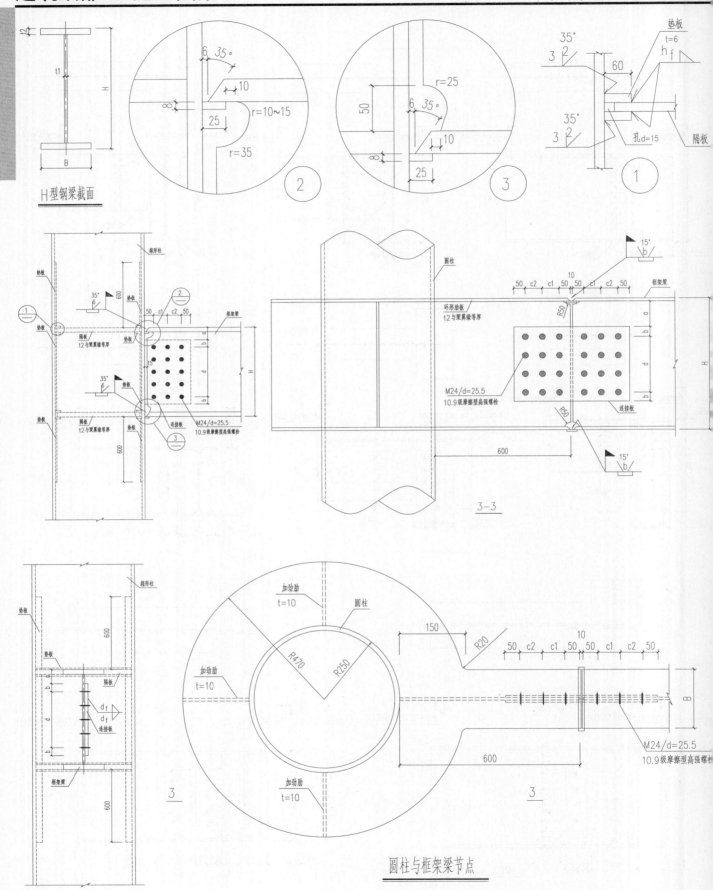

H型钢梁截面

3-3

圆柱与框架梁节点

▲-钢框架钢梁与钢柱连接节点构造详图

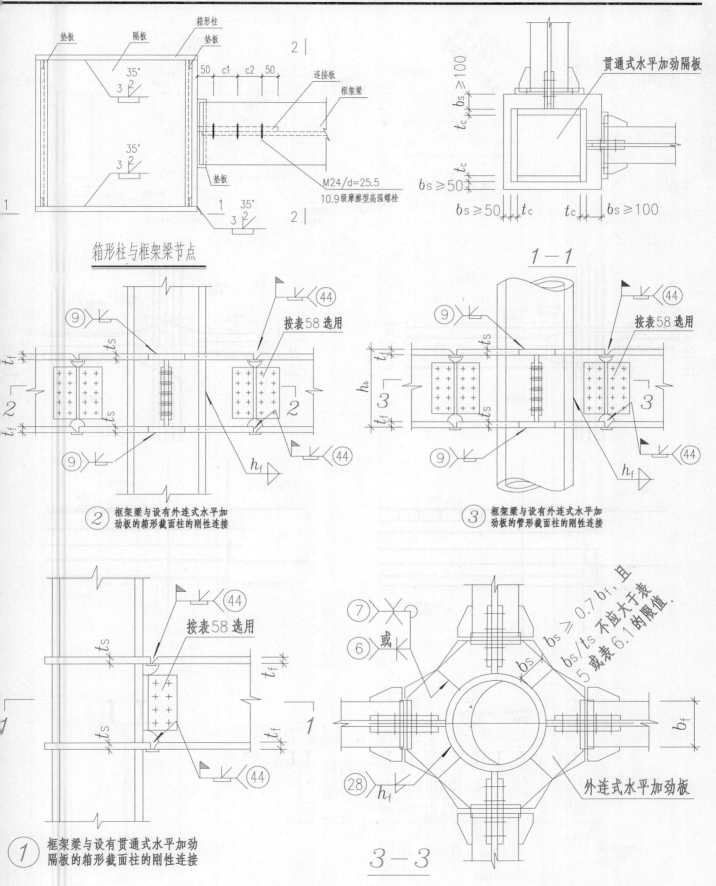

箱形柱与框架梁节点

$1-1$

② 框架梁与设有外连式水平加劲板的箱形截面柱的刚性连接

③ 框架梁与设有外连式水平加劲板的管形截面柱的刚性连接

① 框架梁与设有贯通式水平加劲隔板的箱形截面柱的刚性连接

$3-3$

▲—钢框架梁与柱的刚性连接节点构造详图

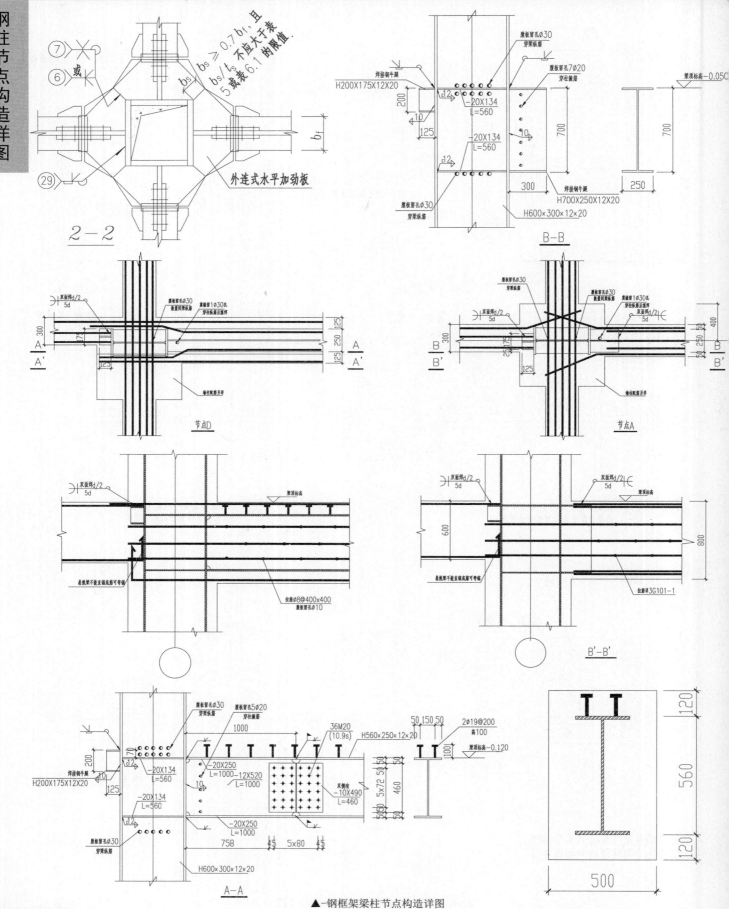

▲-钢框架梁柱节点构造详图

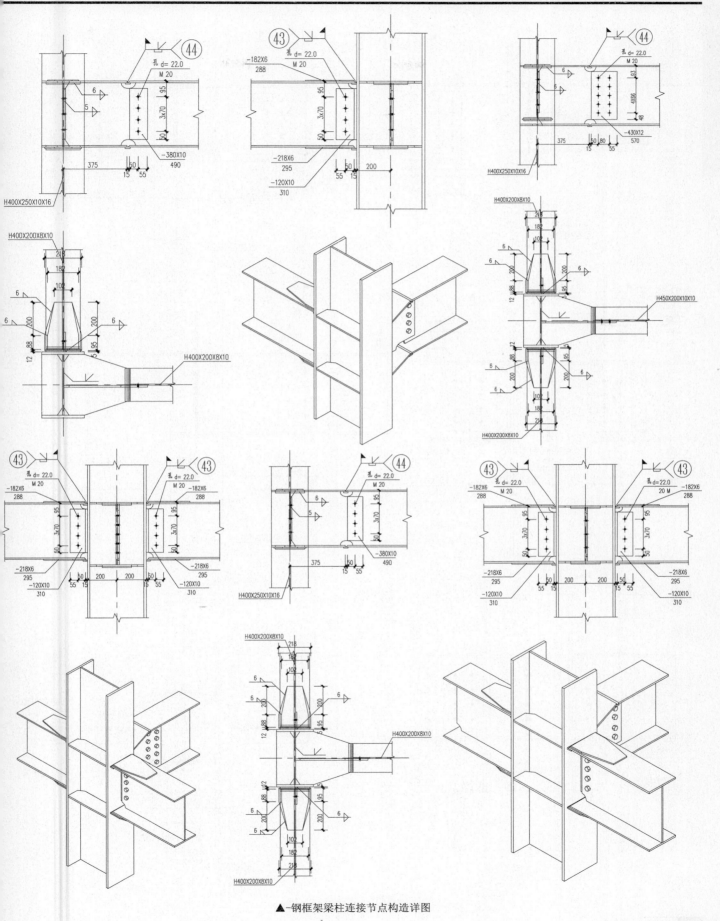

▲-钢框架梁柱连接节点构造详图

钢柱节点构造详图

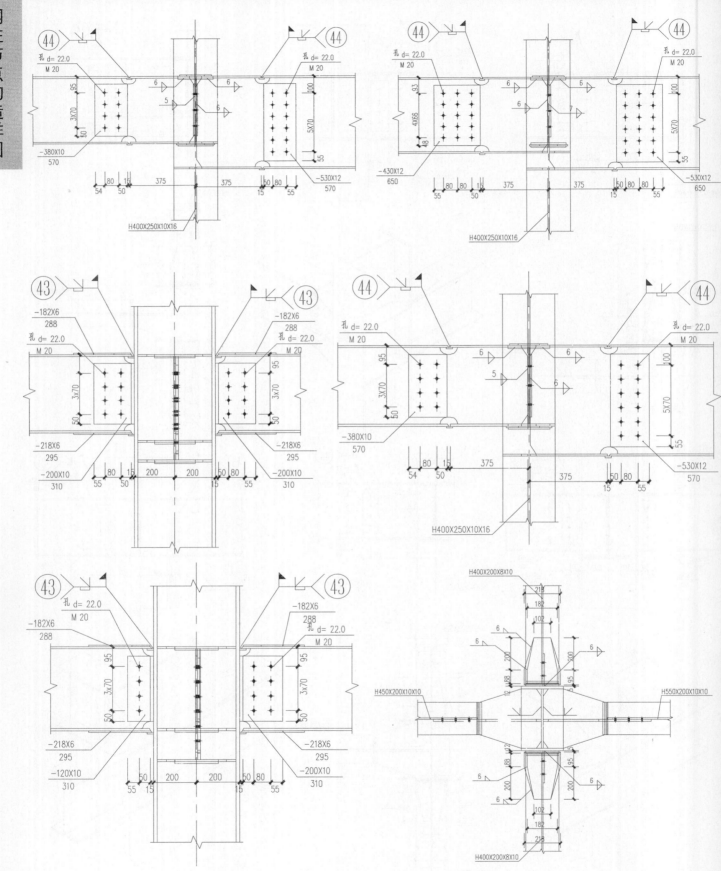

▲-钢框架梁柱连接节点构造详图

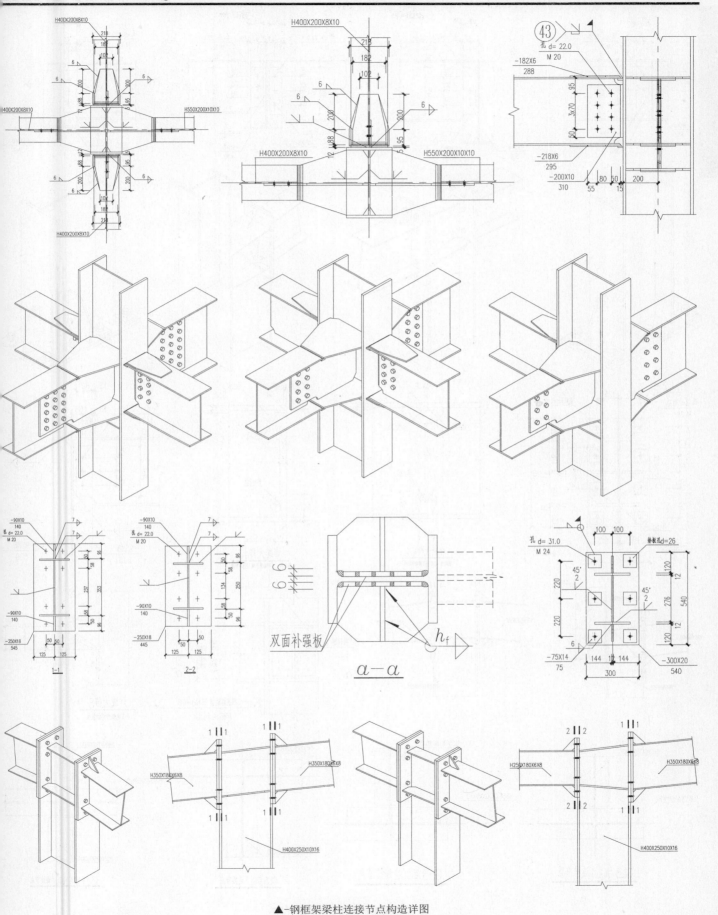

▲-钢框架梁柱连接节点构造详图

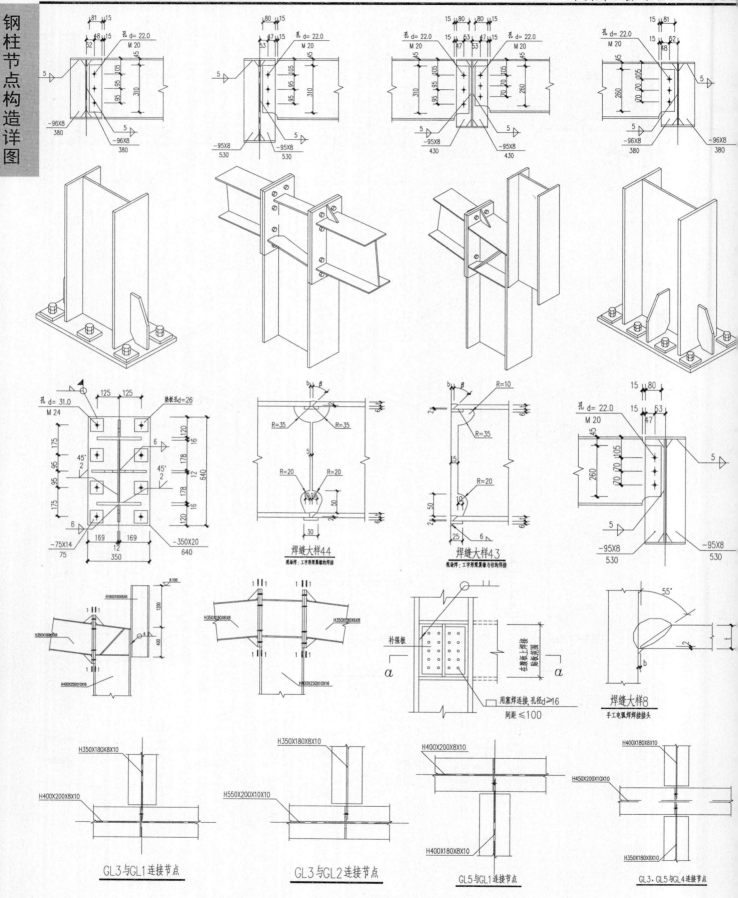

焊缝大样44
现场焊: 工字形梁翼缘的焊接

焊缝大样43
现场焊: 工字形梁翼缘与柱的焊接

焊缝大样8
手工电弧焊接接头

GL3与GL1连接节点　　　GL3与GL2连接节点　　　GL5与GL1连接节点　　　GL3、GL5与GL4连接节点

▲-钢框架梁柱连接节点构造详图

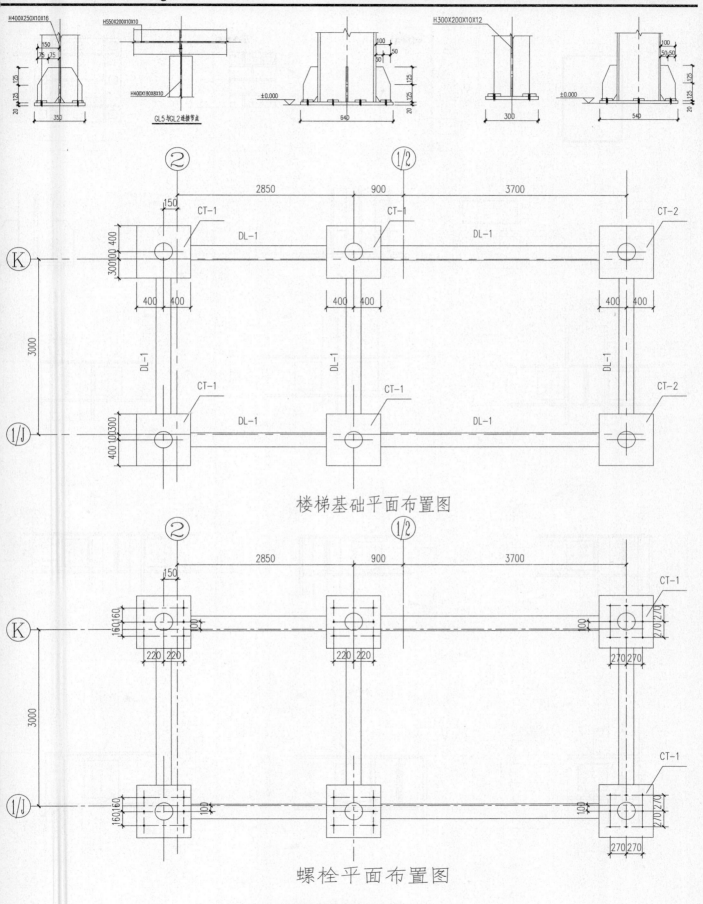

楼梯基础平面布置图

螺栓平面布置图

▲-钢框架梁柱连接节点构造详图

钢柱节点构造详图

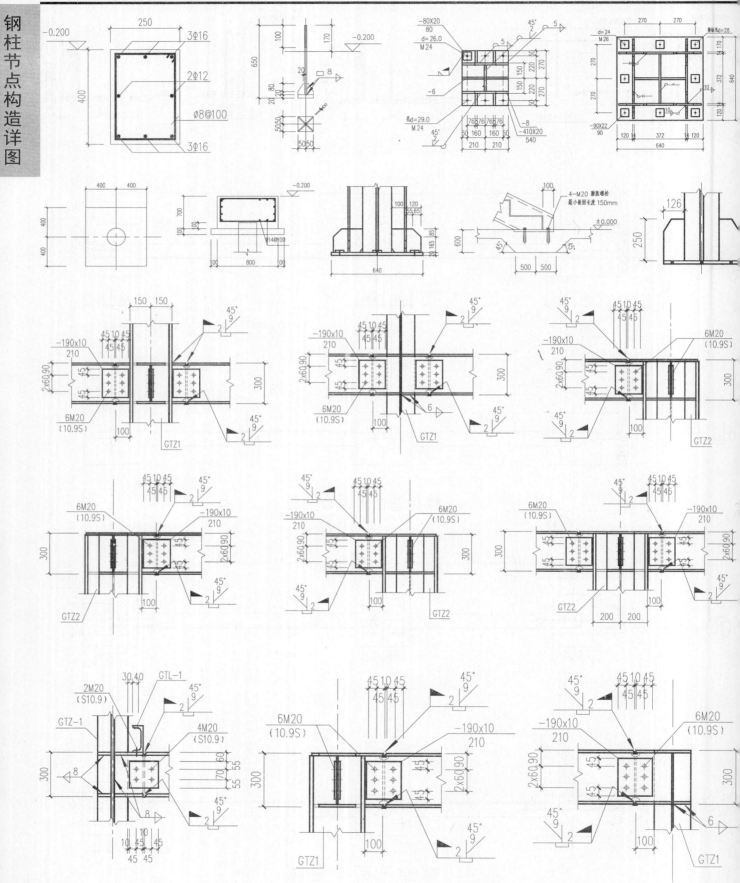

▲-钢框架施工节点构造详图

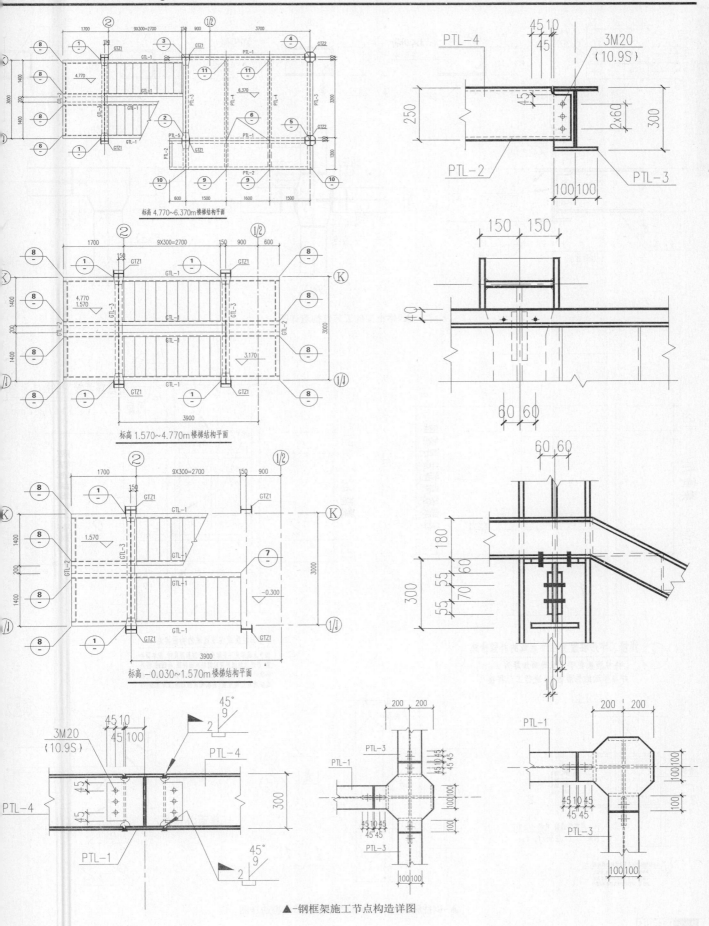

标高 4.770~6.370m 楼梯结构平面

标高 1.570~4.770m 楼梯结构平面

标高 −0.030~1.570m 楼梯结构平面

▲-钢框架施工节点构造详图

钢柱节点构造详图

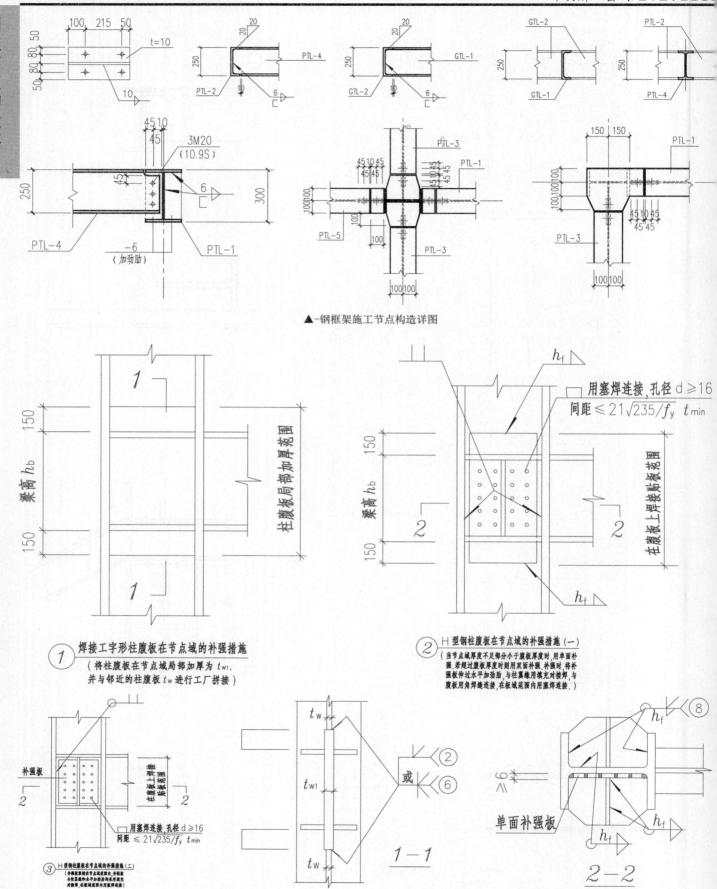

▲-钢框架施工节点构造详图

① 焊接工字形柱腹板在节点域的补强措施
（将柱腹板在节点域局部加厚为 t_{w1}，并与邻近的柱腹板 t_w 进行工厂拼接）

② H 型钢柱腹板在节点域的补强措施（一）
（当节点域厚度不足部分小于腹板厚度时，用单面补强，若超过腹板厚度时用双面补强，补强时，将补强板伸过水平加劲肋，与柱翼缘用填充对接焊，与腹板用角焊缝连接，在板域范围内用塞焊连接。）

用塞焊连接,孔径 d≥16
间距 ≤ $21\sqrt{235/f_y}$ t_{min}

③ H 型钢柱腹板在节点域的补强措施（二）
（补强板配置钢柱节点域范围内，补强板与柱翼缘和水平加劲肋局部范围填充对接焊，在板域范围内用塞焊连接）

用塞焊连接,孔径 d≥16
间距 ≤ $21\sqrt{235/f_y}$ t_{min}

$1-1$

$2-2$

单面补强板

▲-钢柱腹板在节点域的补强措施节点构造详图

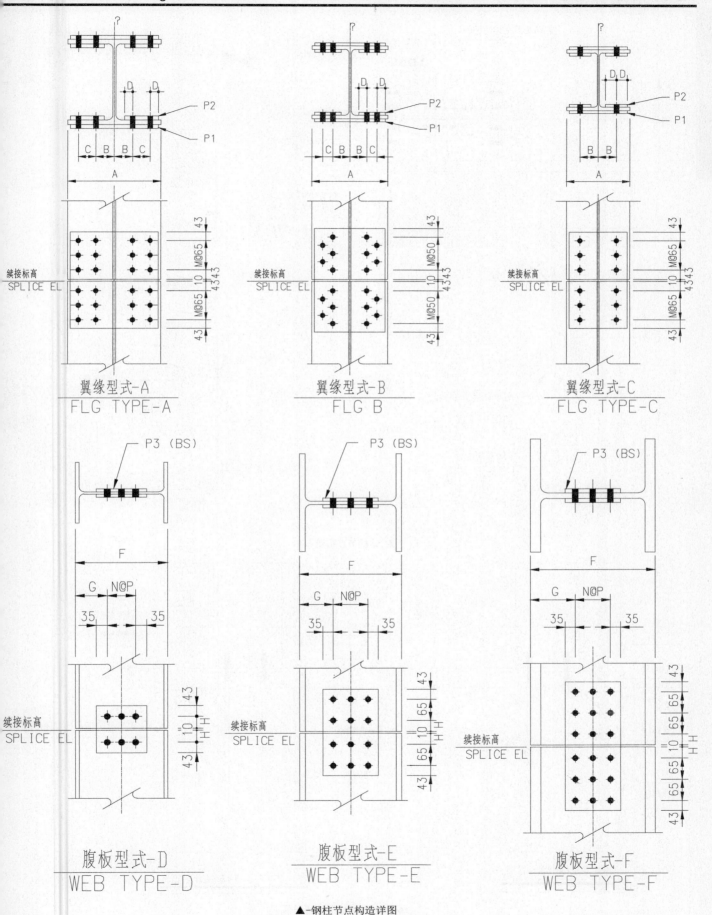

翼缘型式-A
FLG TYPE-A

翼缘型式-B
FLG B

翼缘型式-C
FLG TYPE-C

腹板型式-D
WEB TYPE-D

腹板型式-E
WEB TYPE-E

腹板型式-F
WEB TYPE-F

▲-钢柱节点构造详图

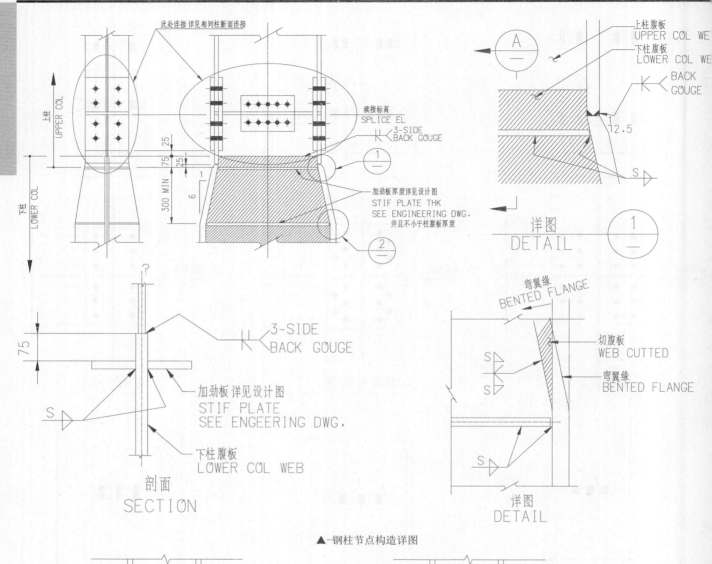

▲-钢柱节点构造详图

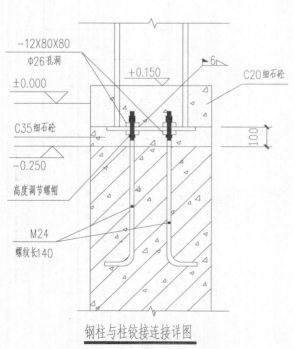

钢柱与柱铰接连接详图

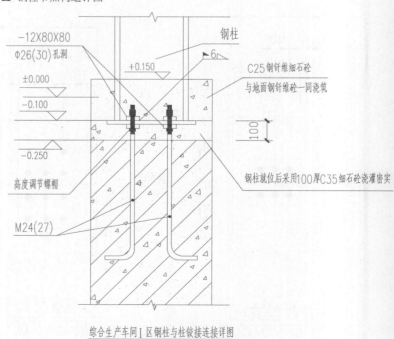

综合生产车间Ⅰ区钢柱与柱铰接连接详图

▲-钢柱与柱铰接连接详图

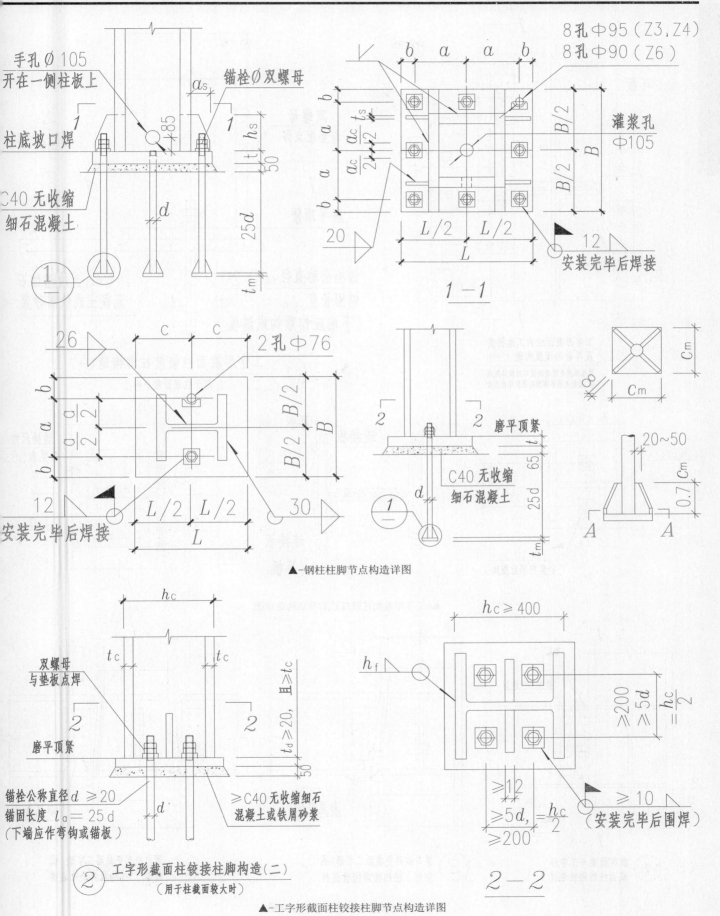

手孔 Ø 105
开在一侧柱板上

锚栓 Ø 双螺母

柱底坡口焊

C40 无收缩
细石混凝土

8孔 Φ95（Z3，Z4）
8孔 Φ90（Z6）

灌浆孔
Φ105

安装完毕后焊接

1－1

26

2孔 Φ76

安装完毕后焊接

磨平顶紧

C40 无收缩
细石混凝土

20~50

▲－钢柱柱脚节点构造详图

2－2

双螺母
与垫板点焊

磨平顶紧

锚栓公称直径 d ≥ 20
锚固长度 $l_a = 25d$
（下端应作弯钩或锚板）

≥C40 无收缩细石
混凝土或铁屑砂浆

② 工字形截面柱铰接柱脚构造（二）
（用于柱截面较大时）

≥ 12

≥5d, $=\dfrac{h_c}{2}$

≥ 200

≥ 10

安装完毕后围焊

▲－工字形截面柱铰接柱脚节点构造详图

钢柱节点构造详图

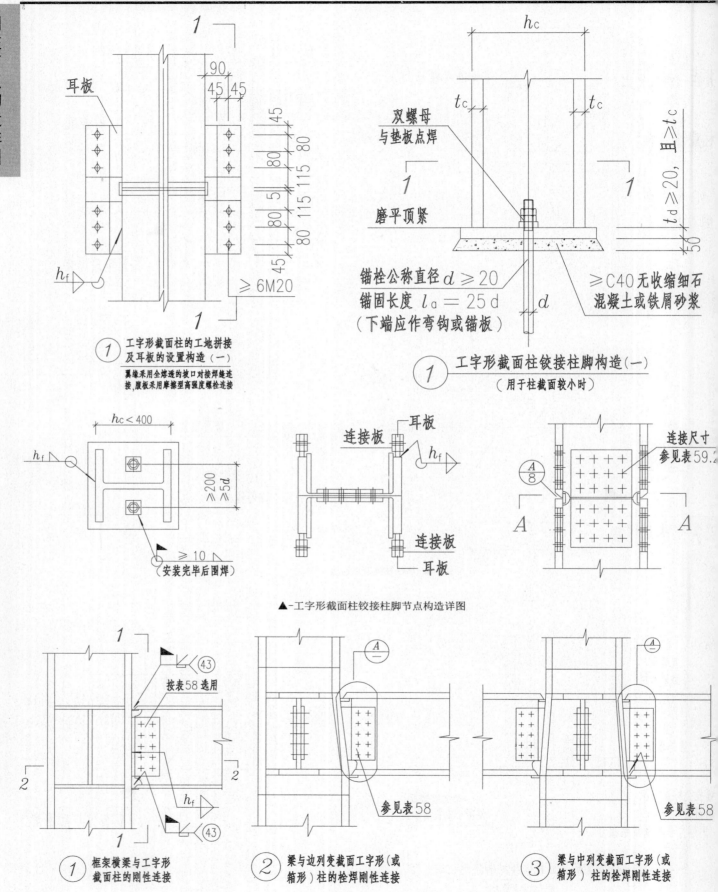

① 工字形截面柱的工地拼接及耳板的设置构造（一）
翼缘采用全熔透的坡口对接焊缝连接，腹板采用摩擦型高强度螺栓连接

① 工字形截面柱铰接柱脚构造（一）
（用于柱截面较小时）

锚栓公称直径 $d \geqslant 20$
锚固长度 $l_a = 25\,d$
（下端应作弯钩或锚板）

磨平顶紧

双螺母与垫板点焊

≥C40 无收缩细石混凝土或铁屑砂浆

$h_c < 400$

≥10（安装完毕后围焊）

（安装完毕后围焊）

连接板 耳板 h_f

连接板 耳板

连接尺寸参见表59.2

▲-工字形截面柱铰接柱脚节点构造详图

① 框架横梁与工字形截面柱的刚性连接

按表58选用

② 梁与边列变截面工字形（或箱形）柱的栓焊刚性连接

参见表58

③ 梁与中列变截面工字形（或箱形）柱的栓焊刚性连接

参见表58

▲-截面柱的刚性连接节点构造详图

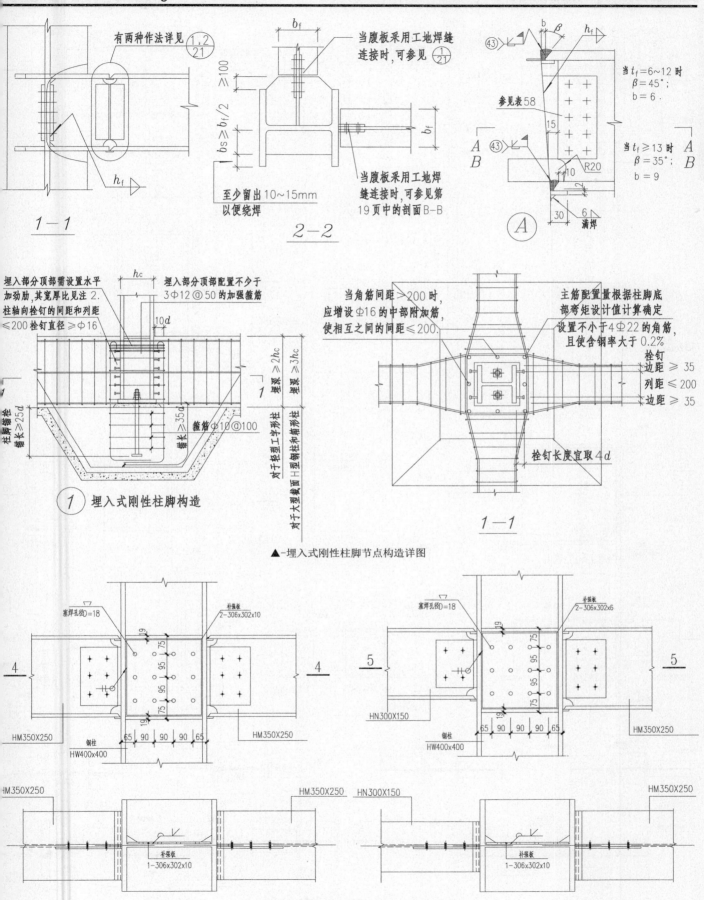

1－1

有两种作法详见 ①,②/21

h_f

2－2

b_f

当腹板采用工地焊缝连接时,可参见 ①/21

$b_s \geq b_f/2$

≥100

至少留出 10～15mm 以便绕焊

当腹板采用工地焊缝连接时,可参见第19页中的剖面B-B

b_f

Ⓐ

43

参见表58

b β h_f

当 $t_f = 6\sim12$ 时
$\beta = 45°$；
$b = 6$.

当 $t_f \geq 13$ 时
$\beta = 35°$；
$b = 9$.

15

A B

30   6 满焊

R20

① 埋入式刚性柱脚构造

埋入部分顶部需设置水平加劲肋,其宽厚比见注2.
柱轴向栓钉的间距和列距 ≤200栓钉直径 ≥Φ16

埋入部分顶部配置不少于 3Φ12@50 的加强箍筋

h_c

10d

柱脚锚栓 锚长≥25d

锚长≥35d

箍筋Φ10@100

埋深≥2h_c 埋深≥3h_c

对于轻型工字形柱   对于大型截面H型钢柱和箱形柱

当角筋间距≥200时,应增设Φ16的中部附加筋,使相互之间的间距≤200.

主筋配置量根据柱脚底部弯矩设计值计算确定
设置不小于4Φ22的角筋,且使含钢率大于0.2%.

栓钉边距 ≥35
列距 ≤200
边距 ≥35

栓钉长度宜取4d

1－1

▲-埋入式刚性柱脚节点构造详图

塞焊孔径D=18

补强板 2-306x302x10

4

19   75   95   95   75   19

4

HM350X250   钢柱 HW400x400   65 90 90 90 65   HM350X250

塞焊孔径D=18

补强板 2-306x302x6

5

19   75   95   95   75   19

5

HN300X150   钢柱 HW400x400   65 90 90 90 65   HM350X250

HM350X250   补强板 1-306x302x10   HM350X250

HN300X150   补强板 1-306x302x10   HM350X250

▲-梁柱连接节点及柱节点域补强详图

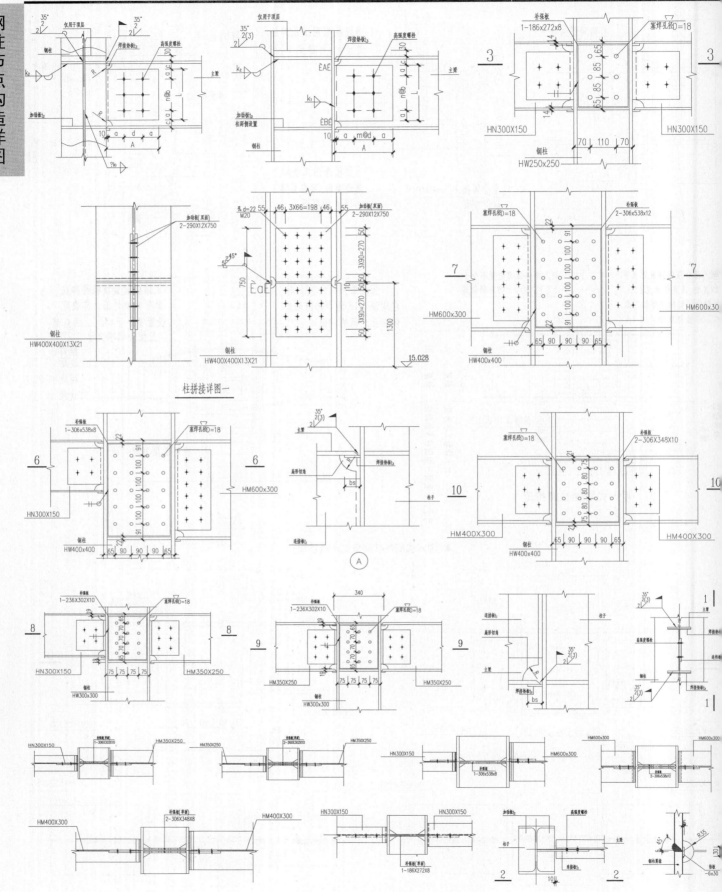

柱拼接详图一

▲-梁柱连接节点及柱节点域补强详图

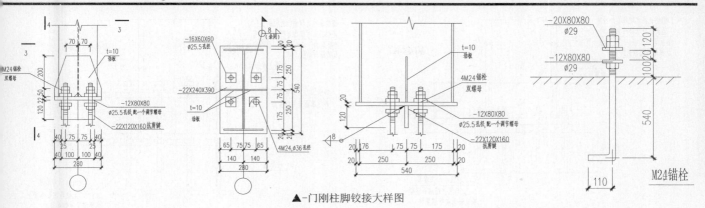

▲-门刚柱脚铰接大样图

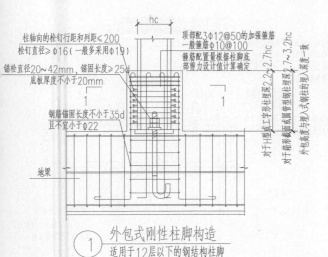

① 外包式刚性柱脚构造
适用于12层以下的钢结构柱脚

② 埋入式刚性柱脚构造
此构造也适合于箱形截面、管形截面和十字形截面

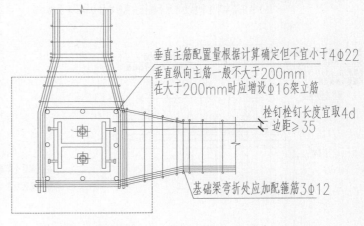

2-2

当为角柱时的配筋

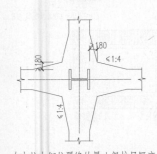

③ 在中柱中钢柱翼缘的最小保护层厚度

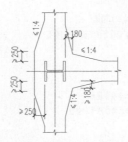

④ 在边柱中钢柱翼缘的最小保护层厚度

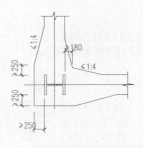

⑤ 在角柱中钢柱翼缘的最小保护层厚度

▲-民用钢框架外包式和埋入式柱脚节点构造详图

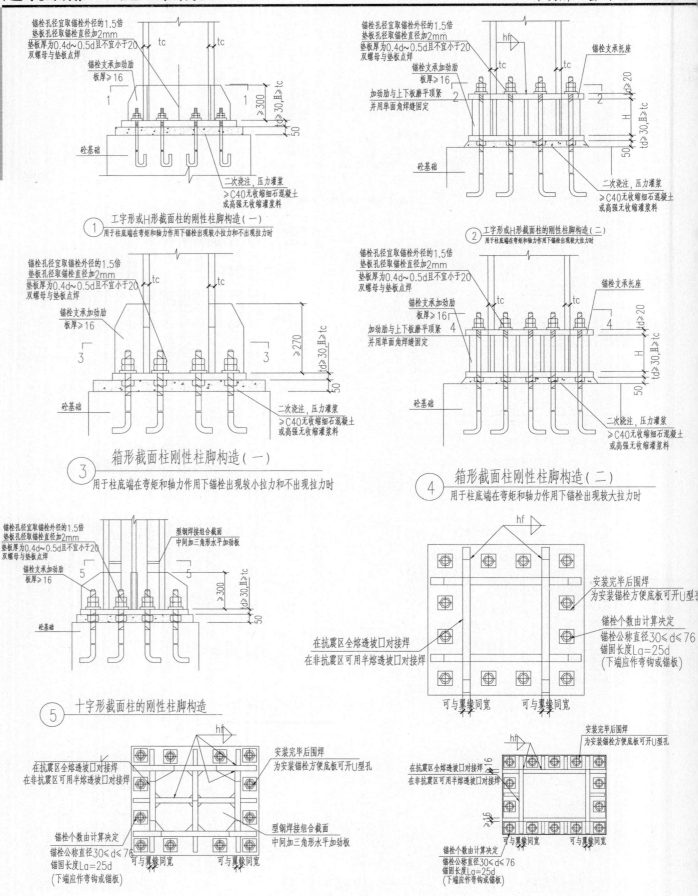

① 工字形或H形截面柱的刚性柱脚构造（一）
用于柱底端在弯矩和轴力作用下锚栓出现较小拉力和不出现拉力时

② 工字形或H形截面柱的刚性柱脚构造（二）
用于柱底端在弯矩和轴力作用下锚栓出现较大拉力时

③ 箱形截面柱刚性柱脚构造（一）
用于柱底端在弯矩和轴力作用下锚栓出现较小拉力和不出现拉力时

④ 箱形截面柱刚性柱脚构造（二）
用于柱底端在弯矩和轴力作用下锚栓出现较大拉力时

⑤ 十字形截面柱的刚性柱脚构造

▲-民用钢框架外露式刚接柱脚节点构造详图

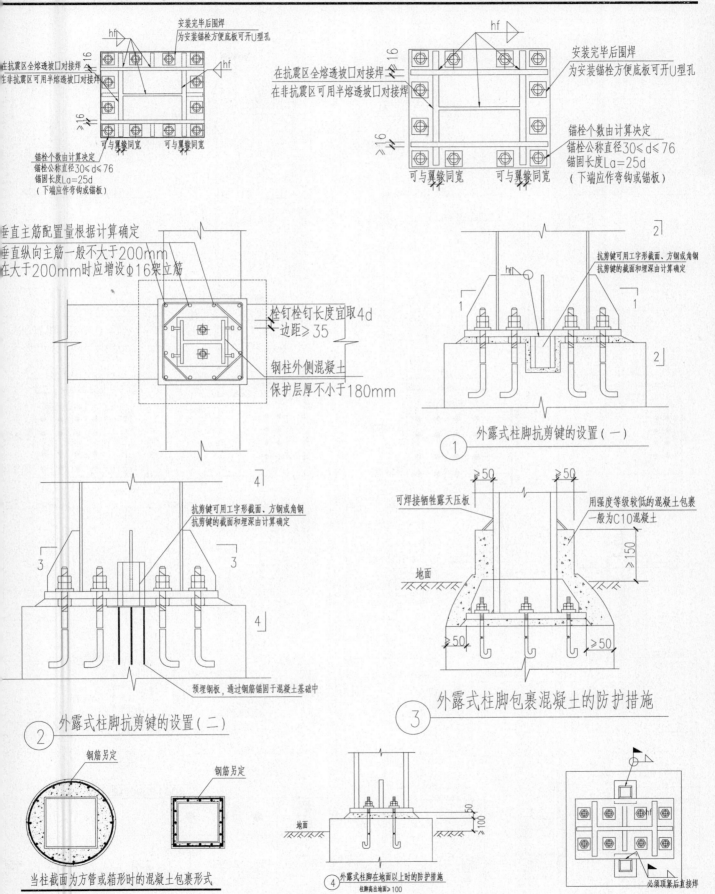

在抗震区全熔透坡口对接焊
在非抗震区可用半熔透坡口对接焊

安装完毕后围焊
为安装锚栓方便底板可开U型孔

锚栓个数由计算决定
锚栓公称直径30≤d≤76
锚固长度La=25d
（下端应作弯钩或锚板）

在抗震区全熔透坡口对接焊
在非抗震区可用半熔透坡口对接焊

安装完毕后围焊
为安装锚栓方便底板可开U型孔

锚栓个数由计算决定
锚栓公称直径30≤d≤76
锚固长度La=25d
（下端应作弯钩或锚板）

可与翼缘同宽   可与翼缘同宽

垂直主筋配置量根据计算确定
垂直纵向主筋一般不大于200mm
在大于200mm时应增设Φ16架立筋

栓钉栓钉长度宜取4d
边距≥35

钢柱外侧混凝土
保护层厚不小于180mm

抗剪键可用工字形截面、方钢或角钢
抗剪键的截面和埋深由计算确定

① 外露式柱脚抗剪键的设置（一）

抗剪键可用工字形截面、方钢或角钢
抗剪键的截面和埋深由计算确定

预埋钢板，通过钢筋锚固于混凝土基础中

② 外露式柱脚抗剪键的设置（二）

可焊接牺牲性露天压板

用强度等级较低的混凝土包裹
一般为C10混凝土

地面

③ 外露式柱脚包裹混凝土的防护措施

钢筋另定

钢筋另定

当柱截面为方管或箱形时的混凝土包裹形式

地面

④ 外露式柱脚在地面以上时的防护措施
柱脚高出地面≥100

必须顶紧后直接焊

▲-民用钢框架外露式柱脚的抗剪键设置和柱脚防护节点构造详图

钢柱节点构造详图

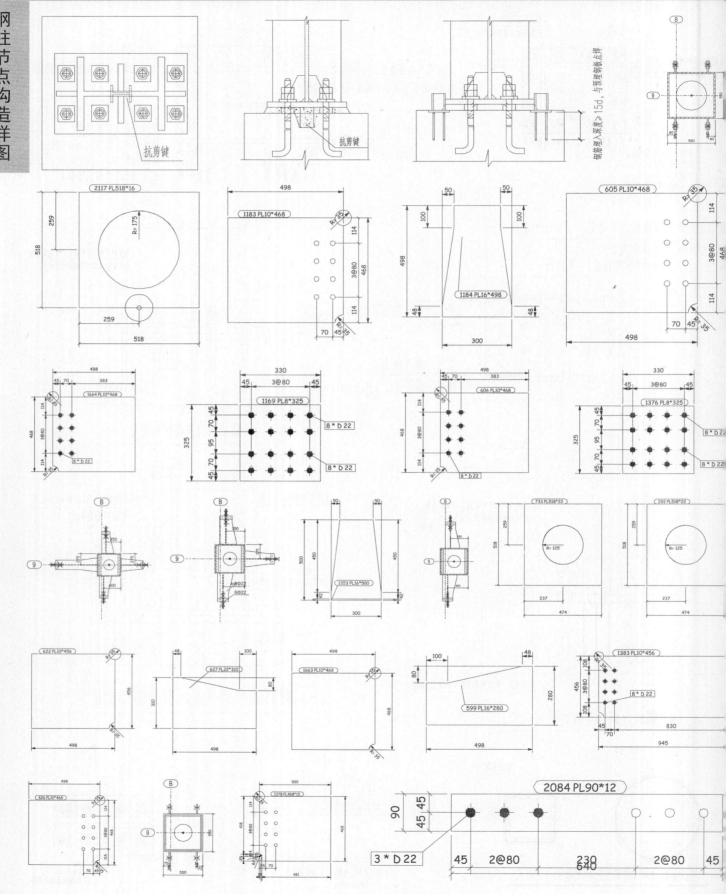

▲-民用建筑钢柱详图

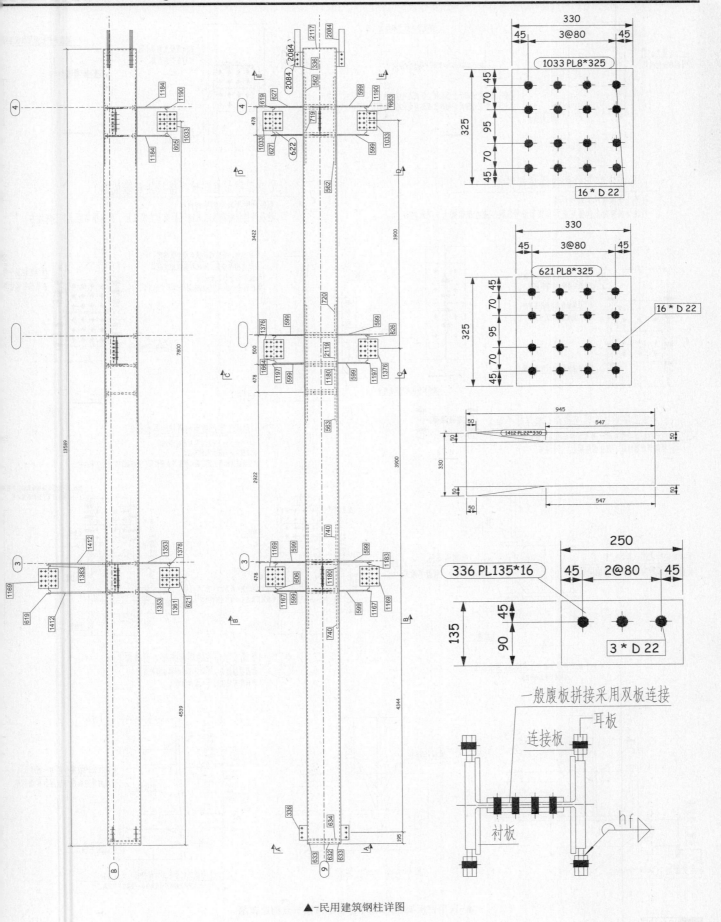

▲-民用建筑钢柱详图

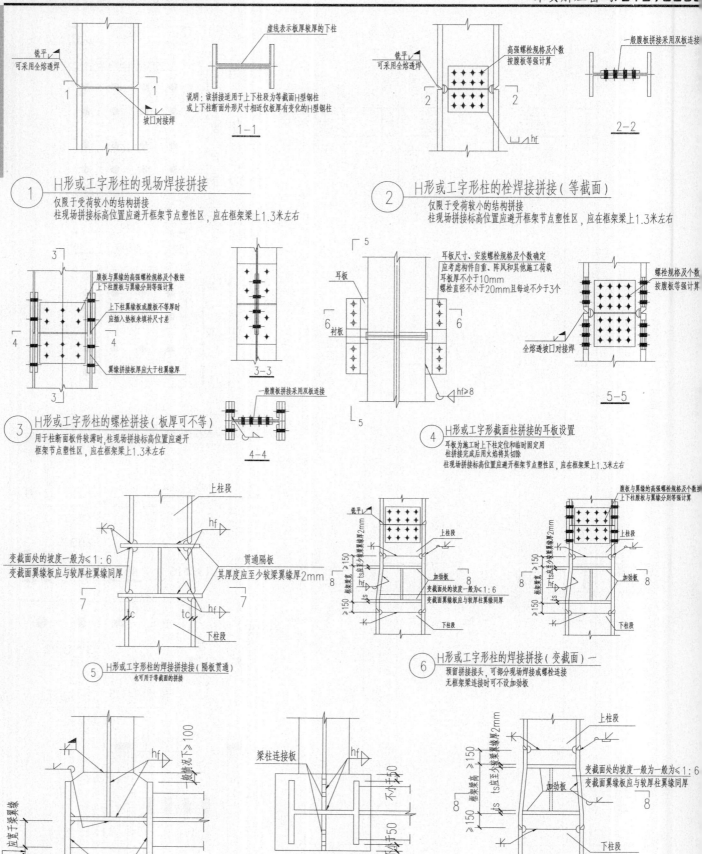

① H形或工字形柱的现场焊接拼接
仅限于受荷较小的结构拼接
柱现场拼接标高位置应避开框架节点塑性区，应在框架梁上1.3米左右

② H形或工字形柱的栓焊接拼接（等截面）
仅限于受荷较小的结构拼接
柱现场拼接标高位置应避开框架节点塑性区，应在框架梁上1.3米左右

③ H形或工字形柱的螺栓拼接（板厚可不等）
用于柱断面板件较薄时，柱现场拼接标高位置应避开框架节点塑性区，应在框架梁上1.3米左右

④ H形或工字形截面柱拼接的耳板设置
耳板为施工时上下柱定位和临时固定用
柱拼接完成后用火焰将其切除
柱现场拼接标高位置应避开框架节点塑性区，应在框架梁上1.3米左右

⑤ H形或工字形柱的焊接拼接（隔板贯通）
也可用于等截面的拼接

⑥ H形或工字形柱的焊接拼接（变截面）一
预留拼接接头，可部分现场焊接或螺栓连接
无框架梁连接时可不设加劲板

⑦ H形或工字形柱的焊接拼接（变截面）二
无框架梁连接时可不设加劲板，拼接在工厂完成

两个方向均可以连接梁

▲-民用钢框架H形或工字形柱的拼接节点构造详图

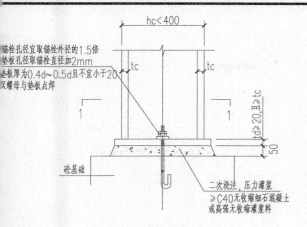

① 工字形或H形截面柱铰接柱脚构造（一）
　　用于柱截面较小，hc<400mm时

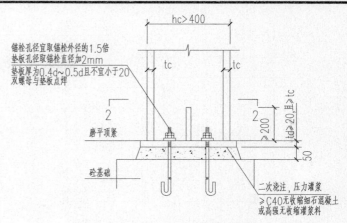

② 工字形或H形截面柱铰接柱脚构造（二）
　　用于柱截面较大，hc>400mm时

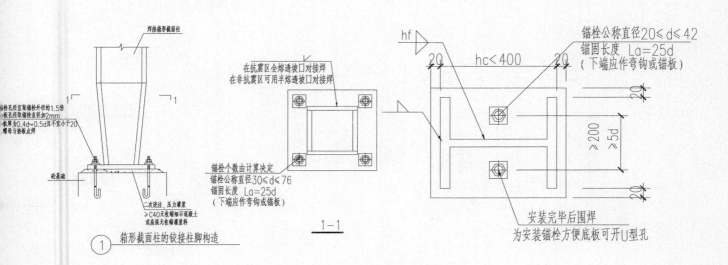

① 箱形截面柱的铰接柱脚构造

1-1

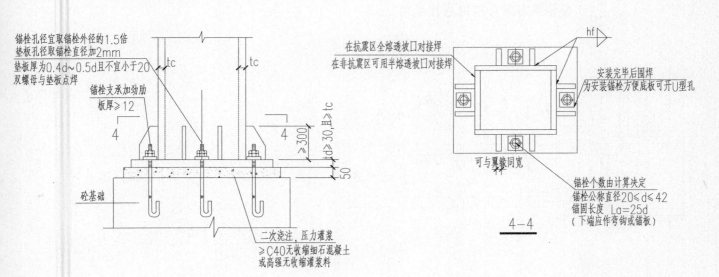

③ 箱形截面柱的铰接柱脚构造（一）

4-4

▲-民用钢框架铰接柱脚节点构造详图

钢柱节点构造详图

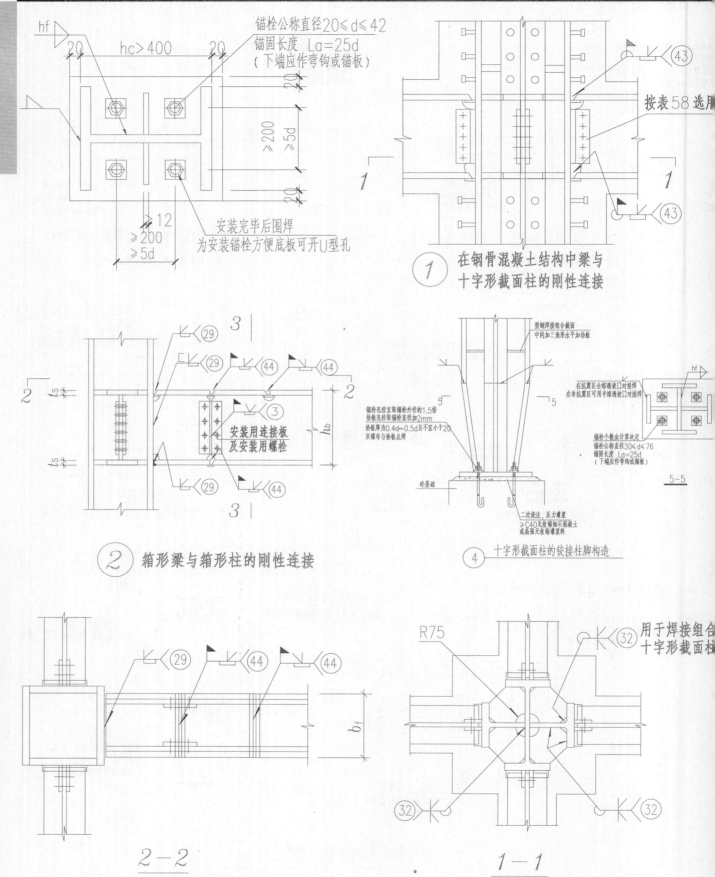

① 在钢骨混凝土结构中梁与十字形截面柱的刚性连接

② 箱形梁与箱形柱的刚性连接

④ 十字形截面柱的铰接柱脚构造

2—2

1—1

▲一十字形截面柱的刚性连接节点构造详图

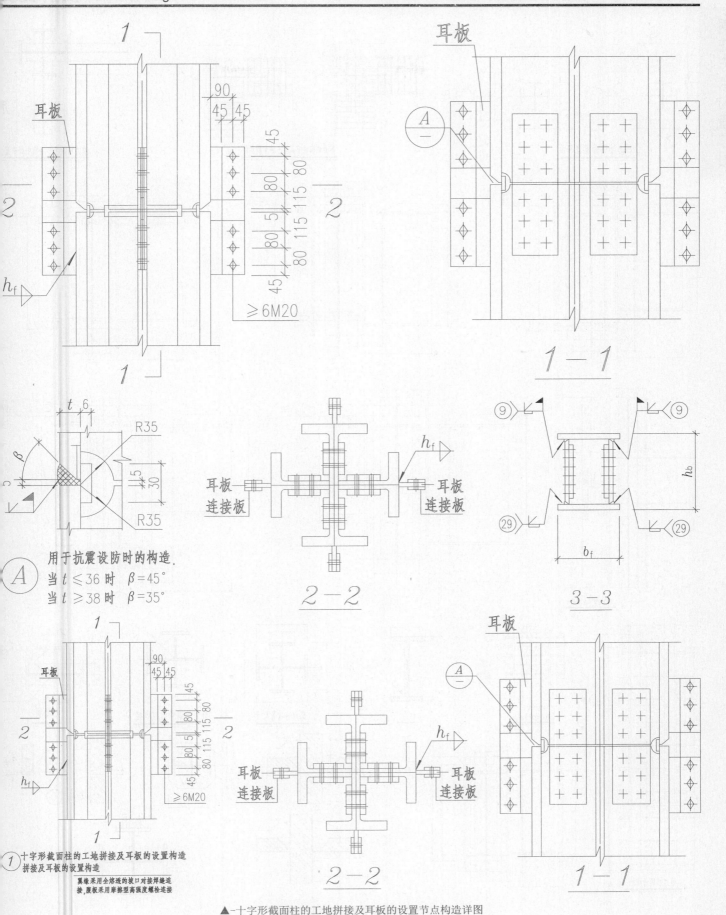

≥6M20

用于抗震设防时的构造
当 $t \leqslant 36$ 时 $\beta = 45°$
当 $t \geqslant 38$ 时 $\beta = 35°$

2 — 2

3 — 3

1 — 1

① 十字形截面柱的工地拼接及耳板的设置构造
拼接及耳板的设置构造

翼缘采用全熔透的坡口对接焊缝连
接,腹板采用摩擦型高强度螺栓连接

▲一十字形截面柱的工地拼接及耳板的设置节点构造详图

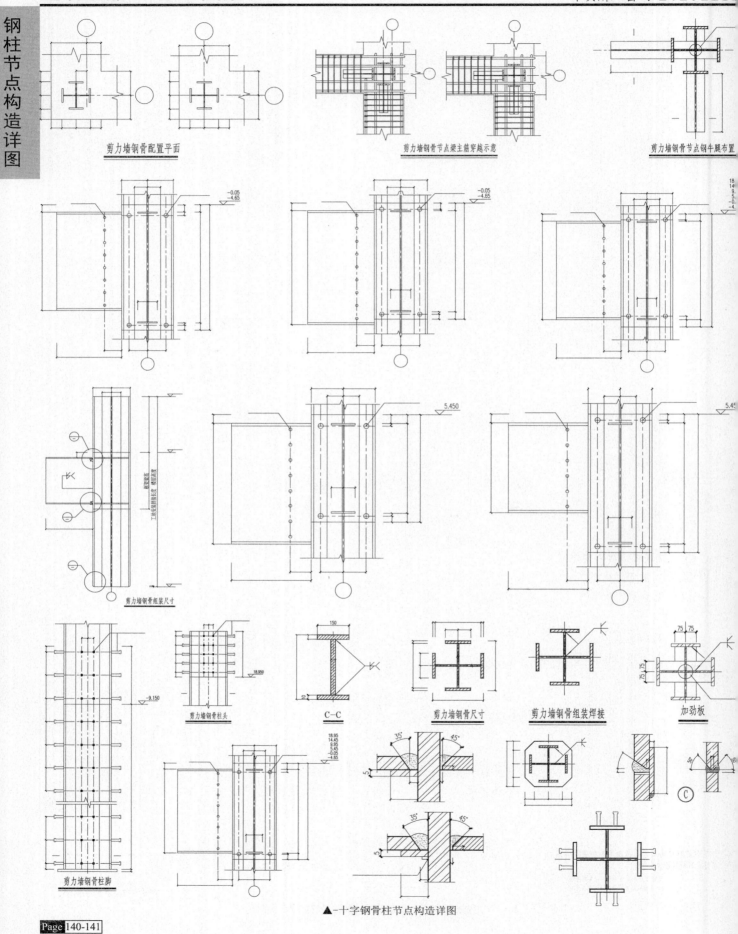

剪力墙钢骨配置平面

剪力墙钢骨节点梁主筋穿越示意

剪力墙钢骨节点钢牛腿布置

剪力墙钢骨组装尺寸

剪力墙钢骨柱头

C—C

剪力墙钢骨尺寸

剪力墙钢骨组装焊接

加劲板

剪力墙钢骨柱脚

▲—十字钢骨柱节点构造详图

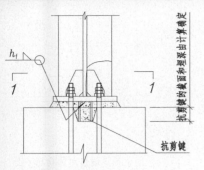

① 外露式柱脚抗剪键的设置（一）
（可用工字形截面或方钢）

② 外露式柱脚抗剪键的设置（二）
（可用工字形、槽形截面或角钢）

③ 外露式柱脚在地面以下时的防护措施
（包裹的混凝土高出地面150）

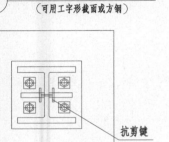

1—1

2—2

顶紧直接焊

④ 外露式柱脚在地面以上时的防护措施
（柱脚高出地面≥100）

▲-外露式型钢柱脚节点构造详图

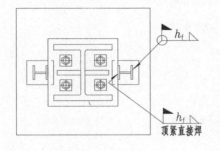

① 外包式刚性柱脚构造

▲-外包式刚性柱脚节点构造详图

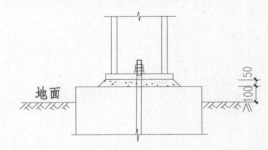

栓钉边距 ≥35
列距 ≤200
边距 ≥35

栓钉长度宜取4d

④ 外露式柱脚在地面以上时的防护措施
（柱脚高出地面≥100）

▲-外露式柱脚在地面以上时的防护措施节点构造详图

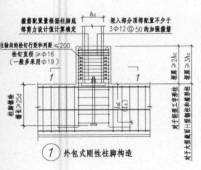

用强度等级
较低的混凝土包裹

③ 外露式柱脚在地面以下时的防护措施
（包裹的混凝土高出地面150）

▲-外露式柱脚在地面以下时的防护措施节点构造详图

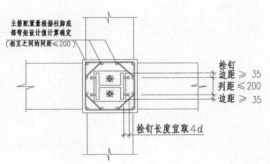

② 外露式柱脚抗剪键的设置（二）
（可用工字形、槽形截面或角钢）

2—2

顶紧直接焊

▲-外露式柱脚抗剪键的设置节点构造详图

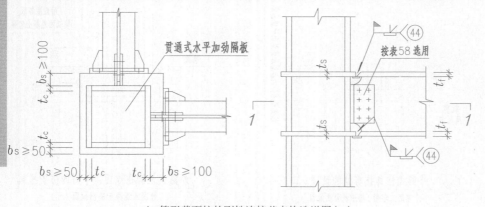

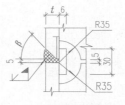

用于抗震设防时的构造；
当 $t \le 36$ 时 $\beta = 45°$；$b = 5$
当 $t \ge 38$ 时 $\beta = 35°$；$b = 9$

Ⓑ

▲-箱形截面柱的刚性连接节点构造详图(一)

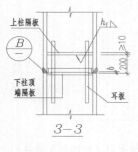

3-3

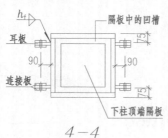

4-4

用于抗震设防时的构造．
当 $t \le 36$ 时 $\beta = 45°$
当 $t \ge 38$ 时 $\beta = 35°$

Ⓐ

Ⓐ Ⓑ 在非抗震设防结构中当柱的弯矩较小且不产生拉力时，柱接头可采用部分熔透焊缝的构造

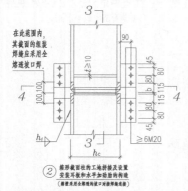

② 箱形截面柱的工地拼接及设置安装耳板和水平加劲肋的构造

▲-箱形截面柱的工地拼接及设置安装耳板和水平加劲肋的节点构造详图（二）

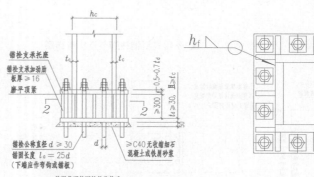

② 箱形截面柱刚性柱脚构造（二）
（用于柱底端在弯矩和轴力作用下锚栓出现较大拉力时）

▲-箱形截面柱刚性柱脚节点构造详图(二)

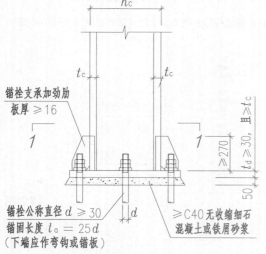

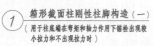

① 箱形截面柱刚性柱脚构造（一）
（用于柱底端在弯矩和轴力作用下锚栓出现较小拉力和不出现拉力时）

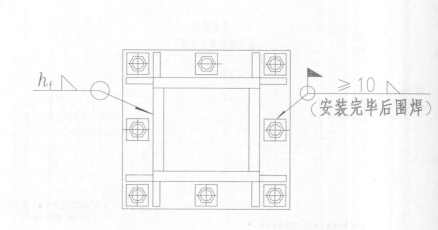

▲-箱形截面柱刚性柱脚节点构造详图（一）

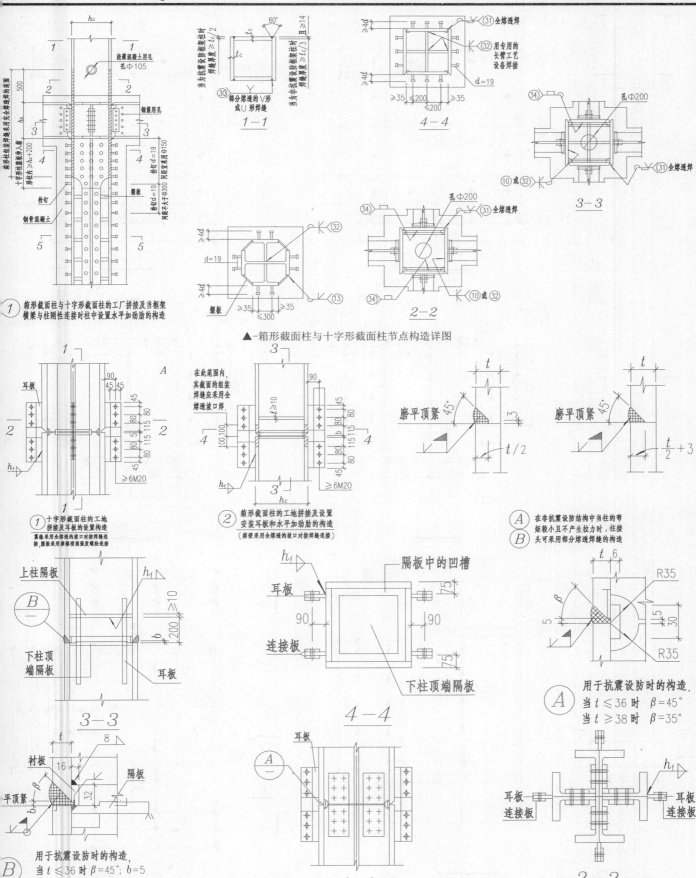

① 箱形截面柱与十字形截面柱的工厂拼接及当框架横梁与柱刚性连接时柱中设置水平加劲肋的构造

▲-箱形截面柱与十字形截面柱节点构造详图

① 十字形截面柱的工地拼接及耳板的设置构造
翼缘采用全熔透的坡口对接焊缝连接，腹板采用摩擦型高强度螺栓连接

② 箱形截面柱的工地拼接及设置安装耳板和水平加劲肋的构造
(措缝采用全熔透的坡口对接焊缝连接)

Ⓐ 在非抗震设防结构中当柱的弯矩较小且不产生拉力时，柱接头可采用部分熔透焊缝的构造

3—3

4—4

Ⓐ 用于抗震设防时的构造
当 $t \leqslant 36$ 时　$\beta=45°$
当 $t \geqslant 38$ 时　$\beta=35°$

Ⓑ 用于抗震设防时的构造
当 $t \leqslant 36$ 时　$\beta=45°$；$b=5$
当 $t \geqslant 38$ 时　$\beta=35°$；$b=9$

1—1

2—2

▲-箱形截面柱与十字形截面柱拼接及耳板的设置构造

钢柱节点构造详图

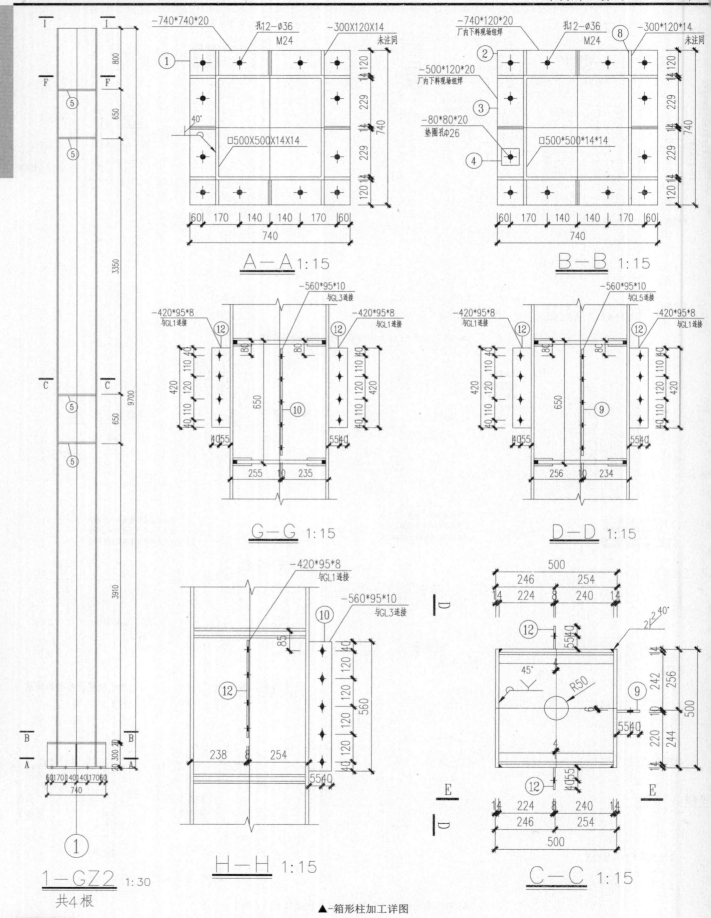

A—A 1:15

B—B 1:15

G—G 1:15

D—D 1:15

H—H 1:15

C—C 1:15

1-GZ2 1:30
共4根

▲-箱形柱加工详图

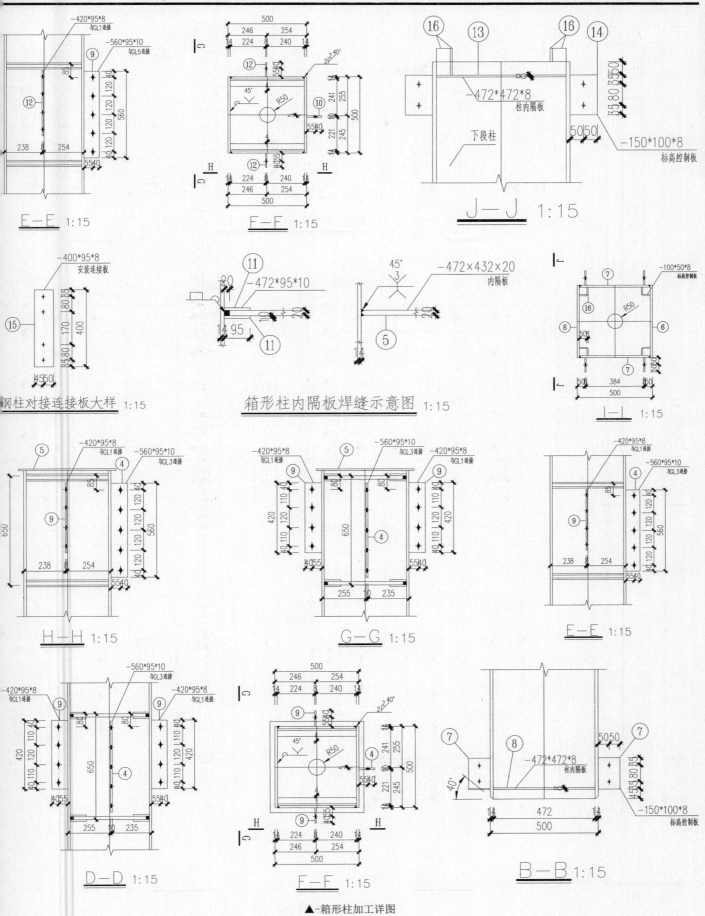

E—E 1:15

F—F 1:15

J—J 1:15

钢柱对接连接板大样 1:15

箱形柱内隔板焊缝示意图 1:15

I—I 1:15

H—H 1:15

G—G 1:15

E—E 1:15

D—D 1:15

F—F 1:15

B—B 1:15

▲-箱形柱加工详图

钢柱节点构造详图

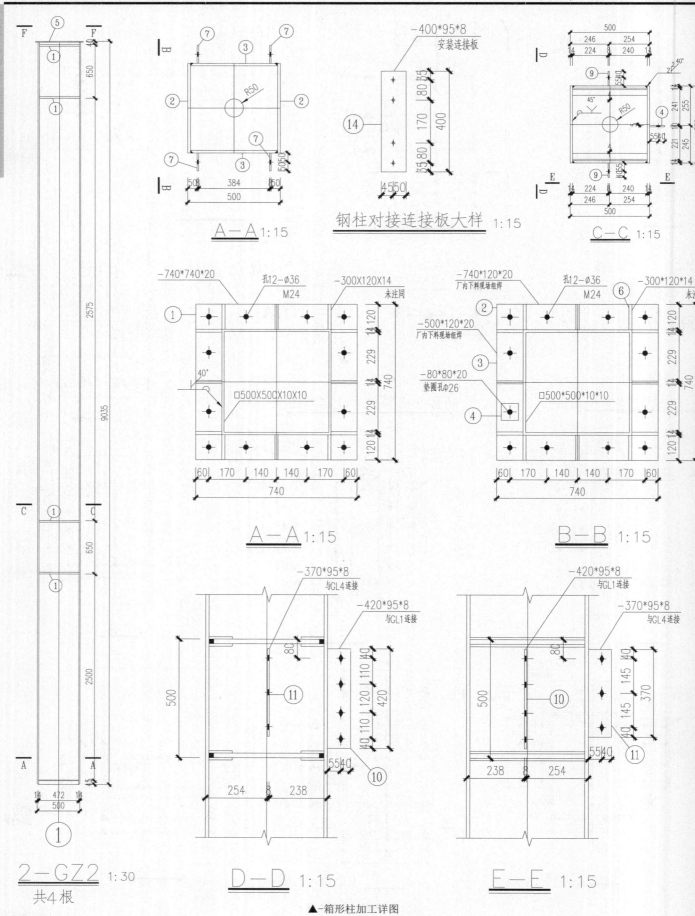

A－A 1:15

钢柱对接连接板大样 1:15

C－C 1:15

A－A 1:15

B－B 1:15

2－GZ2 1:30
共4根

D－D 1:15

E－E 1:15

▲-箱形柱加工详图

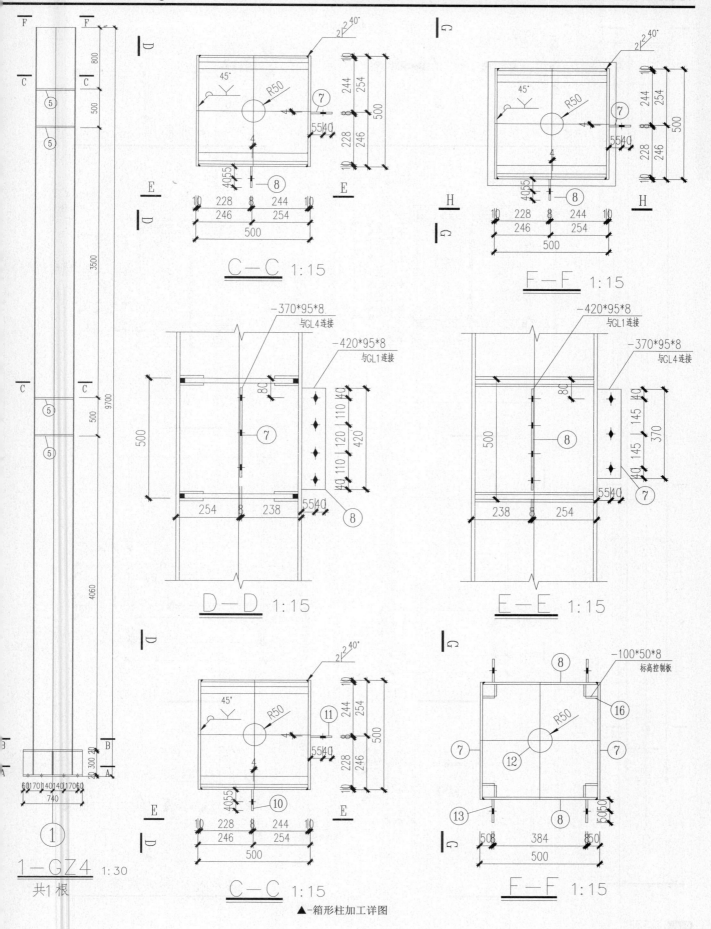

C—C 1:15

F—F 1:15

D—D 1:15

E—E 1:15

1—GZ4 1:30
共1根

C—C 1:15

F—F 1:15

▲-箱形柱加工详图

钢柱节点构造详图

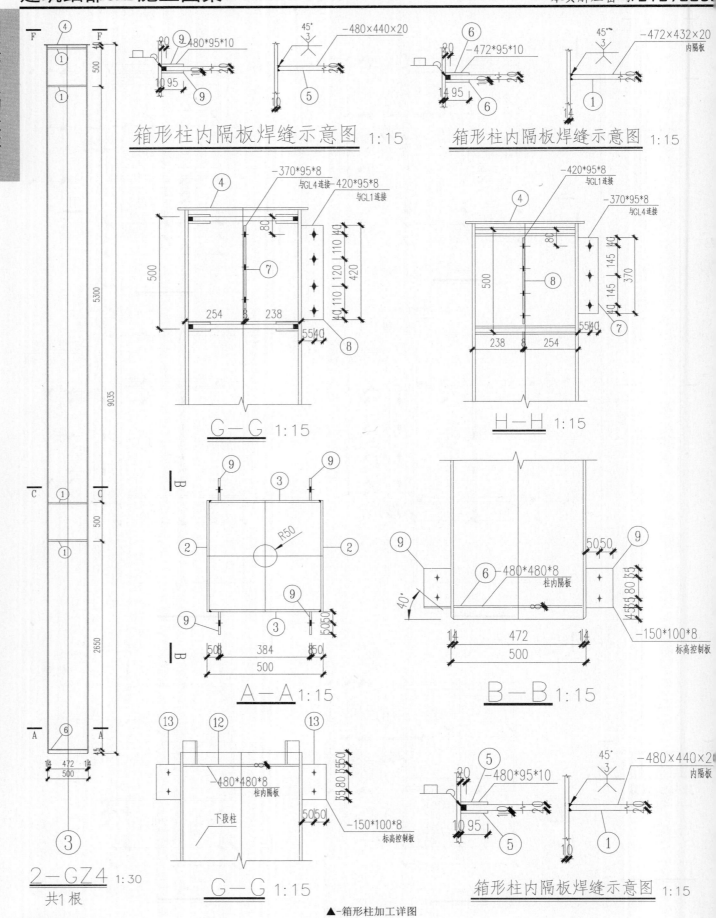

箱形柱内隔板焊缝示意图 1:15

箱形柱内隔板焊缝示意图 1:15

G-G 1:15

H-H 1:15

A-A 1:15

B-B 1:15

2-GZ4 1:30
共1根

G-G 1:15

箱形柱内隔板焊缝示意图 1:15

▲-箱形柱加工详图

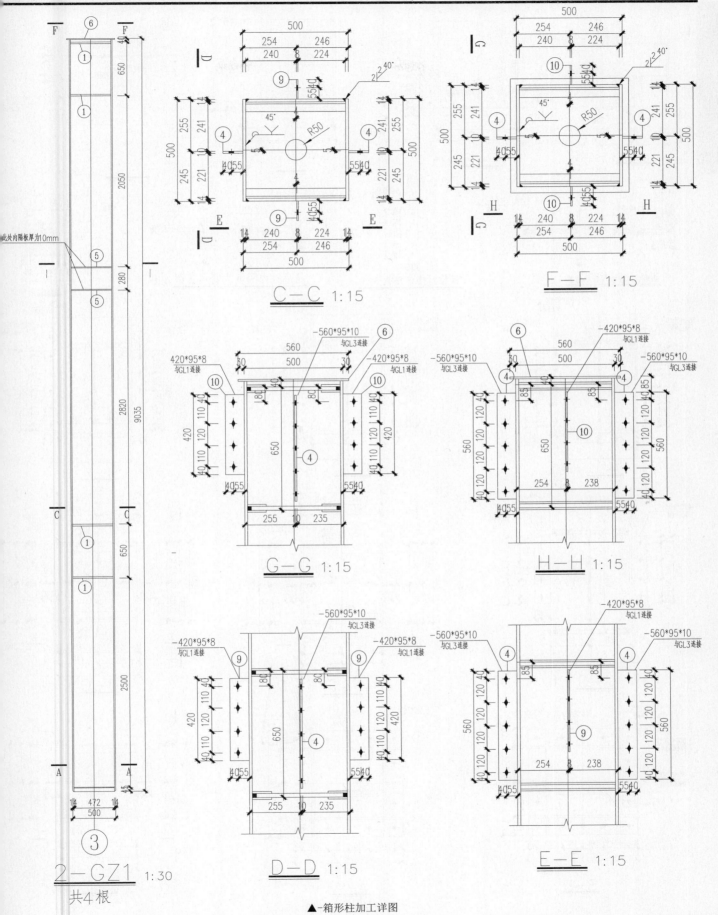

此处内隔板厚为10mm

2-GZ1 1:30
共4根

C-C 1:15

F-F 1:15

G-G 1:15

H-H 1:15

D-D 1:15

E-E 1:15

▲-箱形柱加工详图

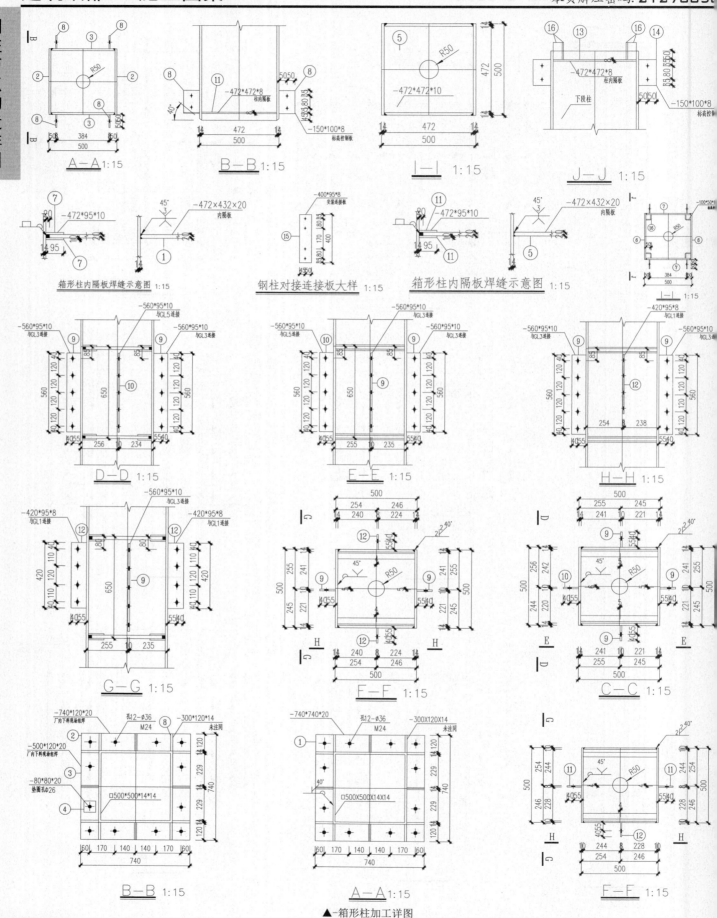

A—A 1:15

B—B 1:15

I—I 1:15

J—J 1:15

箱形柱内隔板焊缝示意图 1:15

钢柱对接连接板大样 1:15

箱形柱内隔板焊缝示意图 1:15

I—I 1:15

D—D 1:15

E—E 1:15

H—H 1:15

G—G 1:15

F—F 1:15

C—C 1:15

B—B 1:15

A—A 1:15

F—F 1:15

▲-箱形柱加工详图

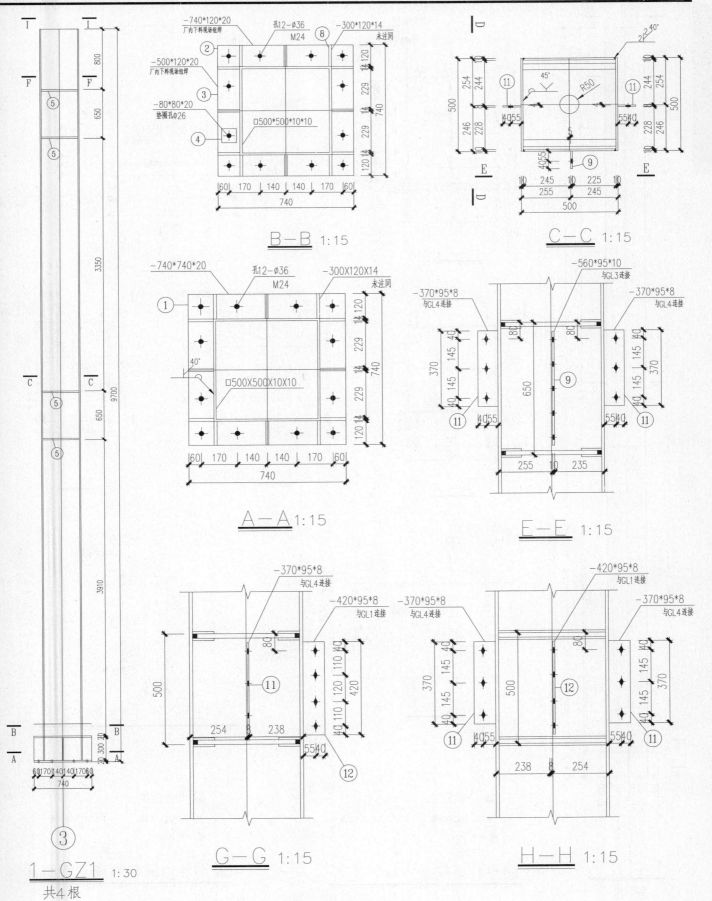

B—B 1:15

C—C 1:15

A—A 1:15

E—E 1:15

G—G 1:15

H—H 1:15

③

1—GZ1 1:30

共4根

▲-箱形柱加工详图

钢柱节点构造详图

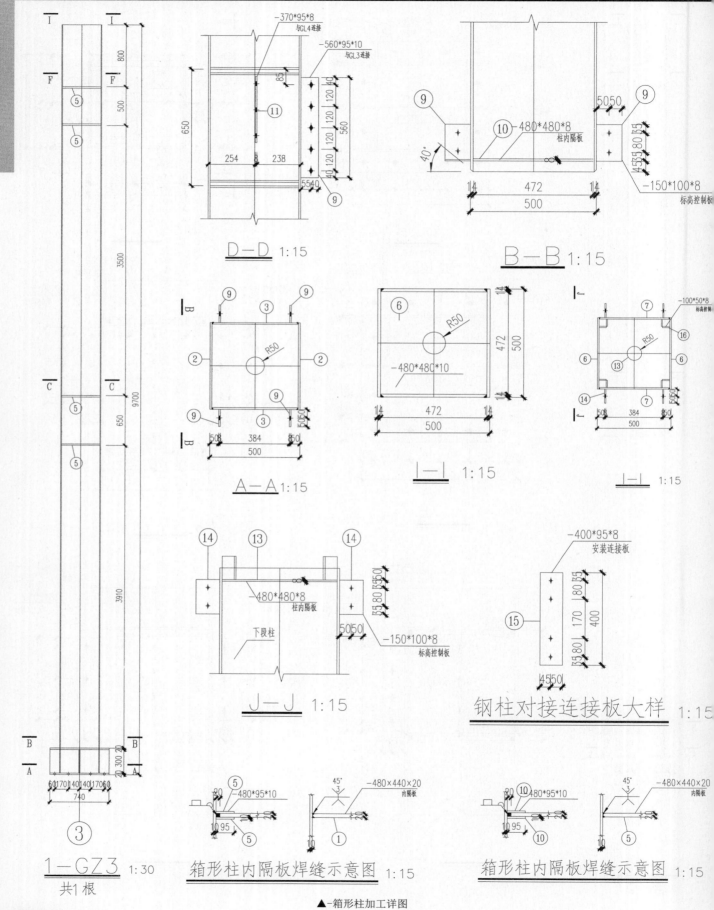

D—D 1:15

B—B 1:15

A—A 1:15

I—I 1:15

I—I 1:15

J—J 1:15

钢柱对接连接板大样 1:15

1—GZ3 1:30
共1根

箱形柱内隔板焊缝示意图 1:15

箱形柱内隔板焊缝示意图 1:15

▲-箱形柱加工详图

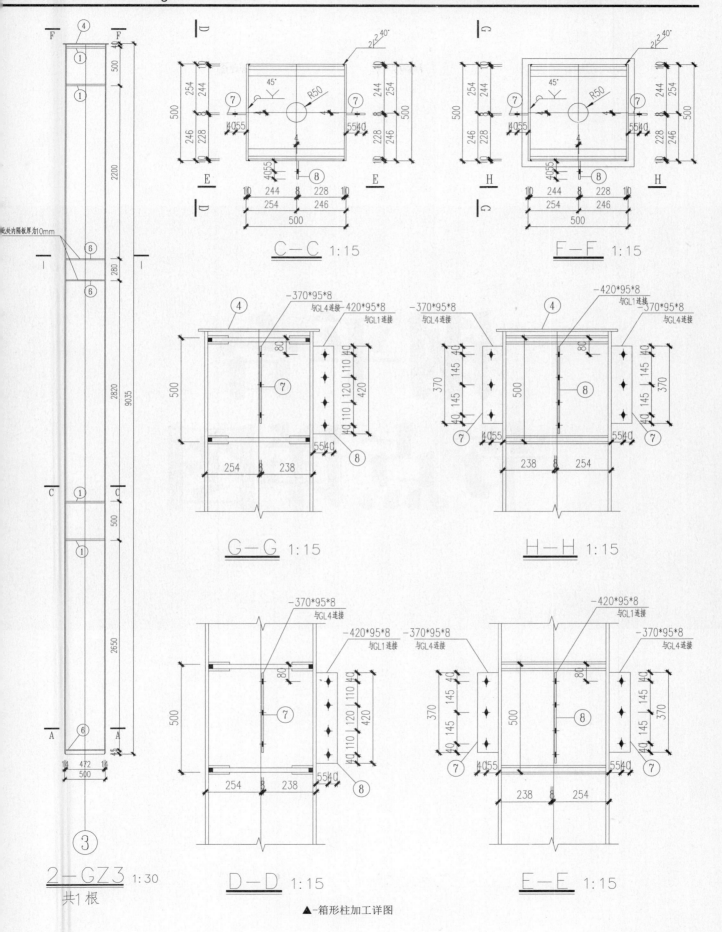

C—C 1:15

F—F 1:15

G—G 1:15

H—H 1:15

D—D 1:15

E—E 1:15

2—GZ3 1:30

共1根

▲—箱形柱加工详图

钢平台
节点详图

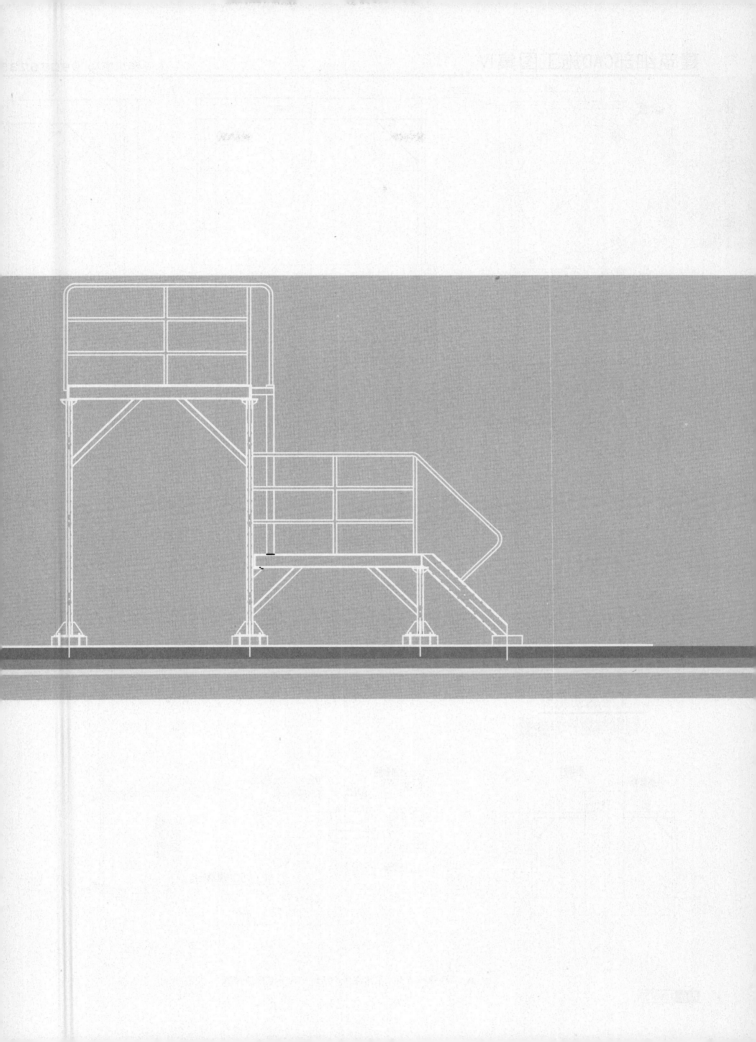

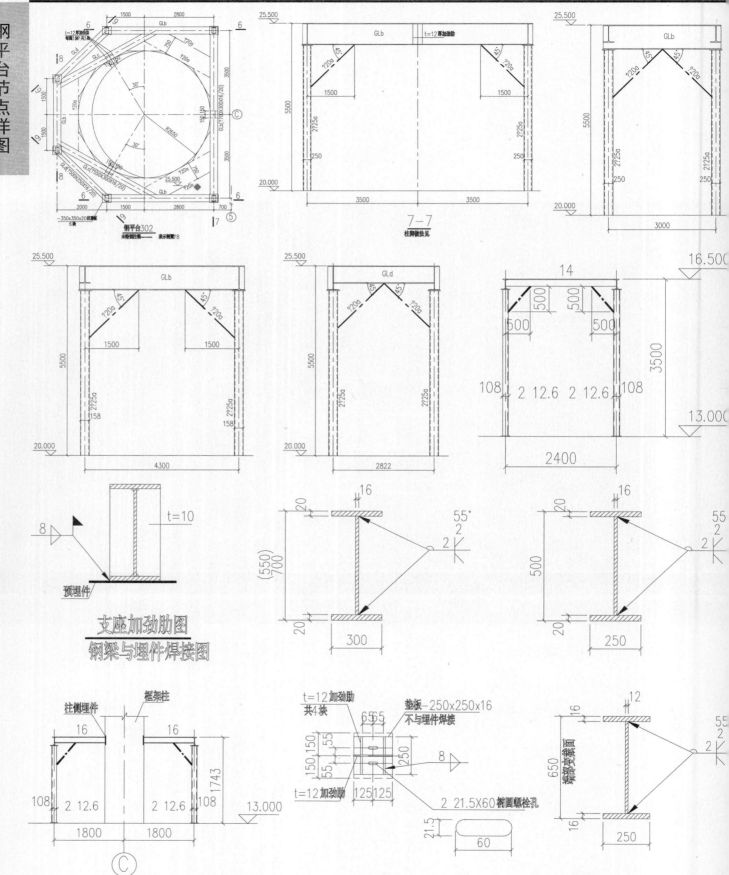

▲-广西熟料新型干法水泥生产线钢平台节点构造详图

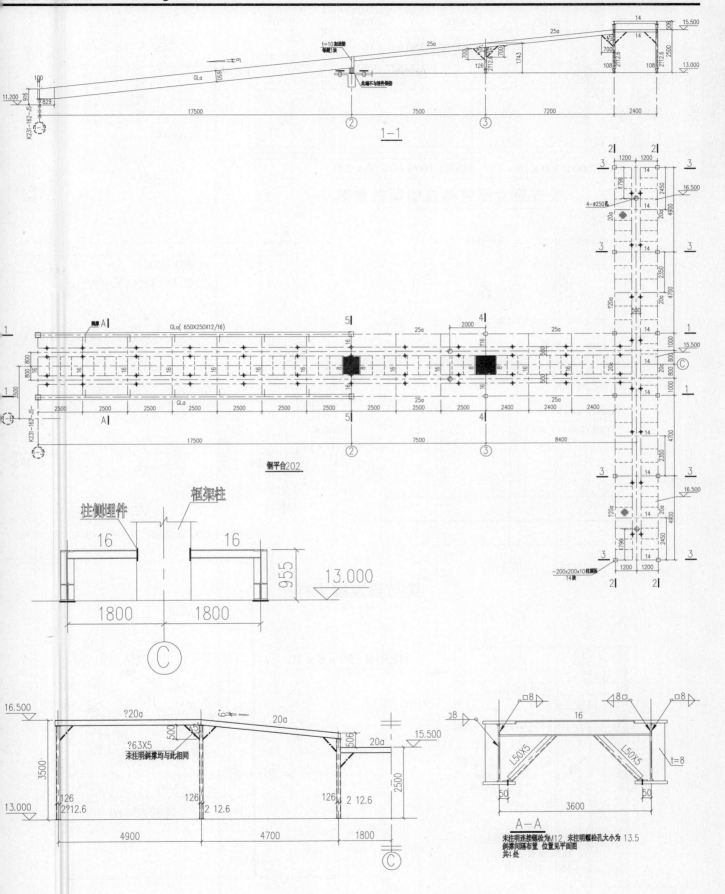

▲-广西熟料新型干法水泥生产线钢平台节点构造详图

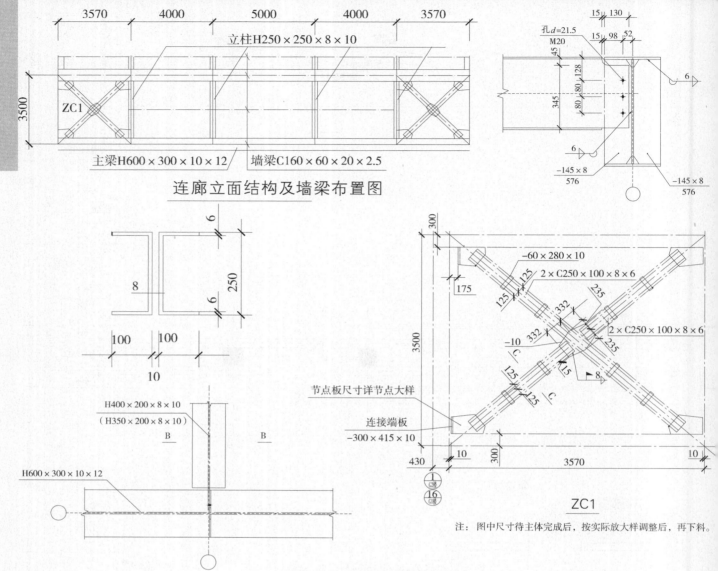

立柱 H250×250×8×10

主梁 H600×300×10×12 墙梁 C160×60×20×2.5

ZC1

连廊立面结构及墙梁布置图

孔 d=21.5
M20
−145×8
−145×8

H400×200×8×10
(H350×200×8×10)

H600×300×10×12

−60×280×10
2×C250×100×8×6
2×C250×100×8×6
−10
节点板尺寸详节点大样
连接端板
−300×415×10

ZC1

注: 图中尺寸待主体完成后, 按实际放大样调整后, 再下料。

梁与梁连接大样图

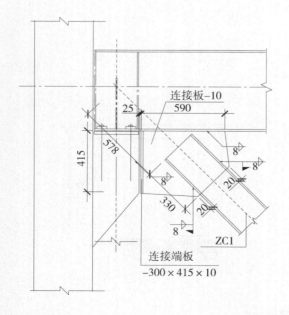

连接板-10
590

578
415
330
20
ZC1
连接端板
−300×415×10

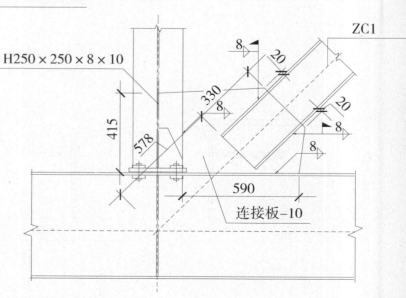

ZC1

H250×250×8×10

415
578
330
590
连接板-10

▲-21m钢结构连廊节点构造详图

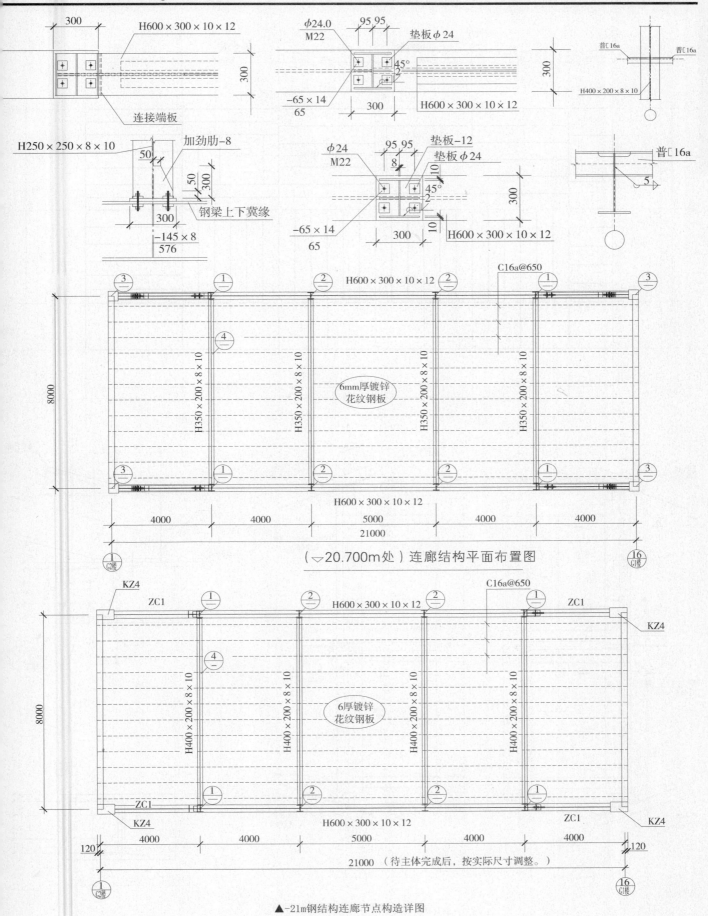

（▽20.700m处）连廊结构平面布置图

▲-21m钢结构连廊节点构造详图

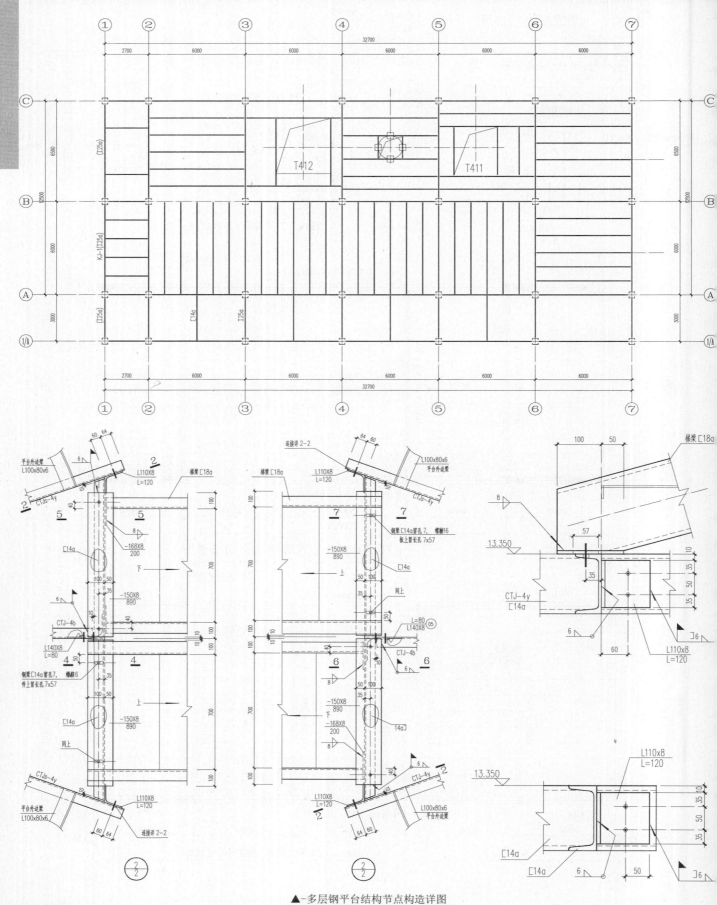

▲-多层钢平台结构节点构造详图

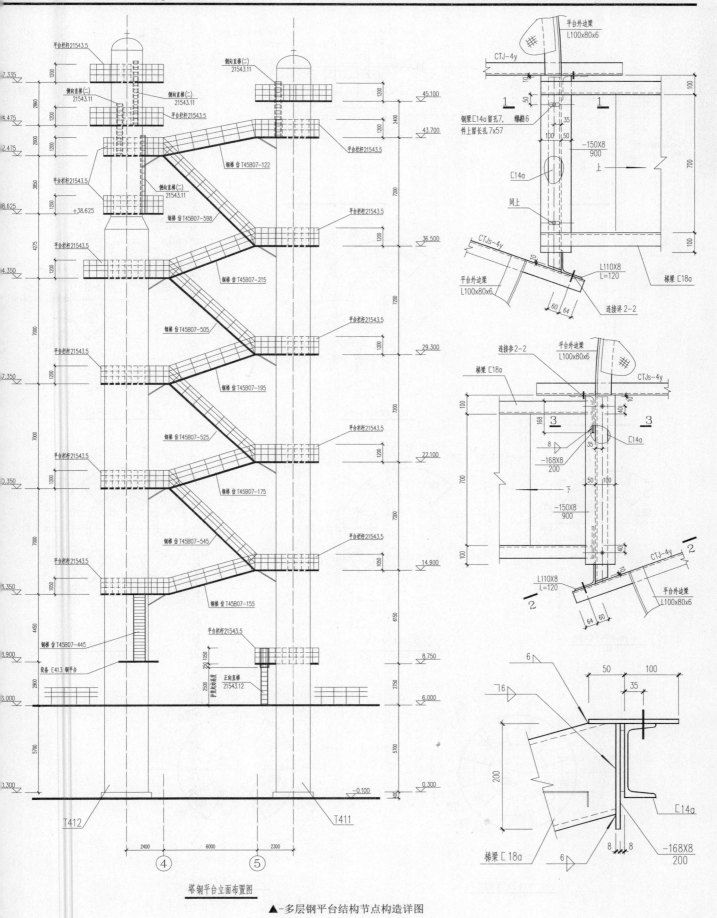

塔钢平台立面布置图

▲-多层钢平台结构节点构造详图

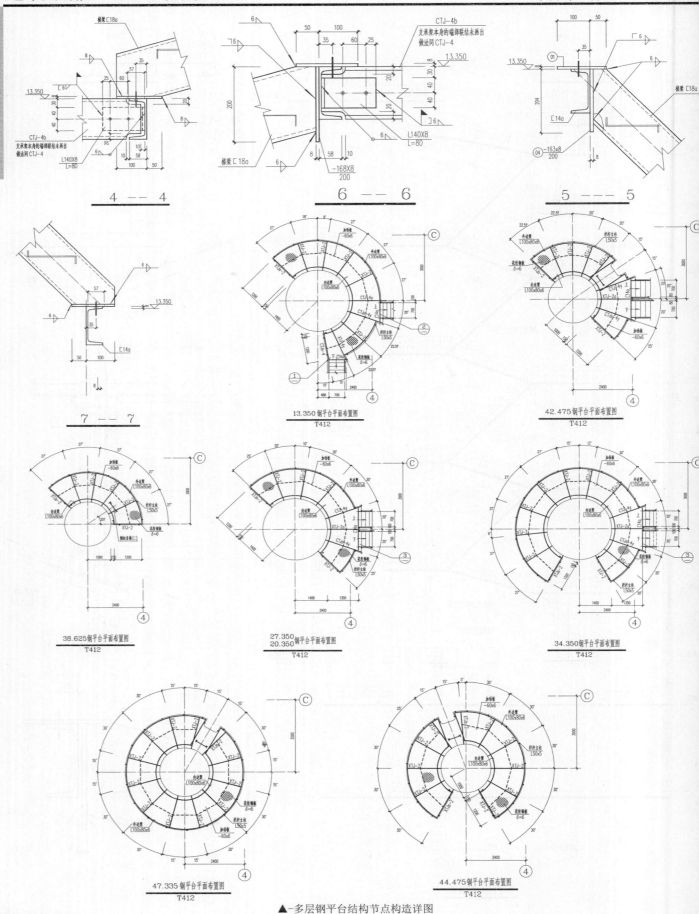

4 — 4

6 — 6

5 — 5

7 — 7

13.350钢平台平面布置图
T412

42.475钢平台平面布置图
T412

38.625钢平台平面布置图
T412

27.350
20.350钢平台平面布置图
T412

34.350钢平台平面布置图
T412

47.335钢平台平面布置图
T412

44.475钢平台平面布置图
T412

▲-多层钢平台结构节点构造详图

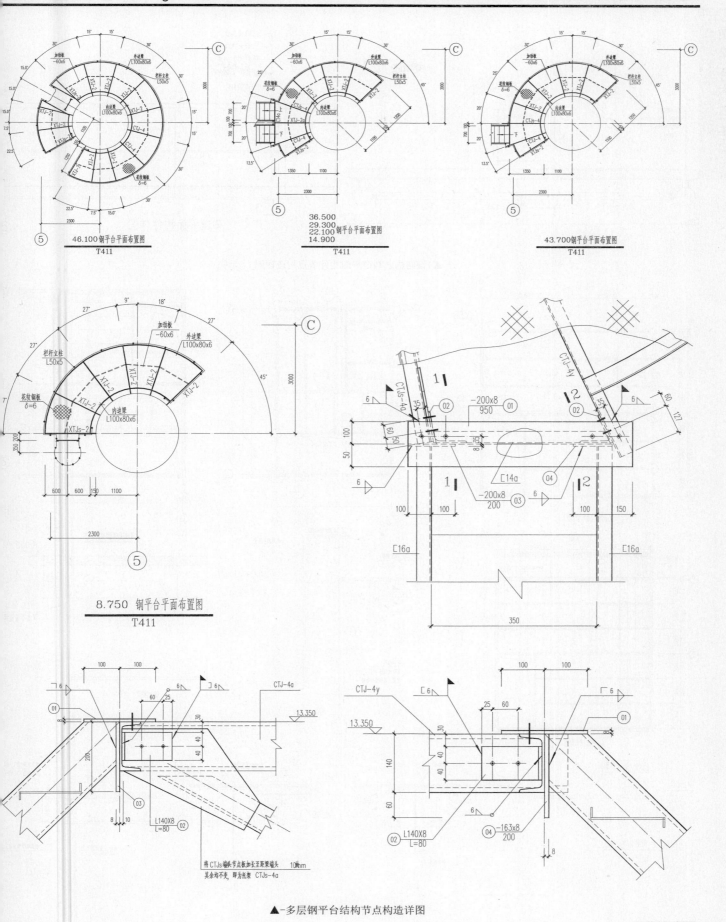

46.100 钢平台平面布置图
T411

36.500
29.300
22.100 钢平台平面布置图
14.900
T411

43.700钢平台平面布置图
T411

8.750 钢平台平面布置图
T411

▲-多层钢平台结构节点构造详图

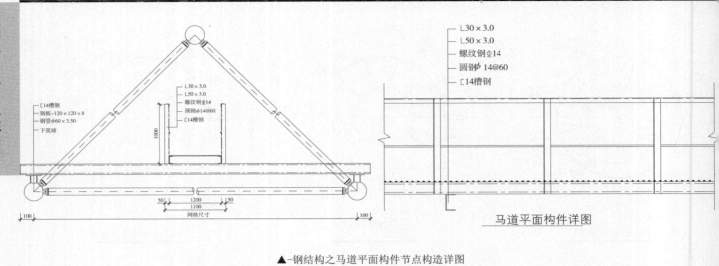

▲-钢结构之马道平面构件节点构造详图

马道平面构件详图

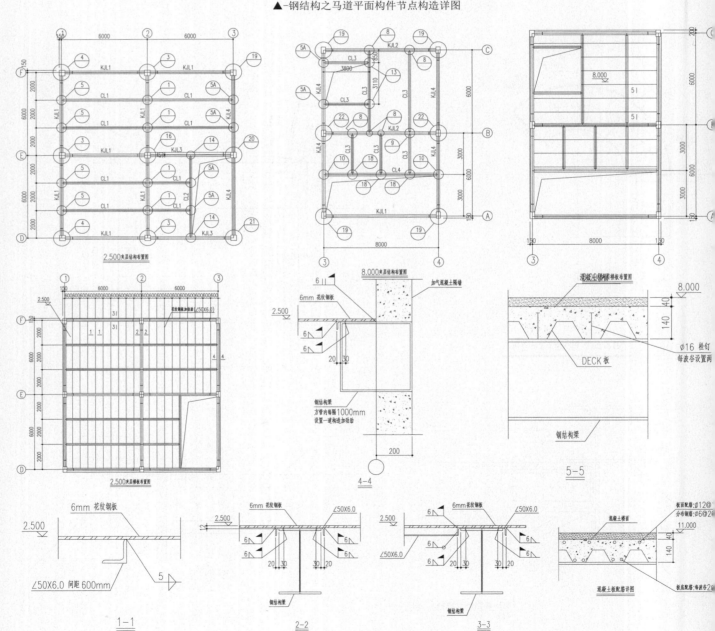

▲-钢平台节点构造详图

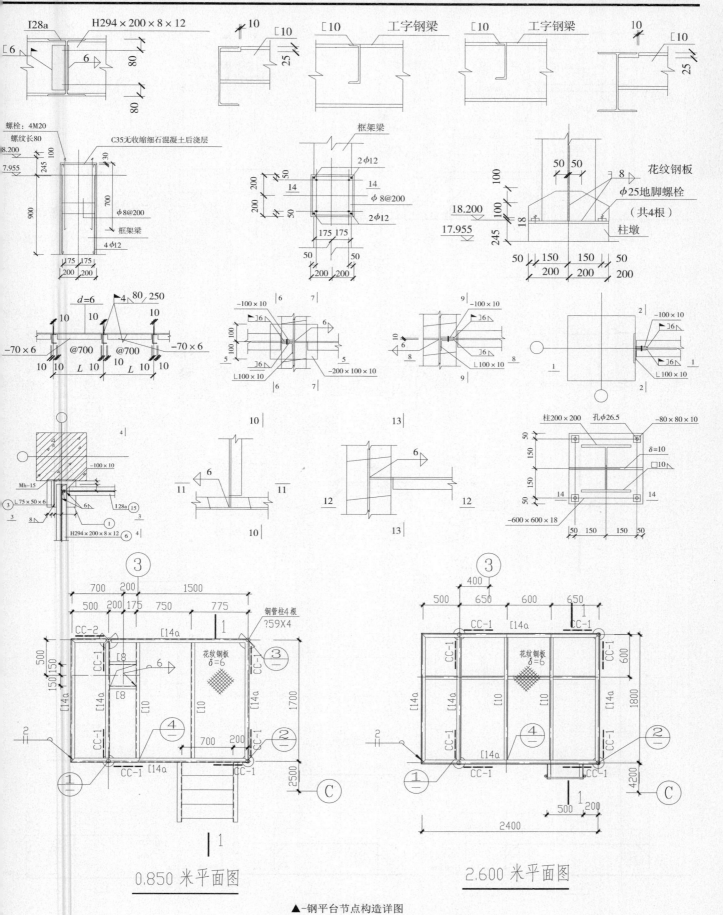

0.850 米平面图

2.600 米平面图

▲-钢平台节点构造详图

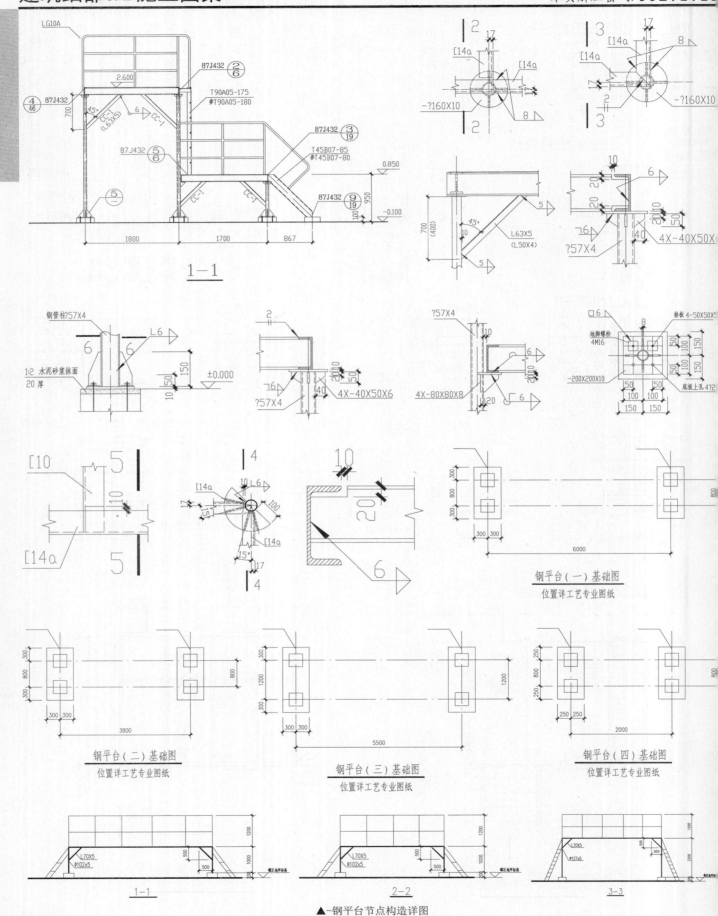

1-1

钢平台（一）基础图
位置详工艺专业图纸

钢平台（二）基础图
位置详工艺专业图纸

钢平台（三）基础图
位置详工艺专业图纸

钢平台（四）基础图
位置详工艺专业图纸

1-1   2-2   3-3

▲-钢平台节点构造详图

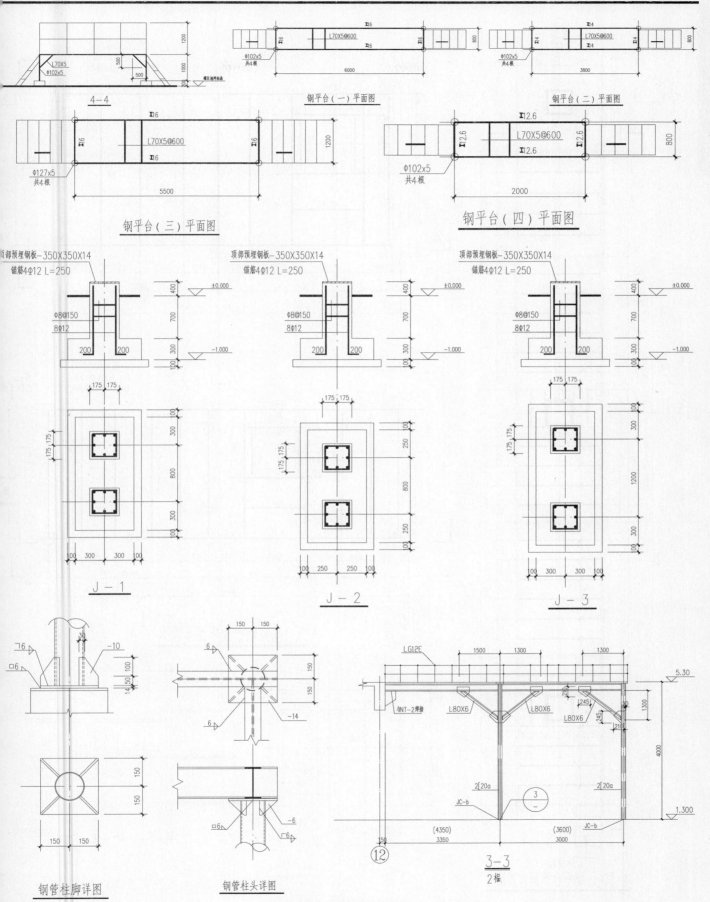

4-4

钢平台（一）平面图

钢平台（二）平面图

钢平台（三）平面图

钢平台（四）平面图

顶部预埋钢板-350X350X14
锚筋4Φ12 L=250

顶部预埋钢板-350X350X14
锚筋4Φ12 L=250

顶部预埋钢板-350X350X14
锚筋4Φ12 L=250

J-1

J-2

J-3

钢管柱脚详图

钢管柱头详图

3-3
2栏

▲-钢平台节点构造详图

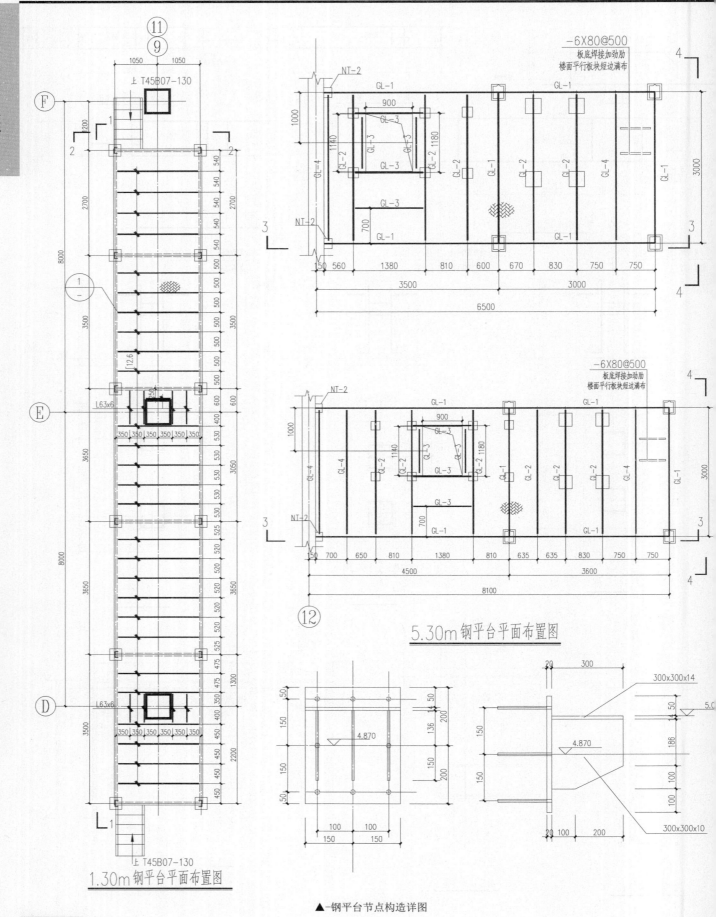

1.30m 钢平台平面布置图

5.30m 钢平台平面布置图

▲-钢平台节点构造详图

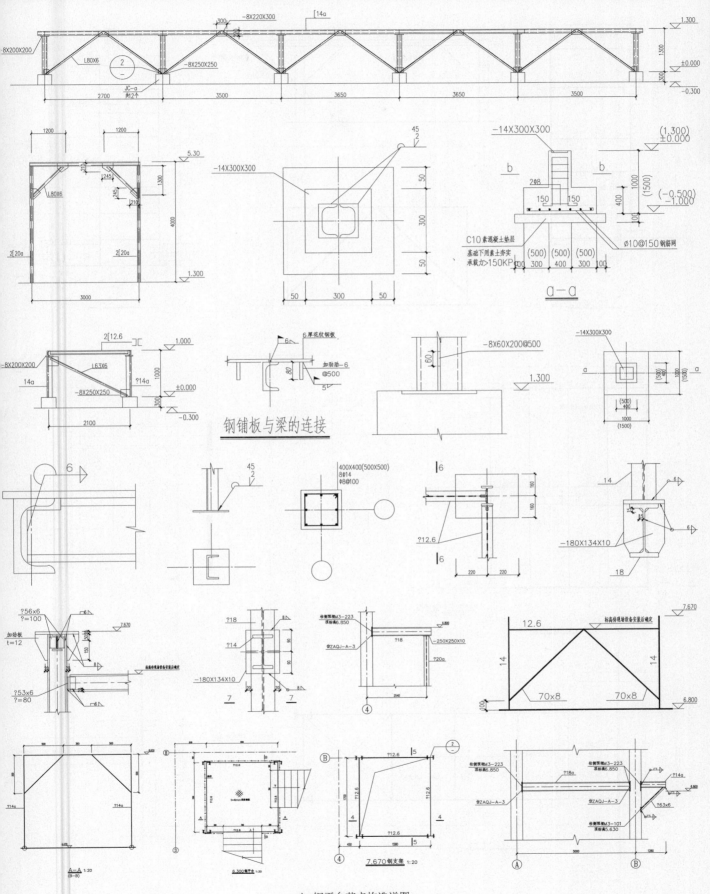

钢铺板与梁的连接

▲-钢平台节点构造详图

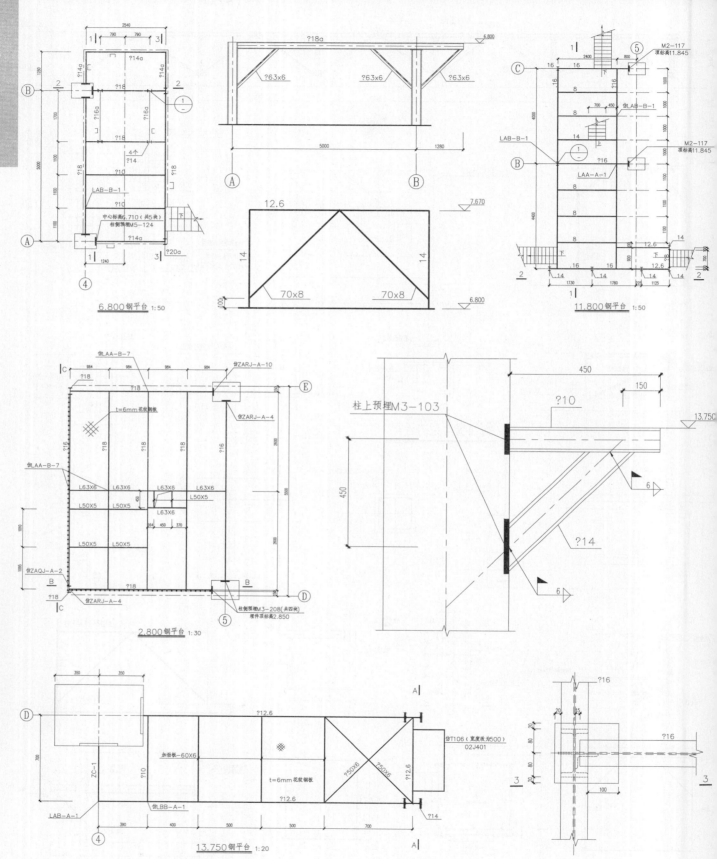

▲-钢平台节点构造详图

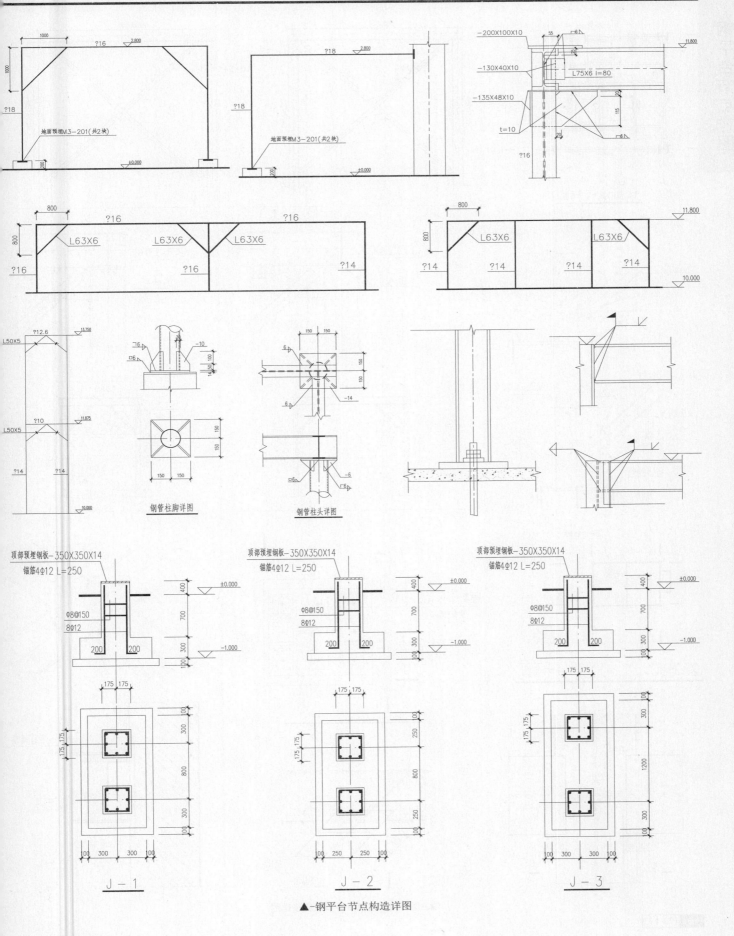

▲-钢平台节点构造详图

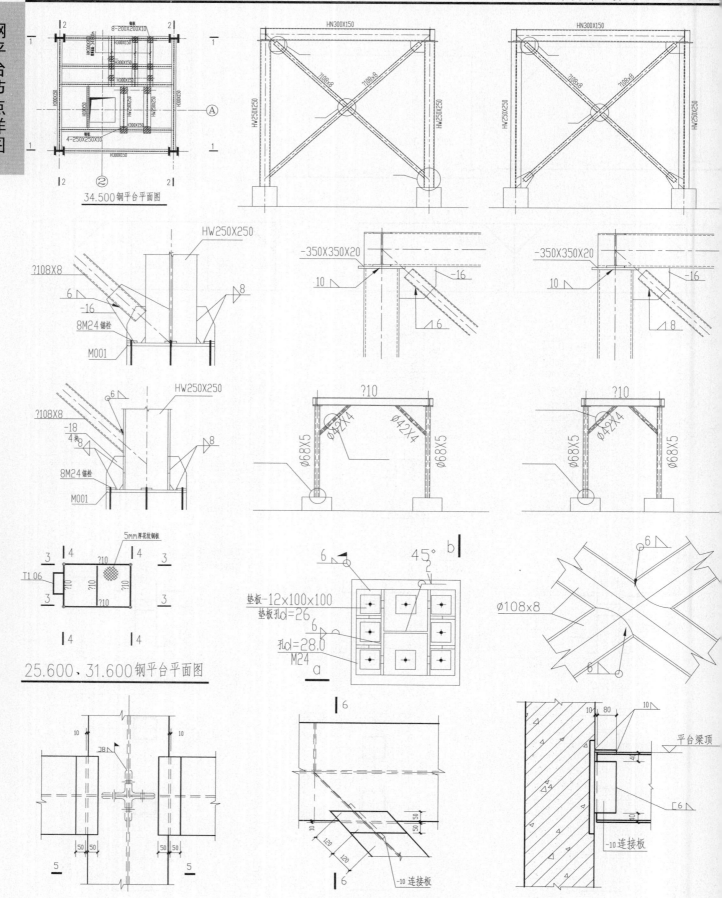

34.500钢平台平面图

25.600、31.600钢平台平面图

▲-原料调配站钢平台节点构造详图

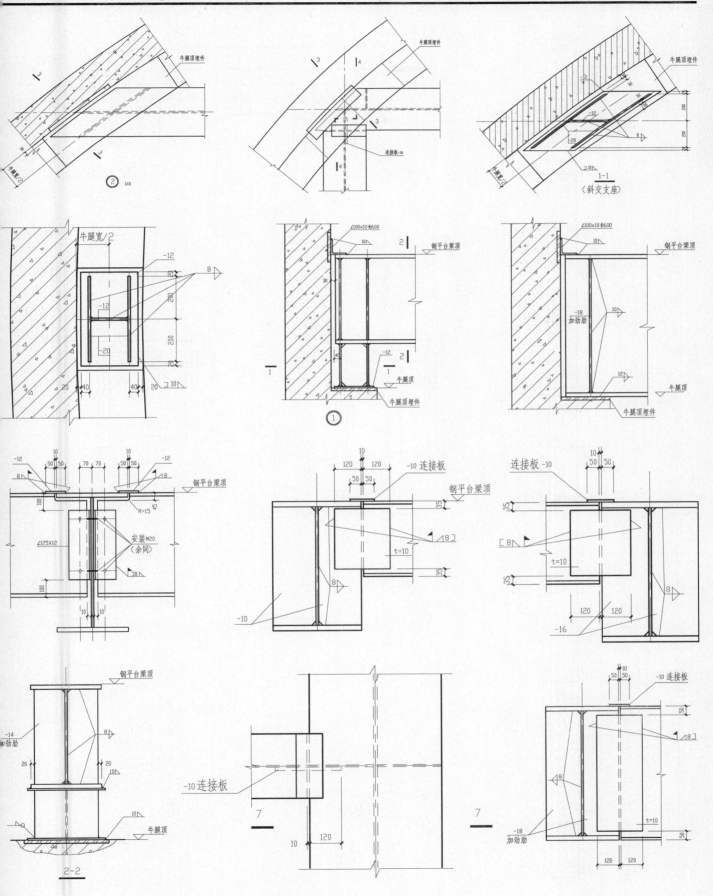

▲-钢烟囱钢平台节点详图

钢平台节点详图

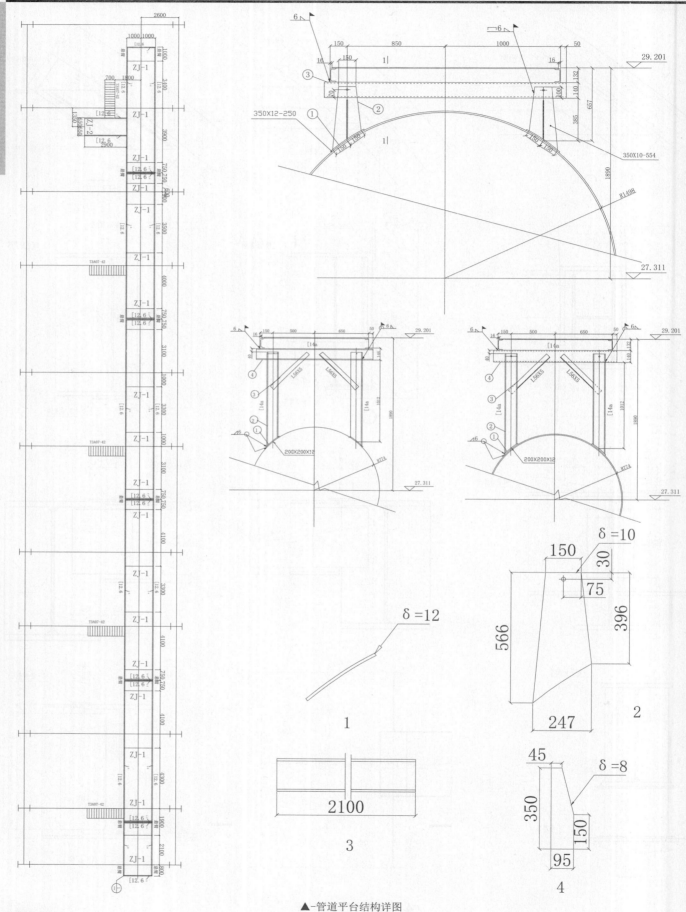

▲-管道平台结构详图

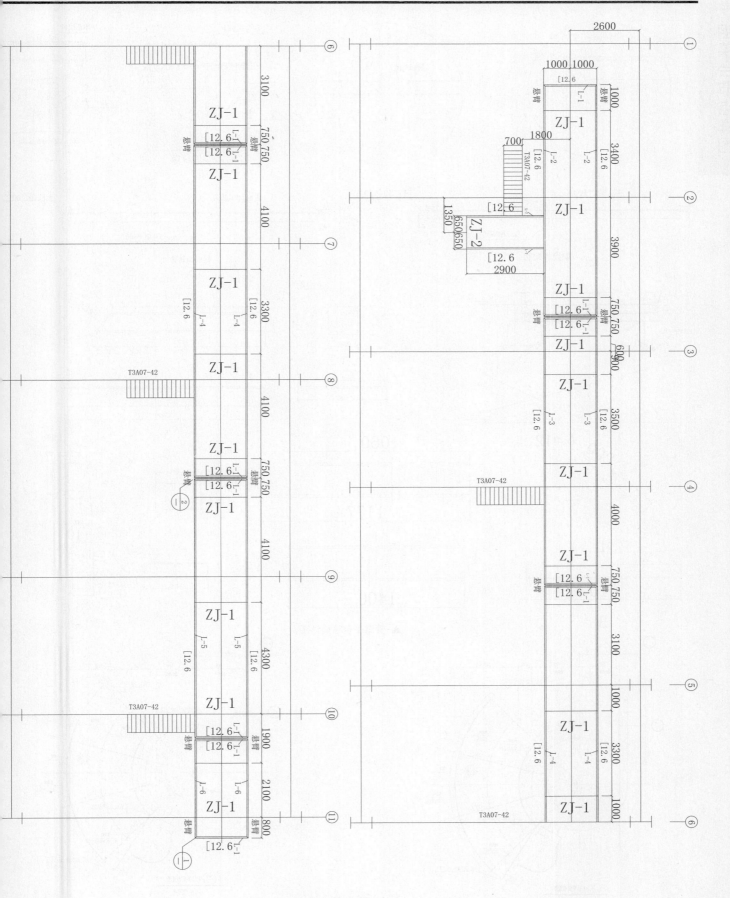

▲-管道平台结构详图

钢平台节点详图

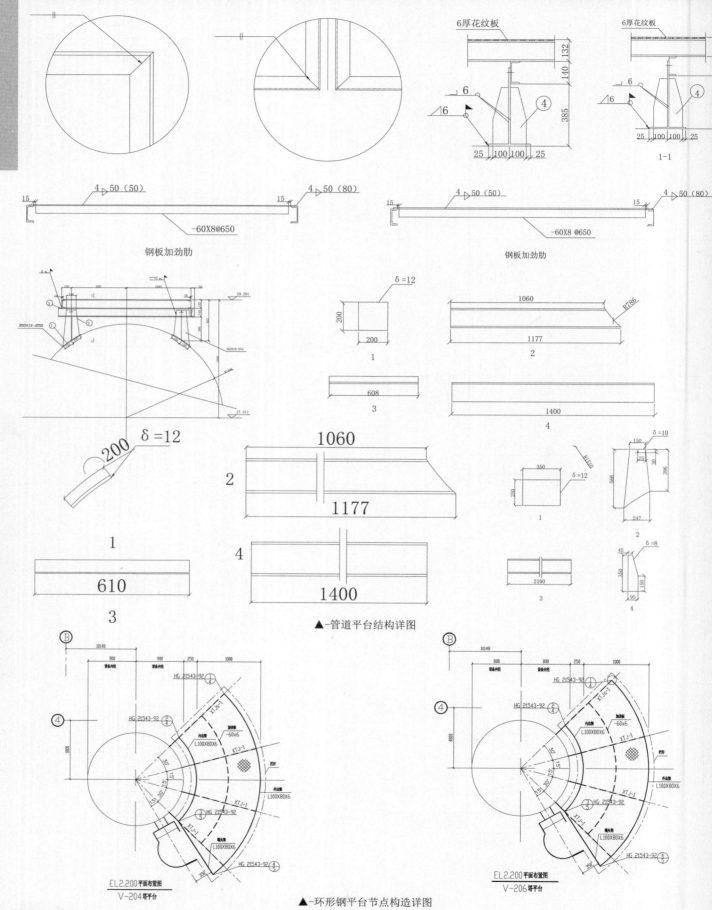

钢板加劲肋

钢板加劲肋

▲-管道平台结构详图

EL2.200平面布置图
V-204塔平台

EL2.200平面布置图
V-206塔平台

▲-环形钢平台节点构造详图

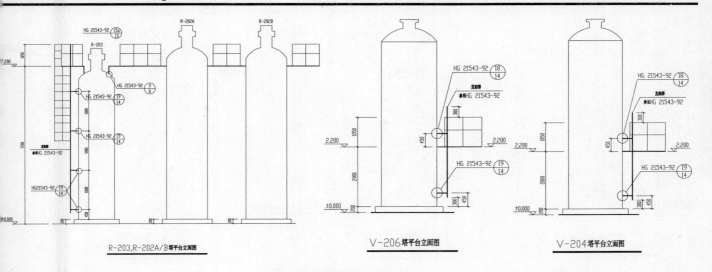

R-203,R-202A/B塔平台立面图

V-206塔平台立面图

V-204塔平台立面图

▲-环形钢平台节点构造详图

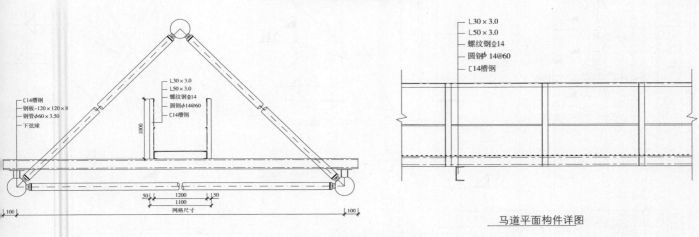

马道平面构件详图

▲-马道平面构件节点构造详图

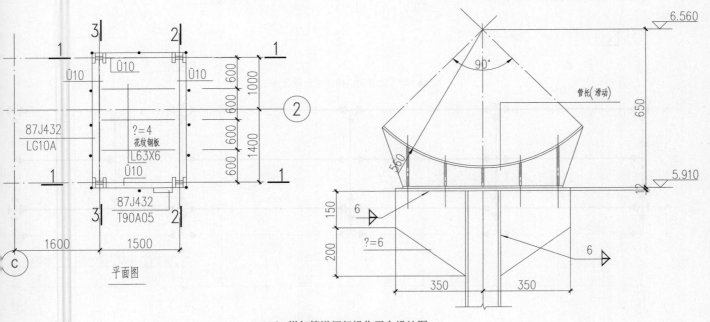

平面图

▲-煤气管道阀门操作平台设计图

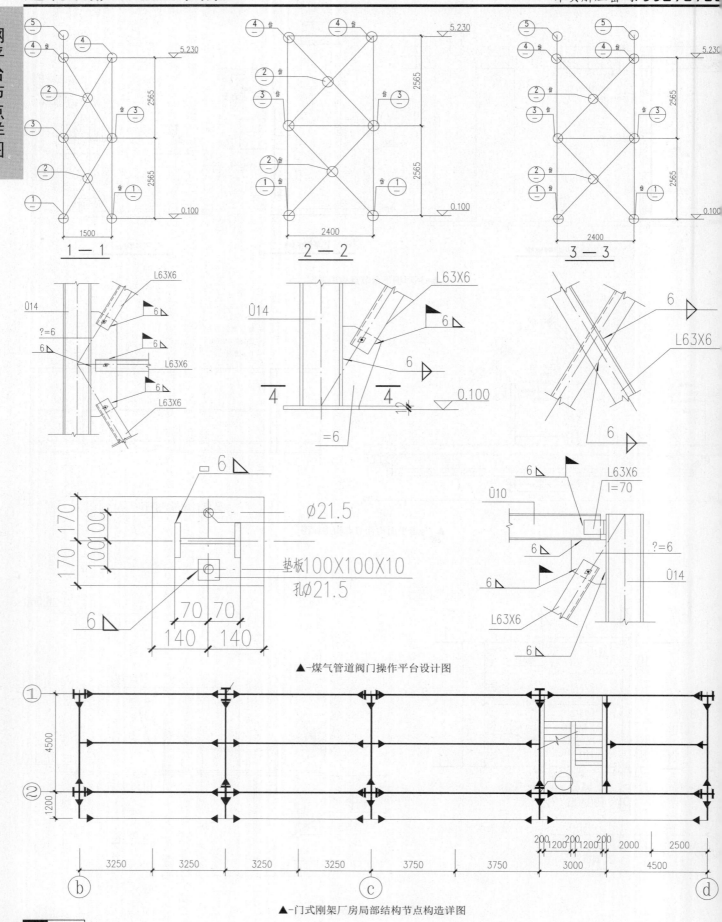

▲-煤气管道阀门操作平台设计图

▲-门式刚架厂房局部结构节点构造详图

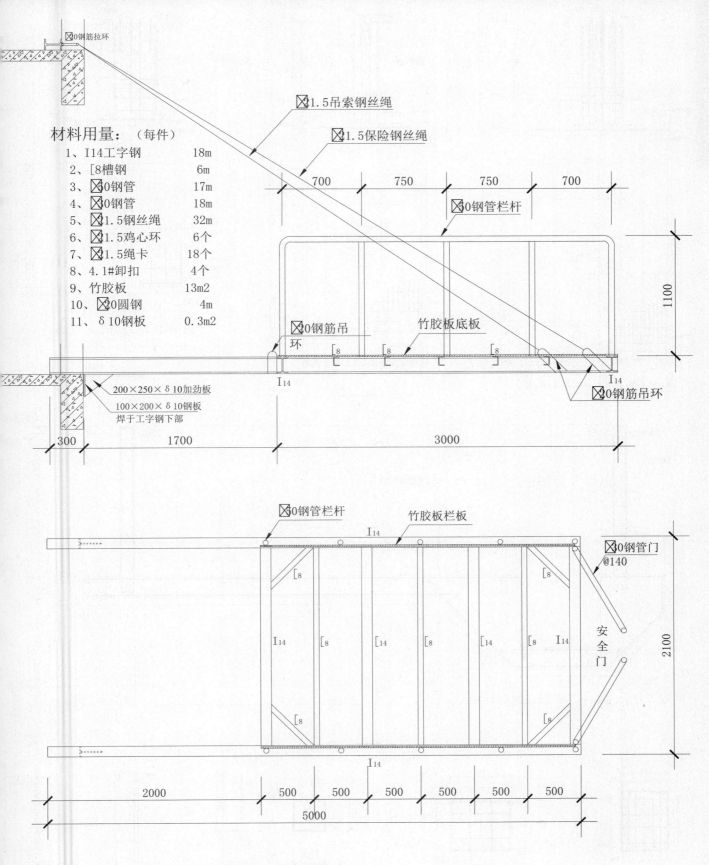

材料用量：（每件）
1、I14工字钢　　　　18m
2、[8槽钢　　　　　　6m
3、⊠50钢管　　　　　17m
4、⊠50钢管　　　　　18m
5、⊠21.5钢丝绳　　　32m
6、⊠21.5鸡心环　　　6个
7、⊠21.5绳卡　　　　18个
8、4.1#卸扣　　　　　4个
9、竹胶板　　　　　　13m2
10、⊠20圆钢　　　　　4m
11、δ10钢板　　　　　0.3m2

施工卸料平台图（限载1吨）

▲-悬挑卸料平台节点详图

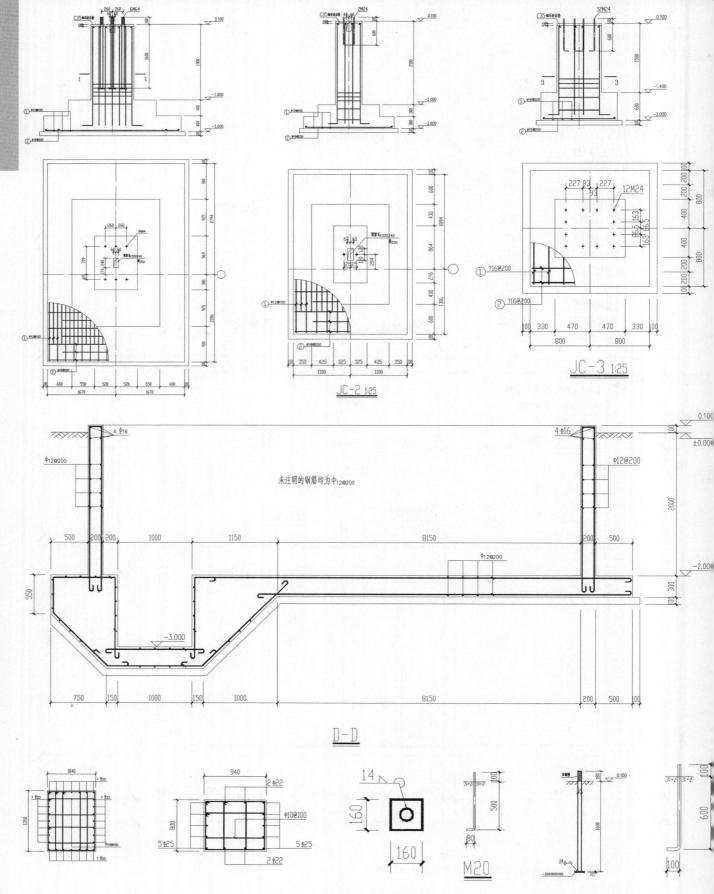

JC-2 1:25

JC-3 1:25

D-D

未注明的钢筋均为Φ12@200

M20

▲-皮带钢平台节点构造详图

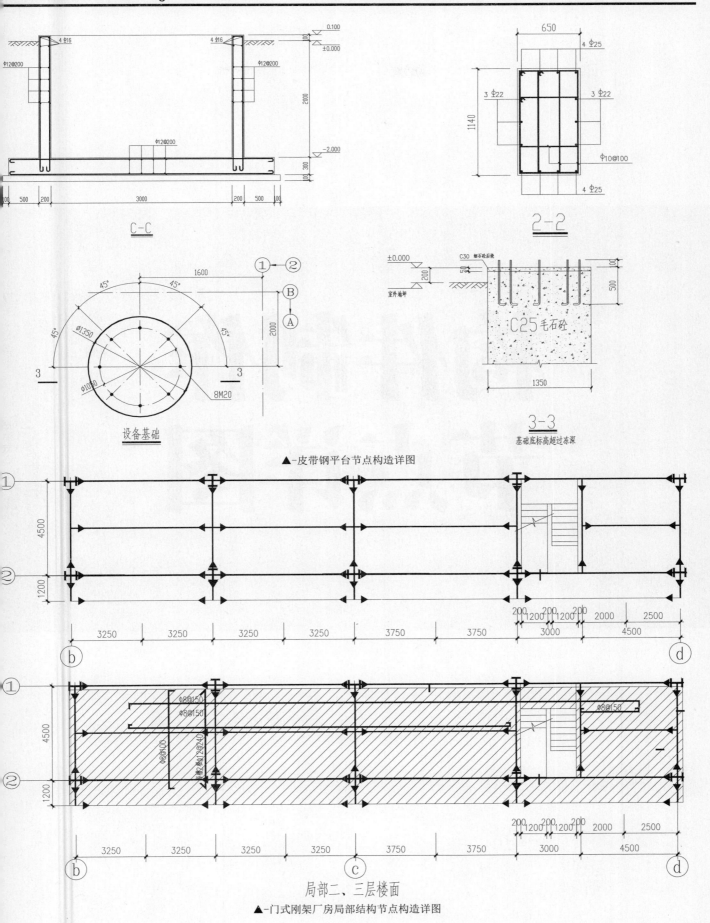

C—C

2—2

设备基础

3—3
基础底标高超过冻深

▲-皮带钢平台节点构造详图

局部二、三层楼面

▲-门式刚架厂房局部结构节点构造详图

构件制作
节点详图

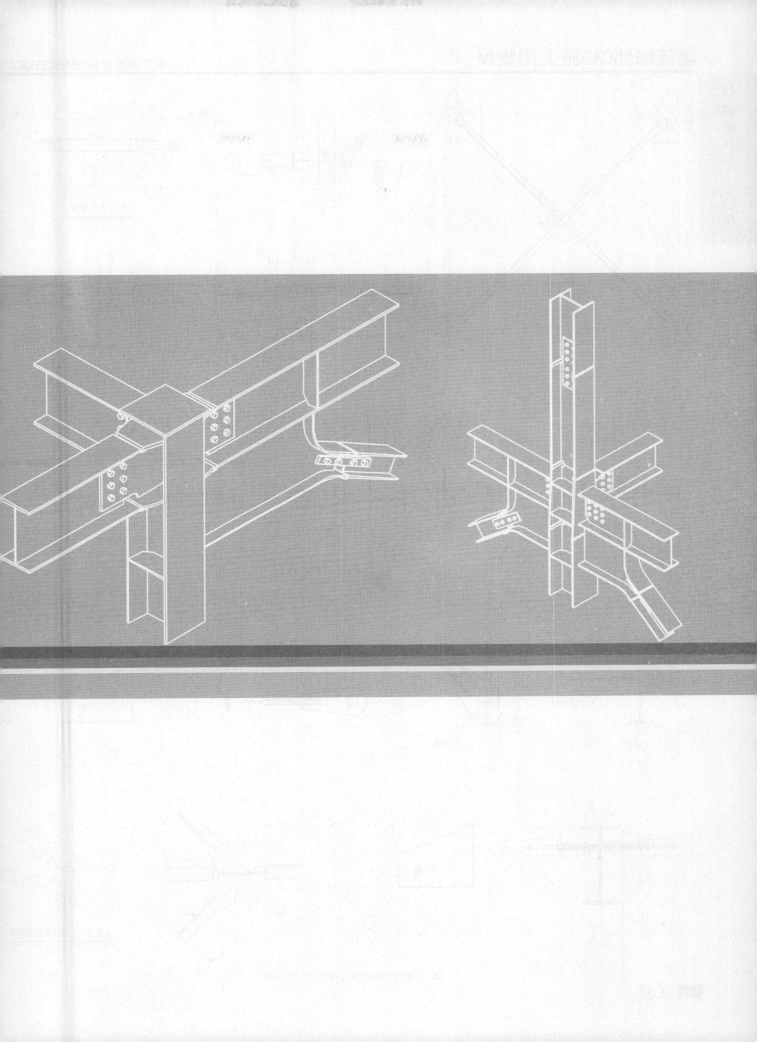

构件制作节点详图

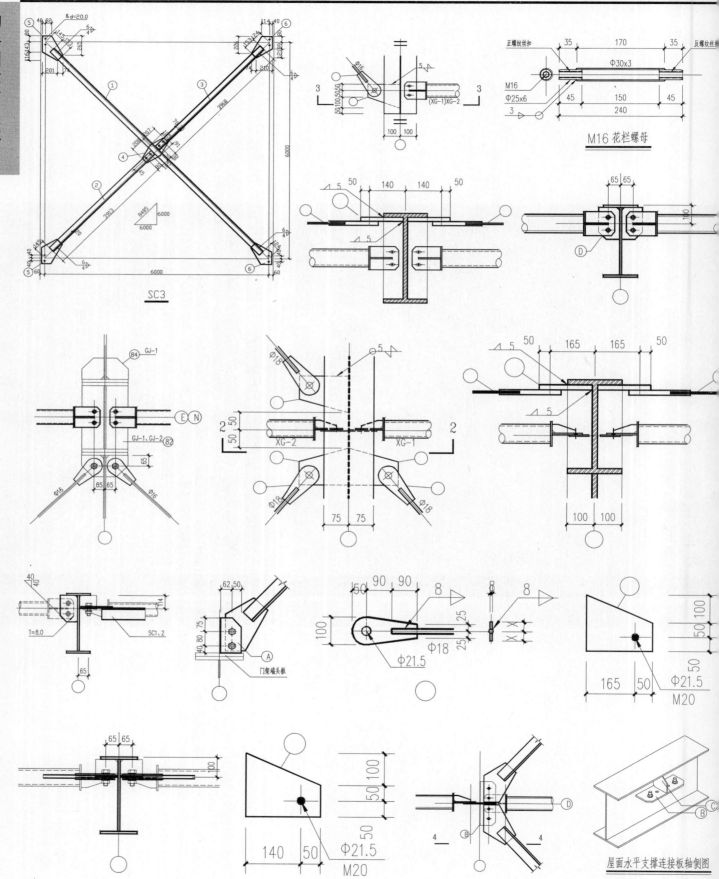

SC3

M16 花栏螺母

▲-4S服务站钢框架支撑节点构造详图

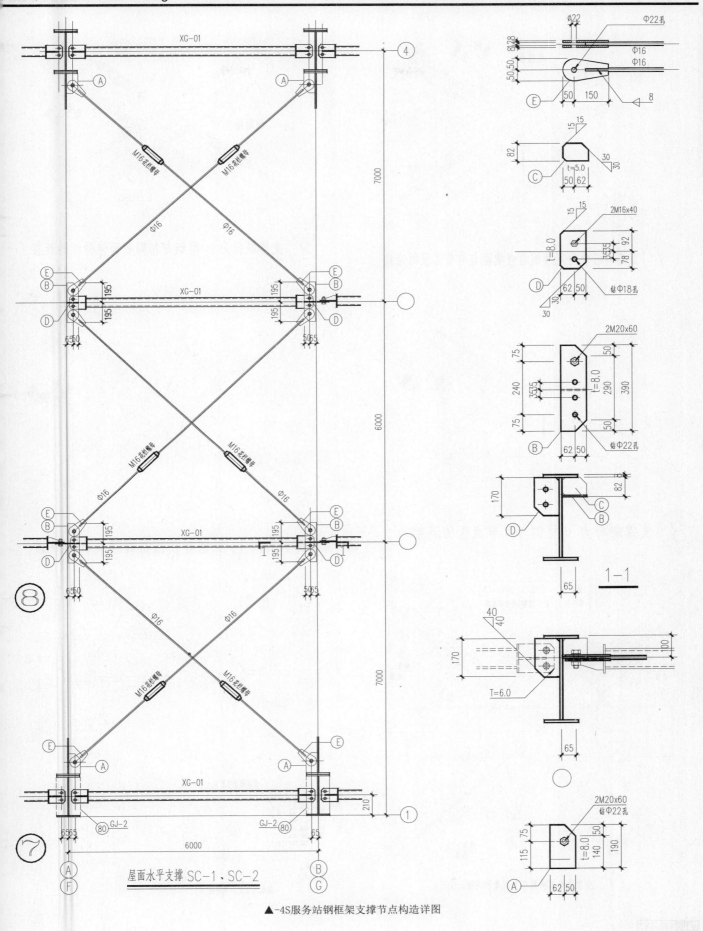

屋面水平支撑 SC-1、SC-2

▲-4S服务站钢框架支撑节点构造详图

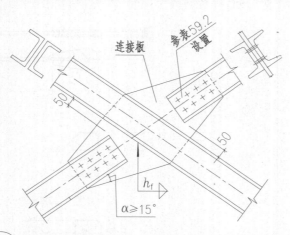

① 支撑斜杆件为双槽钢组合截面与单节点板的连接

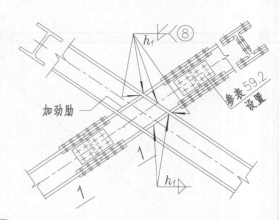

② 支撑斜杆为H型钢与相同截面伸臂杆的连接（一

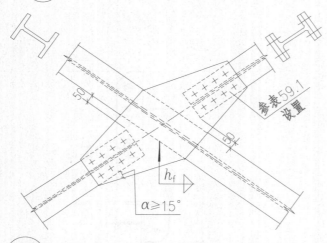

③ 支撑斜杆为H型钢与双节点板的连接

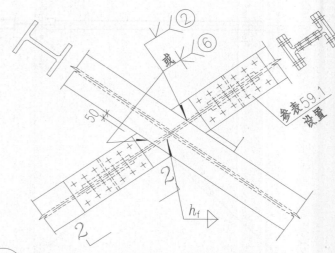

④ 支撑斜杆为H型钢与相同截面伸臂杆的连接（二

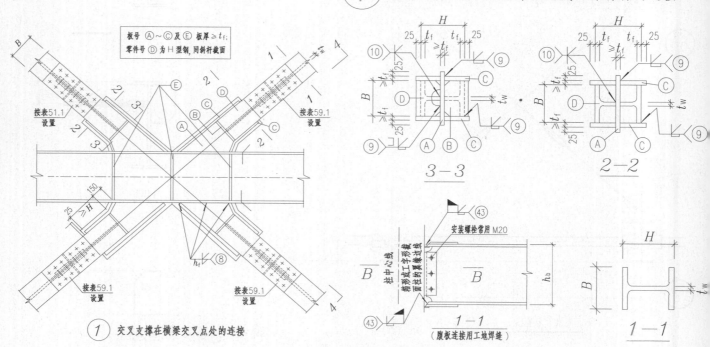

① 交叉支撑在横梁交叉点处的连接

▲-H型钢支撑节点构造详图

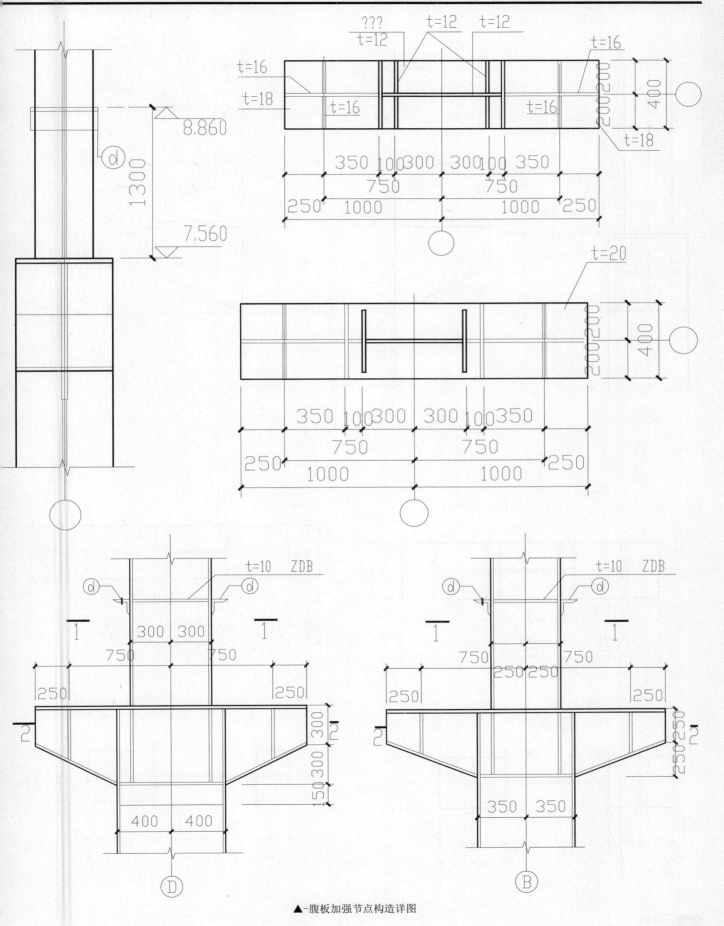

▲-腹板加强节点构造详图

构件制作节点详图

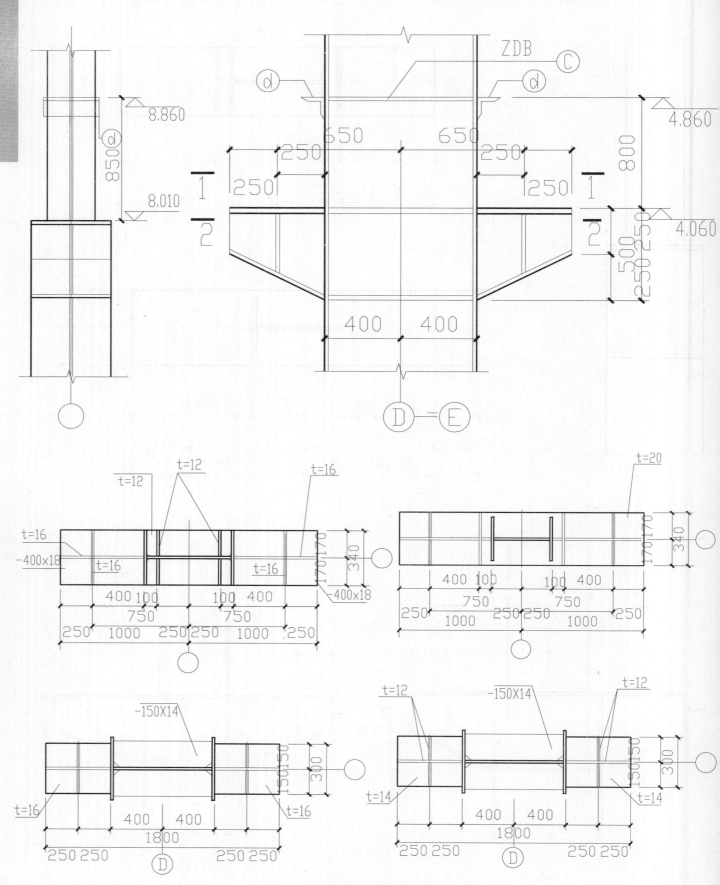

▲-腹板加强节点构造详图

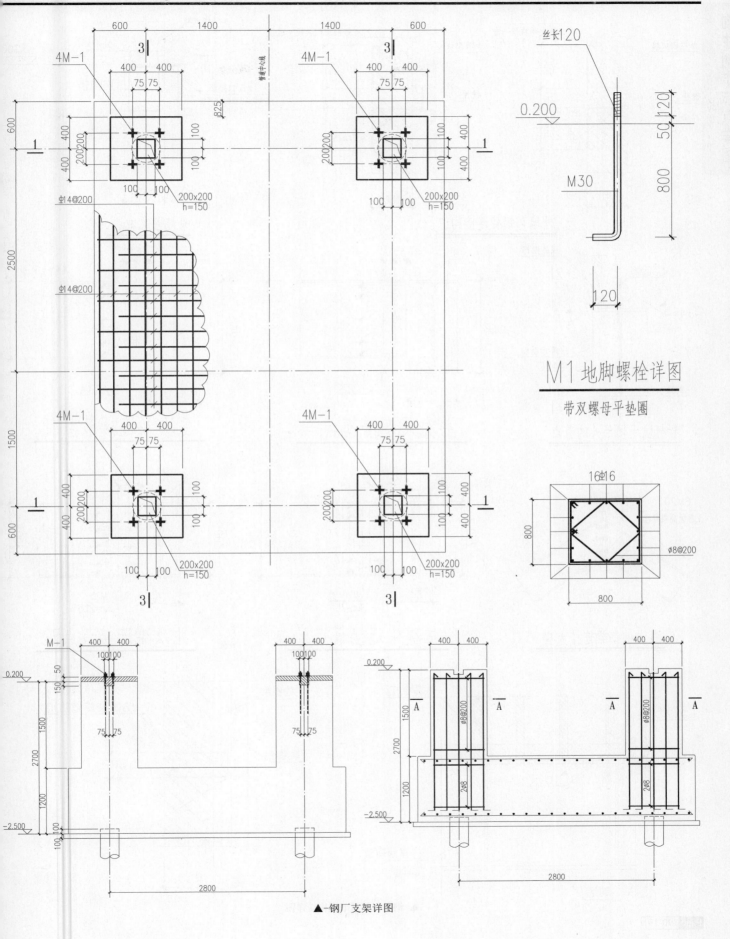

M1 地脚螺栓详图

带双螺母平垫圈

▲-钢厂支架详图

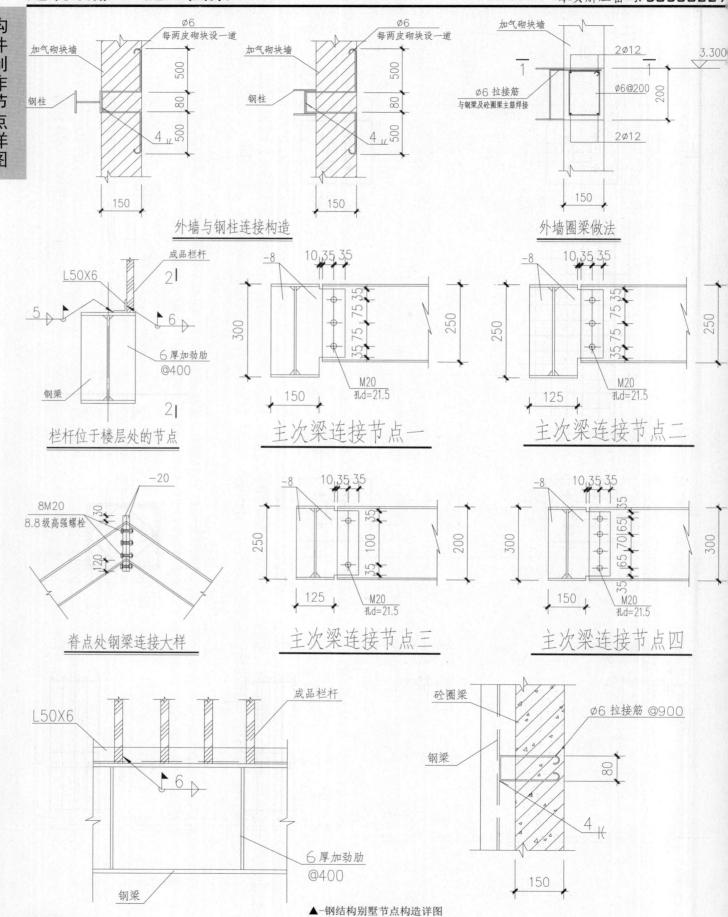

外墙与钢柱连接构造

外墙圈梁做法

栏杆位于楼层处的节点

主次梁连接节点一

主次梁连接节点二

脊点处钢梁连接大样

主次梁连接节点三

主次梁连接节点四

▲—钢结构别墅节点构造详图

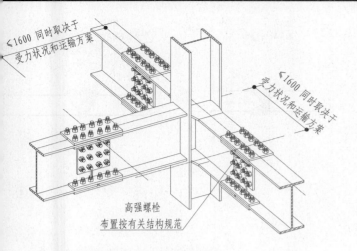

≤1600 同时取决于
受力状况和运输方案

≤1600 同时取决于
受力状况和运输方案

高强螺栓
布置按有关结构规范

梁柱刚接节点—栓接方式

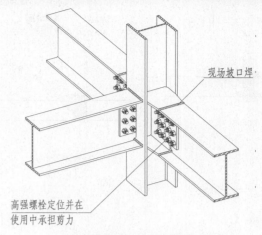

现场坡口焊

高强螺栓定位并在
使用中承担剪力

梁柱刚接节点—焊接方式

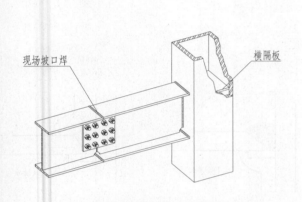

现场坡口焊

横隔板

箱型柱与H梁焊接—高强螺栓刚接
（柱贯通，有筋板）

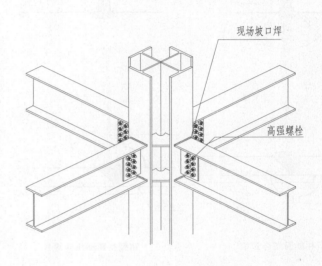

现场坡口焊

高强螺栓

工 或 工 型柱与H梁栓—焊式刚接

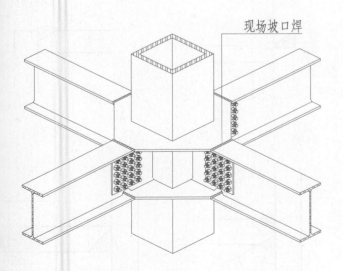

现场坡口焊

箱型柱与H梁焊接—高强螺栓刚接
（柱贯通，内无横隔板）

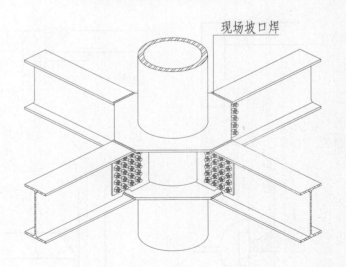

现场坡口焊

钢管柱与H梁焊接—高强螺栓刚接
（柱贯通，内无横隔板）

▲-钢结构梁柱连接节点详图

构件制作节点详图

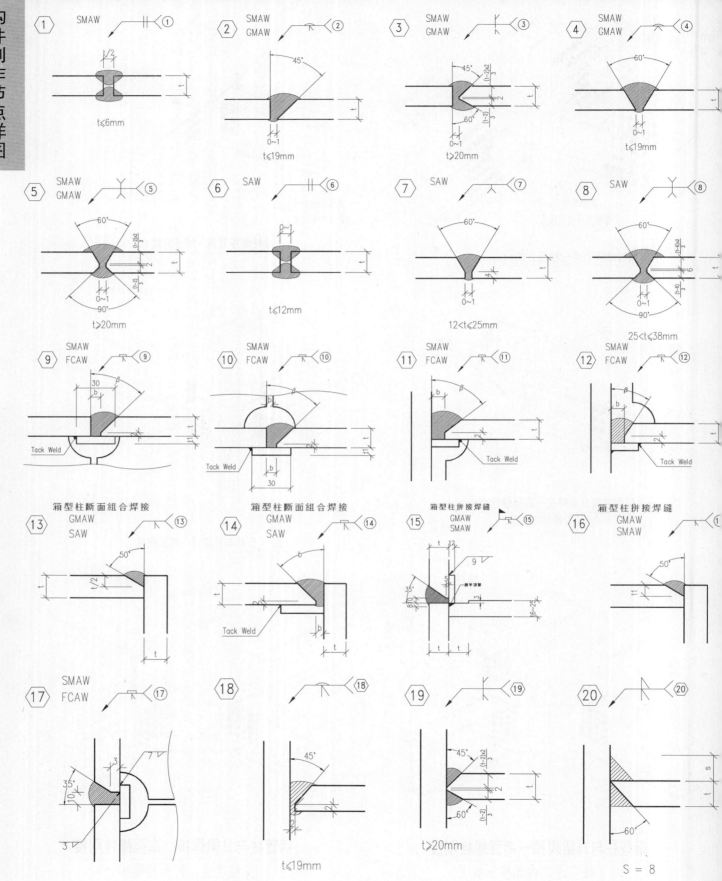

▲-钢结构构件焊缝节点构造详图

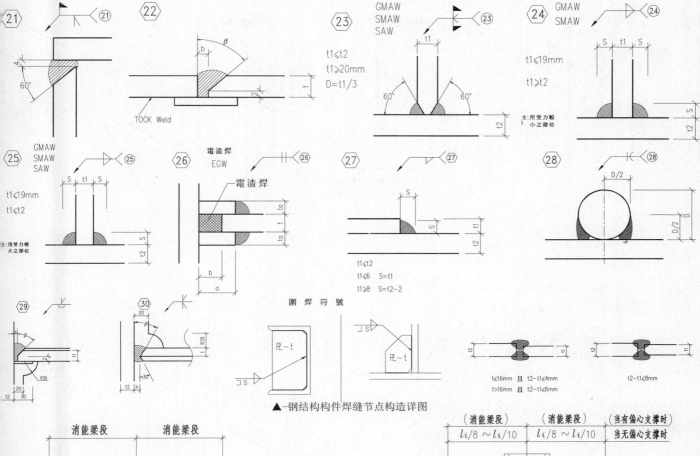

㉑ ㉒ β b 60° 2 t TOCK Weld

㉓ GMAW SMAW SAW t1 t1≤t2 t1≥20mm D=t1/3 60° 60° t2

㉔ GMAW SMAW S t1 S t1≤19mm t1>t2 S t2 注:用受力較 小之部位

㉕ GMAW SMAW SAW S t1 S t1≤19mm t1≤t2 注:用受力較 大之部位 S t2

㉖ 電渣焊 EGW 電渣焊 ta t ta b a

㉗ S S t1 t2 t1≤t2 t1≤6 S=t1 t1≥8 S=t2-2

㉘ D/2 b D/2

㉙ 20 β t1 R35 20 t2 30

㉚ 20 β R35 t1 -30° t2 b

圈焊符號 PL-t PL-t S S

t2 t1 t≤16mm 且 t2-t1≤4mm t>16mm 且 t2-t1≤6mm

t2 t1 t2-t1≤8mm

▲-钢结构构件焊缝节点构造详图

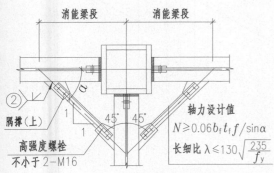

消能梁段 消能梁段

② α 1 45° 45° 1 隔撑(上) 高强度螺栓 不小于2-M16

轴力设计值 $N≥0.06b_ft_ff/\sinα$ 长细比 $λ≤130\sqrt{\dfrac{235}{f_y}}$

① 抗震设防时,框架梁在偏心支撑消能梁段两端,于 梁上翼缘水平平面内须设置侧向支撑的连接构造

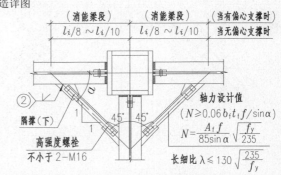

(消能梁段) (消能梁段) (当有偏心支撑时) $l_i/8～l_i/10$ $l_i/8～l_i/10$ 当无偏心支撑时

② α 1 45° 45° 1 隔撑(下) 高强度螺栓 不小于2-M16

轴力设计值 $(N≥0.06b_ft_ff/\sinα)$ $N=\dfrac{A_ff}{85\sinα}\sqrt{\dfrac{f_y}{235}}$ 长细比 $λ≤130\sqrt{\dfrac{235}{f_y}}$

① 抗震设防时,在偏心支撑消能梁段两端的框架梁和一般框架 梁,于框架梁下翼缘水平平面内须设置侧向支撑的连接构造 注:括号内的数字仅用于偏心支撑消能梁段两端的侧向支撑

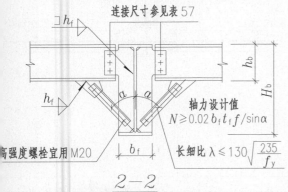

连接尺寸参见表57 h_f h_b H_b h_f α α 高强度螺栓宜用M20 b_f

轴力设计值 $N≥0.02b_ft_ff/\sinα$ 长细比 $λ≤130\sqrt{\dfrac{235}{f_y}}$

2-2

框架梁在偏心支撑跨间的非消能梁段,当其侧向支撑间 距大于$13b_f\sqrt{235/f_y}$利用次梁作为框架梁上下翼缘的 侧向支撑,且当其 $h_b<H_b/2$ 时,可采用本节点的作法.

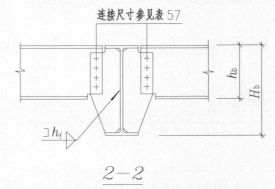

连接尺寸参见表57 h_b H_b h_f

2-2

框架梁在偏心支撑时间的非消能梁段,当其侧向支撑间 距大于$13b_f\sqrt{235/f_y}$利用次梁作为框架梁上下翼缘的 侧向支撑,且当其 $h_b≥H_b/2$ 时,可采用本节点的作法.

▲-钢结构支撑的节点构造详图

构
件
制
作
节
点
详
图

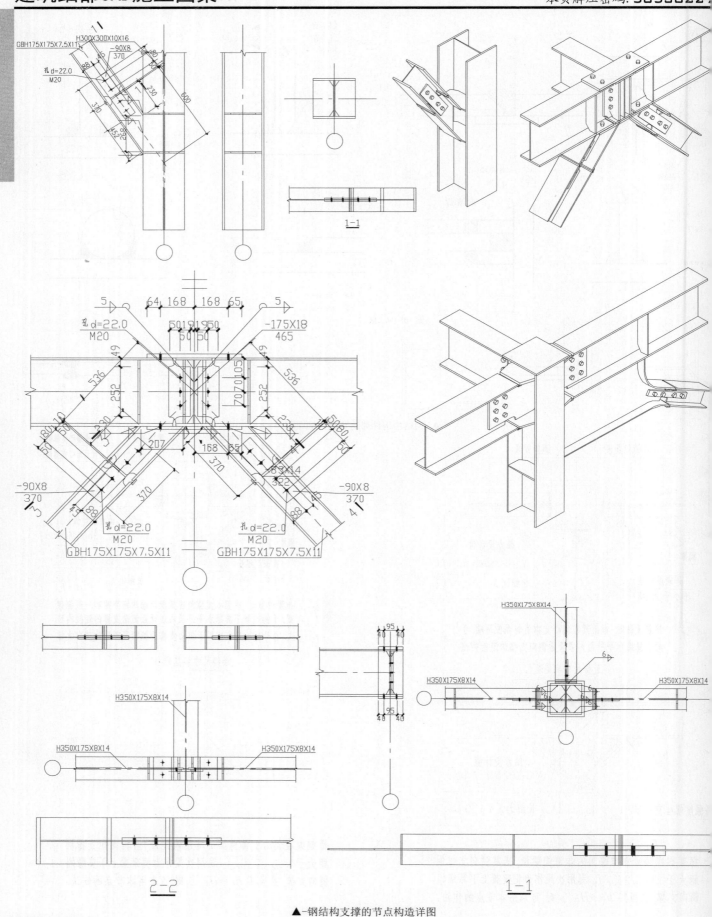

▲-钢结构支撑的节点构造详图

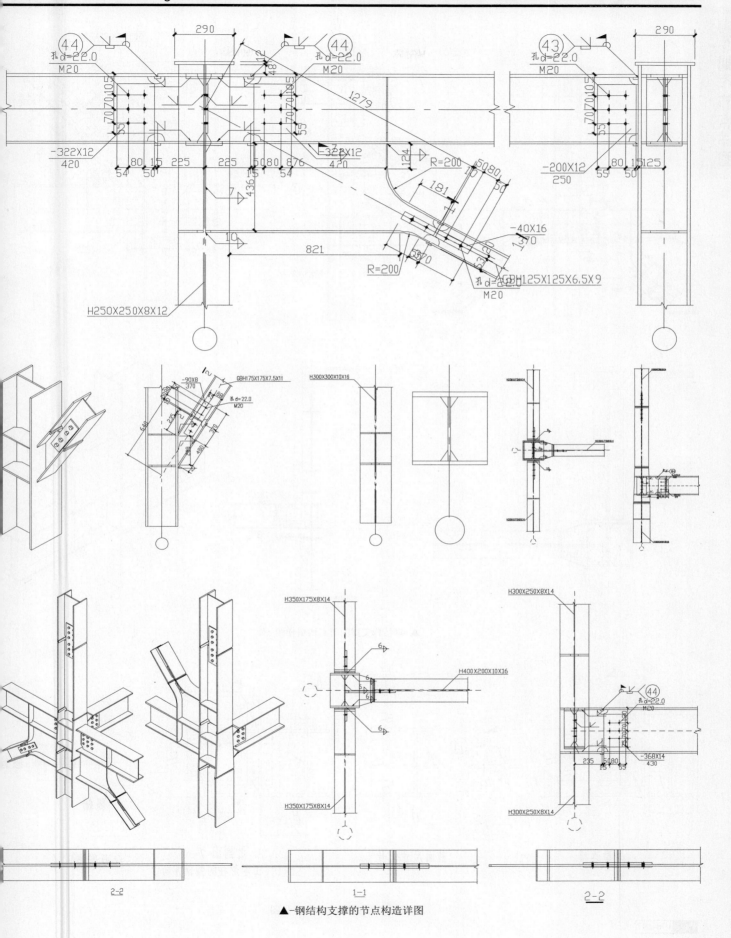

▲-钢结构支撑的节点构造详图

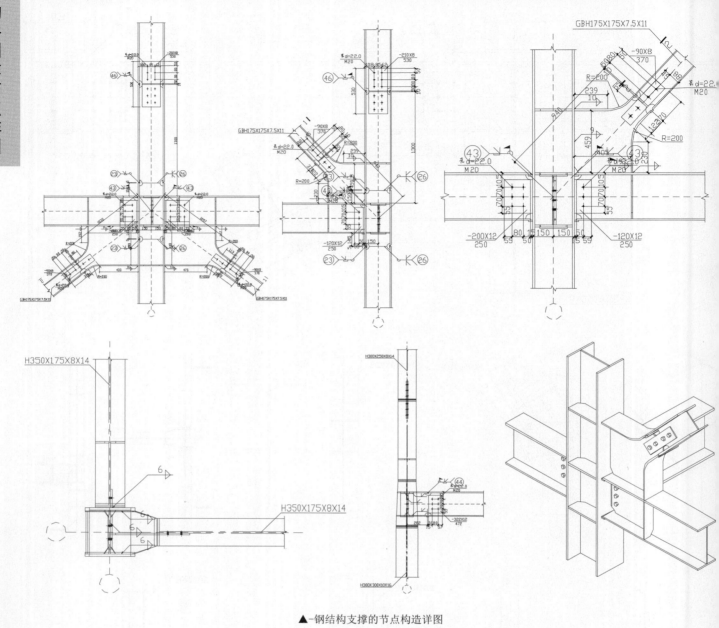

▲-钢结构支撑的节点构造详图

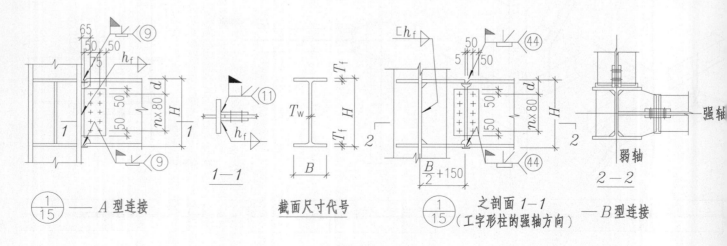

$\dfrac{1}{15}$ — A 型连接

1—1

截面尺寸代号

$\dfrac{1}{15}$ 之剖面 1—1
（工字形柱的强轴方向）

— B 型连接

2—2

▲-钢框架梁柱连接节点构件详图

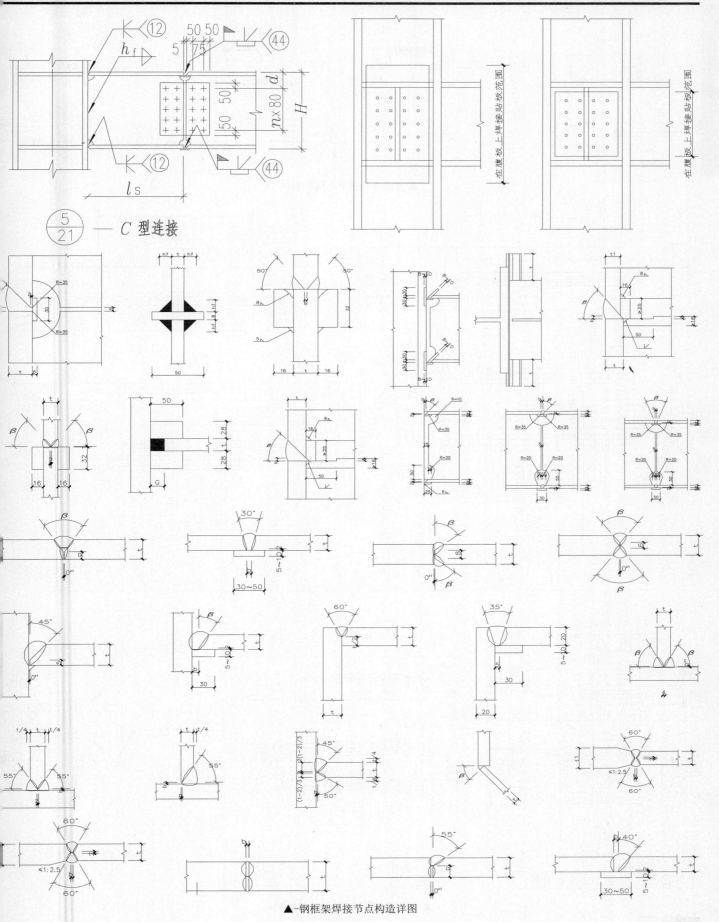

▲-钢框架焊接节点构造详图

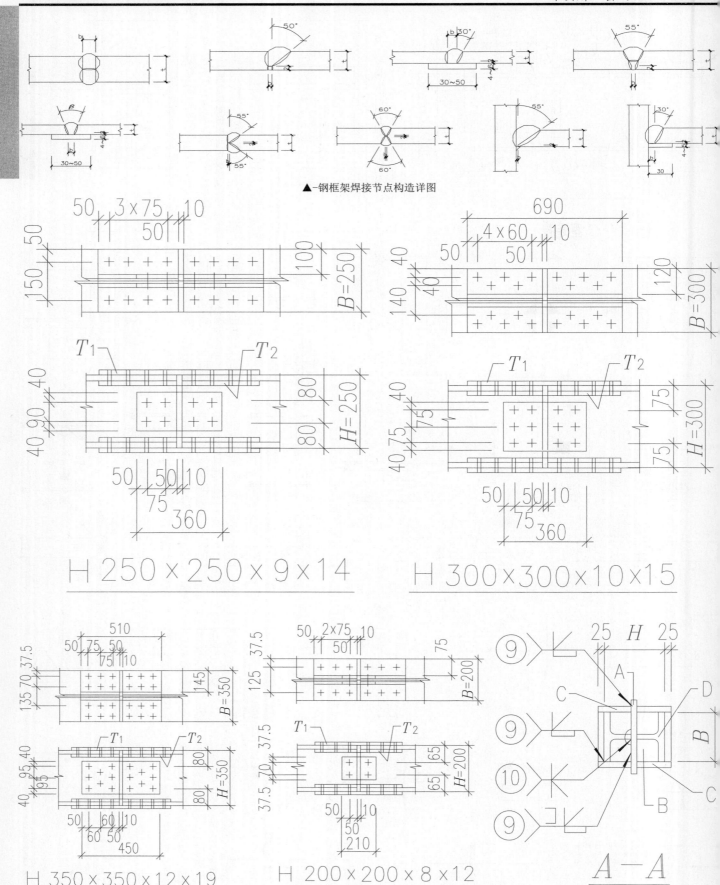

▲-钢框架焊接节点构造详图

H 250 × 250 × 9 × 14

H 300 × 300 × 10 × 15

H 350 × 350 × 12 × 19

H 200 × 200 × 8 × 12

A - A

▲-钢支撑斜杆杆端连接件节点详图

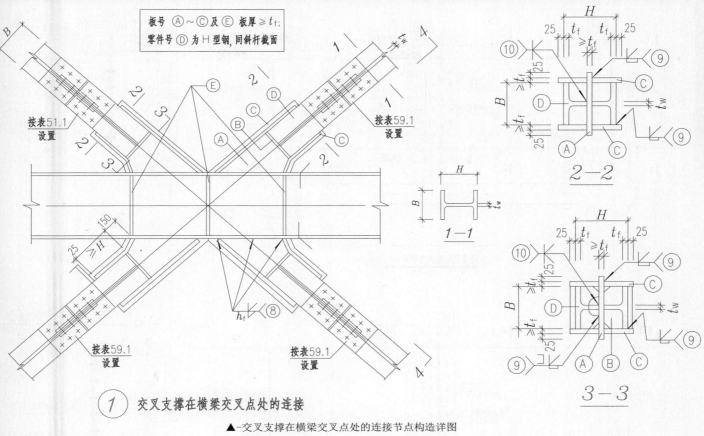

板号 Ⓐ～Ⓒ 及 Ⓔ 板厚 $\geq t_f$；
零件号 Ⓓ 为 H 型钢，同斜杆截面

按表51.1设置

按表59.1设置

按表59.1设置

按表59.1设置

$1-1$

$2-2$

$3-3$

① 交叉支撑在横梁交叉点处的连接

▲-交叉支撑在横梁交叉点处的连接节点构造详图

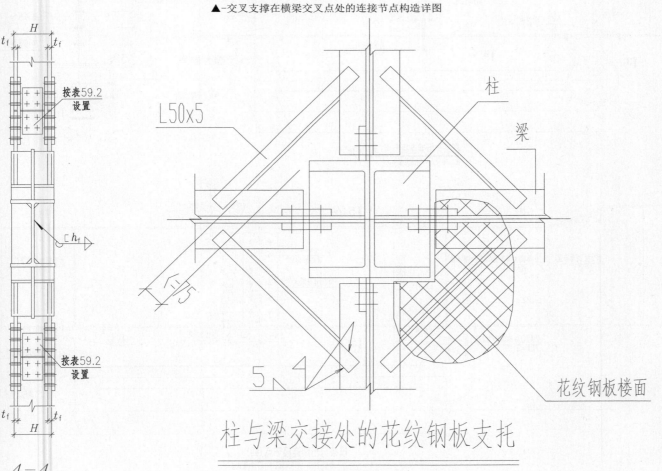

$4-4$

按表59.2设置

按表59.2设置

柱

梁

L50×5

花纹钢板楼面

柱与梁交接处的花纹钢板支托

▲-梁与住交接处花纹钢板支托

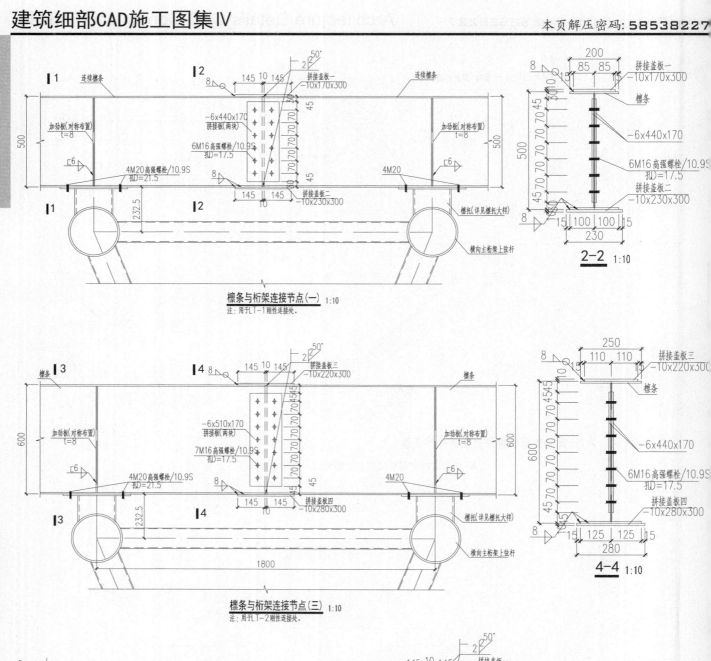

檩条与桁架连接节点(一) 1:10
注: 用孔LT-1刚性连接处.

2-2 1:10

檩条与桁架连接节点(三) 1:10
注: 用孔LT-2刚性连接处.

4-4 1:10

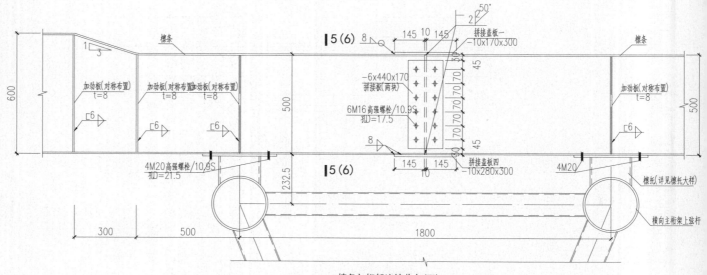

檩条与桁架连接节点(四) 1:10
注: 用孔LT-1与LT-2(LT-3)刚性连接处.

▲-檩条与桁架连接节点构造详图

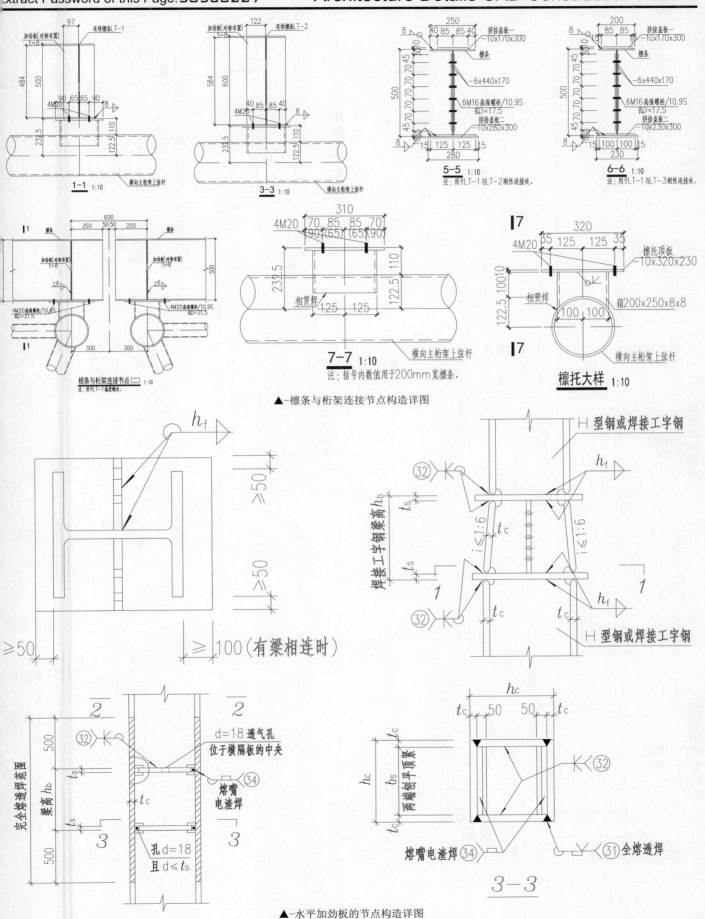

▲-檩条与桁架连接节点构造详图

▲-水平加劲板的节点构造详图

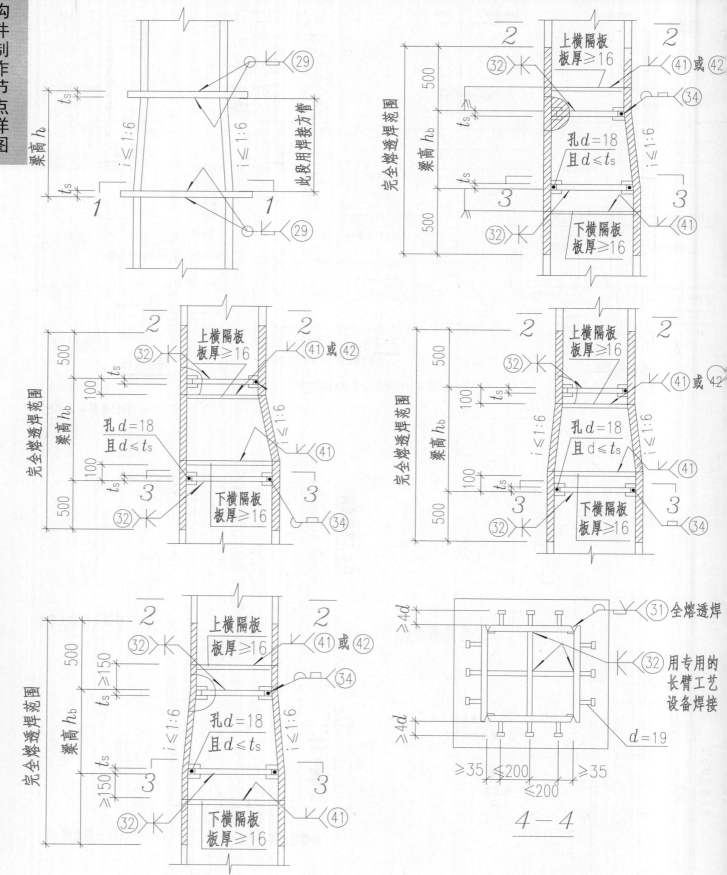

▲-水平加劲板的节点构造详图

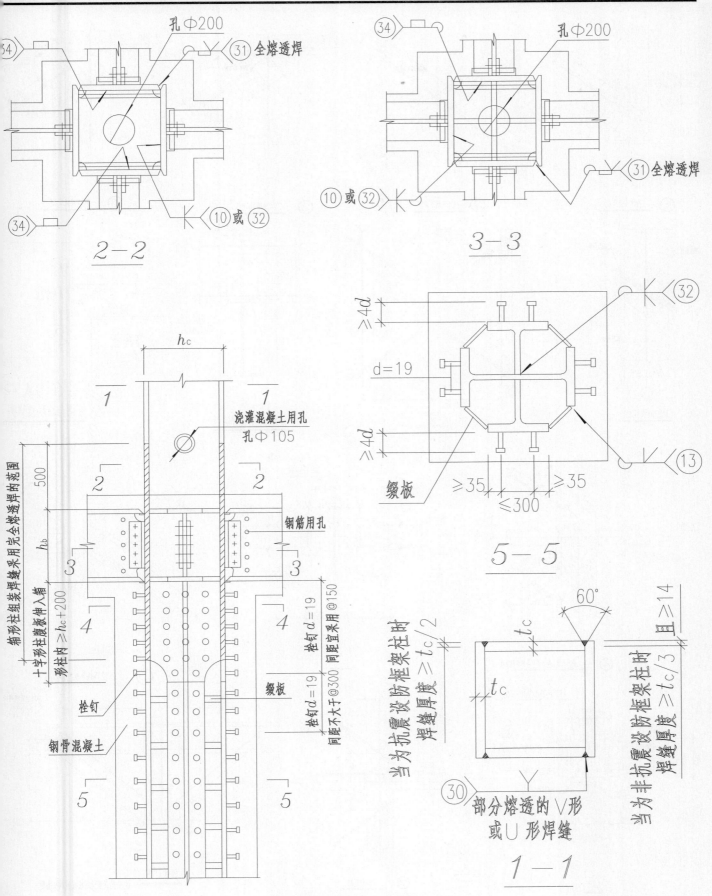

孔Φ200

31 全熔透焊

34

34

10 或 32

2-2

34

孔Φ200

31 全熔透焊

10 或 32

3-3

h_c

1　　　　1

浇灌混凝土用孔
孔Φ105

2　　　　2

钢筋用孔

3　　　　3

栓钉d=19
同距宜采用@150

4　　　　4

缀板

栓钉

钢骨混凝土

5　　　　5

500

h_b

箱形柱组装焊缝采用完全熔透焊的范围
十字形柱腹板伸入箱形柱内≥h_c+200

栓钉d=19 @300
同距不大于@300

≥4d

d=19

≥4d

缀板

≥35　≥35

≤300

32

13

5-5

60°

t_c

t_c

当为抗震设防框架柱时
焊缝厚度≥t_c/2

当为非抗震设防框架柱时
焊缝厚度≥t_c/3 且≥14

30 部分熔透的Ⅴ形
或∪形焊缝

1-1

▲-水平加劲板的节点构造详图

构
件
制
作
节
点
详
图

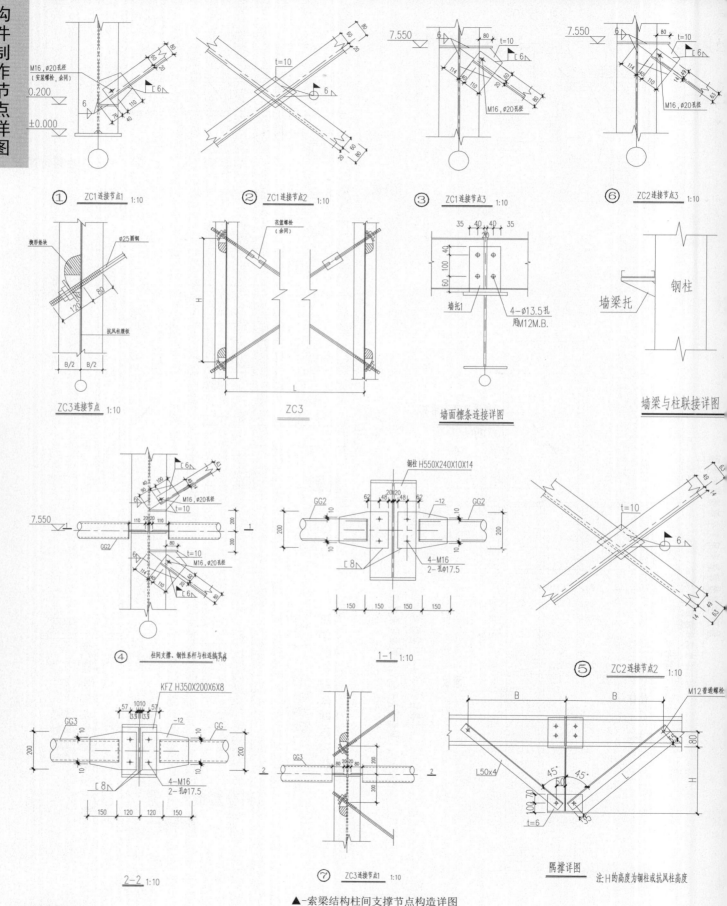

① ZC1连接节点1 1:10

② ZC1连接节点2 1:10

③ ZC1连接节点3 1:10

⑥ ZC2连接节点3 1:10

ZC3连接节点 1:10

ZC3

墙面檩条连接详图

墙梁与柱联接详图

④ 柱间支撑、钢性系杆与柱连接节点 1:10

1-1 1:10

⑤ ZC2连接节点2 1:10

2-2 1:10

⑦ ZC3连接节点1 1:10

▲-索梁结构柱间支撑节点构造详图

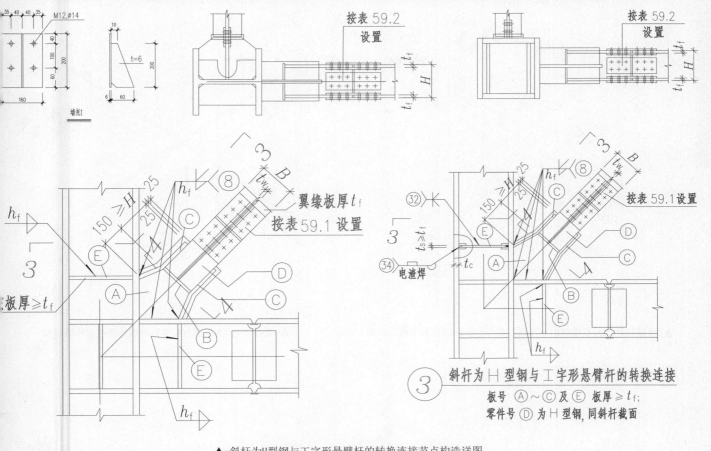

翼缘板厚t_f
按表 59.1 设置

按表 59.1 设置

③ 斜杆为 H 型钢与工字形悬臂杆的转换连接

板号 Ⓐ～Ⓒ 及 Ⓔ 板厚 ≥ t_f;
零件号 Ⓓ 为 H 型钢, 同斜杆截面

▲-斜杆为H型钢与工字形悬臂杆的转换连接节点构造详图

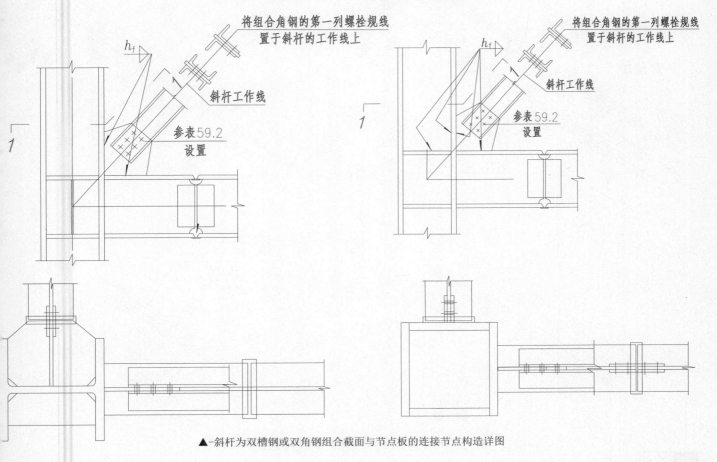

将组合角钢的第一列螺栓规线
置于斜杆的工作线上

斜杆工作线

参表 59.2
设置

将组合角钢的第一列螺栓规线
置于斜杆的工作线上

斜杆工作线

参表 59.2
设置

▲-斜杆为双槽钢或双角钢组合截面与节点板的连接节点构造详图

构
件
制
作
节
点
详
图

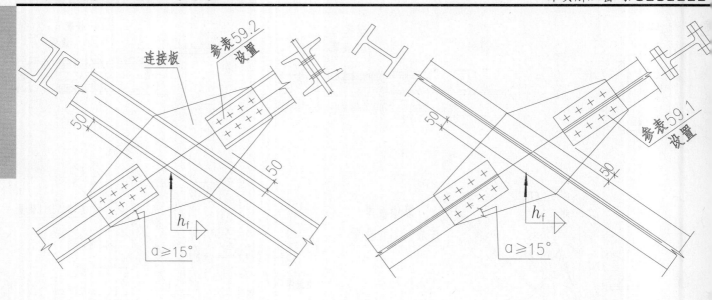

▲-支撑斜杆件为双槽钢组合截面与单节点板的连接节点构造详图　　　　▲-支撑斜杆为H型钢与双节点板的连接节点构造详图

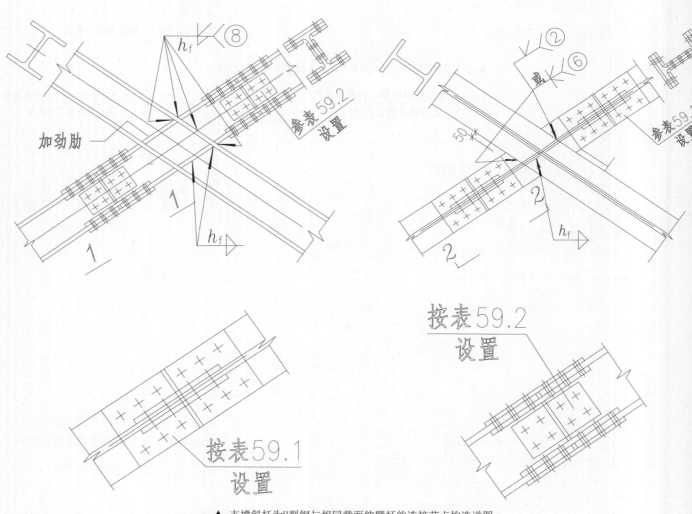

▲-支撑斜杆为H型钢与相同截面伸臂杆的连接节点构造详图

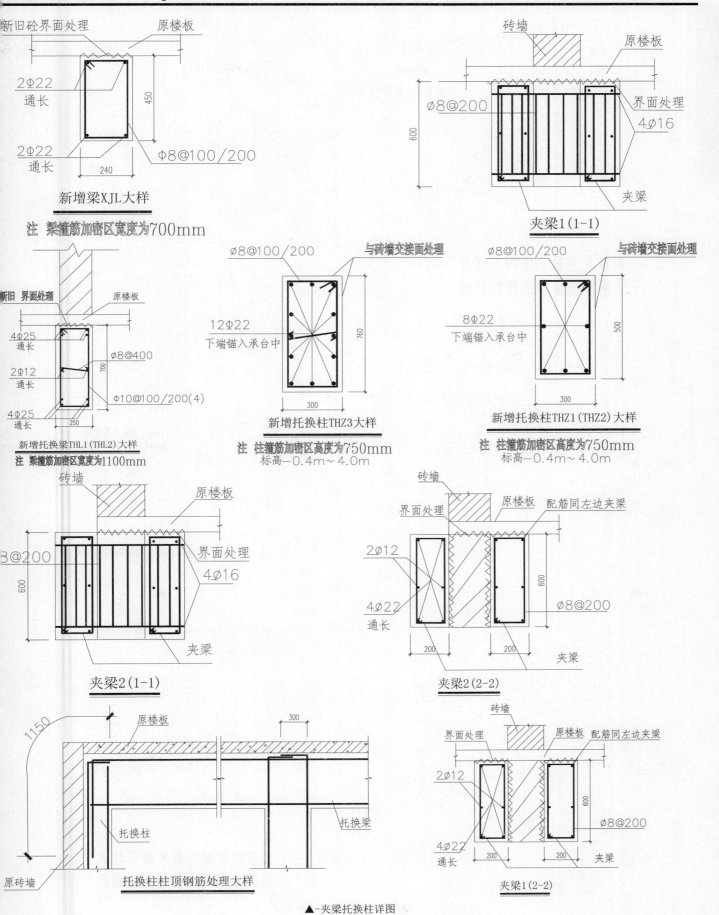

新旧砼界面处理　　　　原楼板

2Φ22
通长

450

2Φ22
通长

240　　　Φ8@100/200

新增梁XJL大样

注　梁箍筋加密区宽度为700mm

砖墙　　　　　原楼板

Φ8@200

600

界面处理

4Φ16

夹梁

夹梁1(1-1)

新旧界面处理　　　原楼板

4Φ25
通长

Φ8@400

2Φ12
通长

700

4Φ25
通长

250　　　Φ10@100/200(4)

新增托换梁THL1(THL2)大样

注　梁箍筋加密区宽度为1100mm

Φ8@100/200　　　与砖墙交接面处理

12Φ22
下端锚入承台中

760

300

新增托换柱THZ3大样

注　柱箍筋加密区高度为750mm
标高-0.4m～4.0m

Φ8@100/200　　　与砖墙交接面处理

8Φ22
下端锚入承台中

500

300

新增托换柱THZ1(THZ2)大样

注　柱箍筋加密区高度为750mm
标高-0.4m～4.0m

砖墙　　　　　原楼板

8@200

600

界面处理

4Φ16

夹梁

夹梁2(1-1)

砖墙　　　　　原楼板　　配筋同左边夹梁

界面处理

2Φ12

4Φ22
通长

600

200　　　200

Φ8@200

夹梁

夹梁2(2-2)

1150

原楼板

300

托换柱

托换梁

原砖墙

托换柱柱顶钢筋处理大样

砖墙

界面处理　　　　原楼板　　配筋同左边夹梁

2Φ12

4Φ22
通长

600

200　　　200

Φ8@200

夹梁

夹梁1(2-2)

▲-夹梁托换柱详图

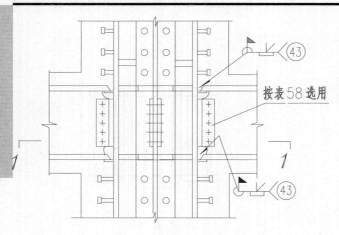

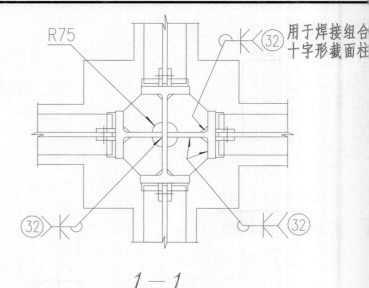

① 在钢骨混凝土结构中梁与十字形截面柱的刚性连接

1—1

按表58选用

用于焊接组合十字形截面柱

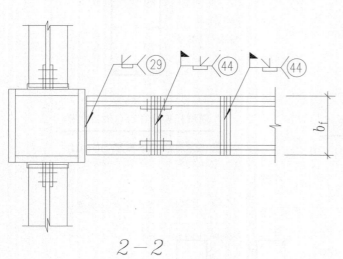

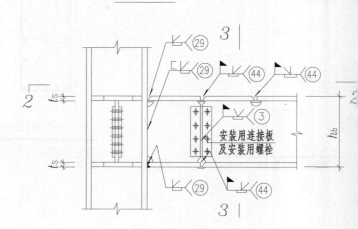

2—2

② 箱形梁与箱形柱的刚性连接

安装用连接板及安装用螺栓

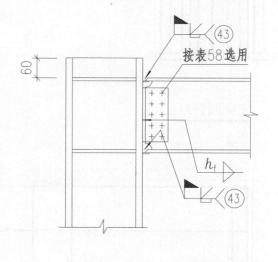

3—3

③ 顶层框架梁与箱形截面柱或与工字形截面柱的刚性连接

按表58选用

▲-梁与柱的刚性连接构造

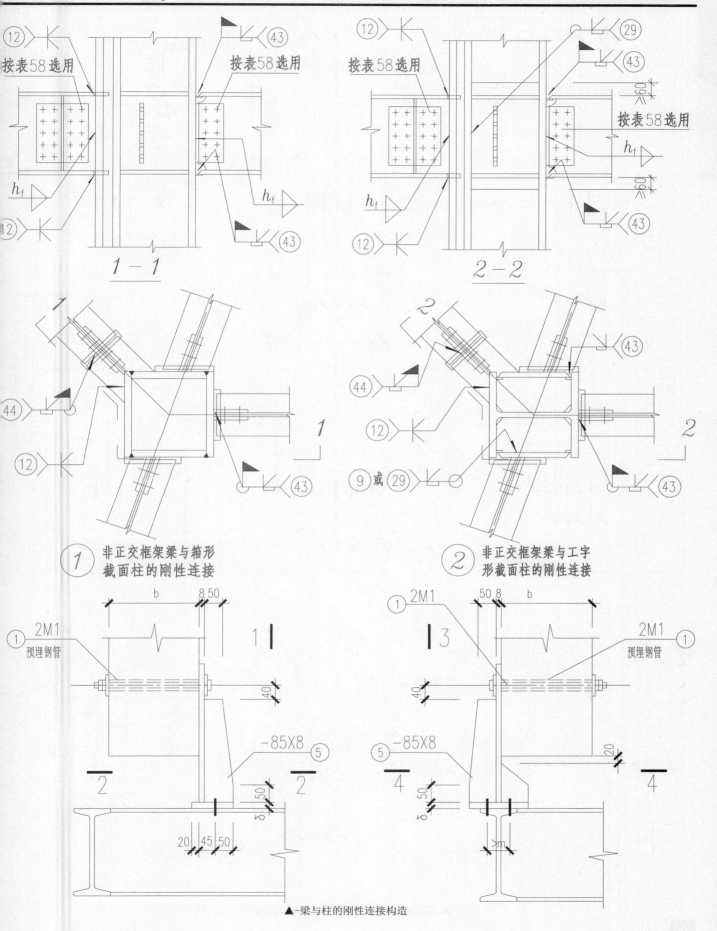

1 - 1

2 - 2

按表58选用

h_f

① 非正交框架梁与箱形截面柱的刚性连接

② 非正交框架梁与工字形截面柱的刚性连接

2M1 预埋钢管

−85X8

▲-梁与柱的刚性连接构造

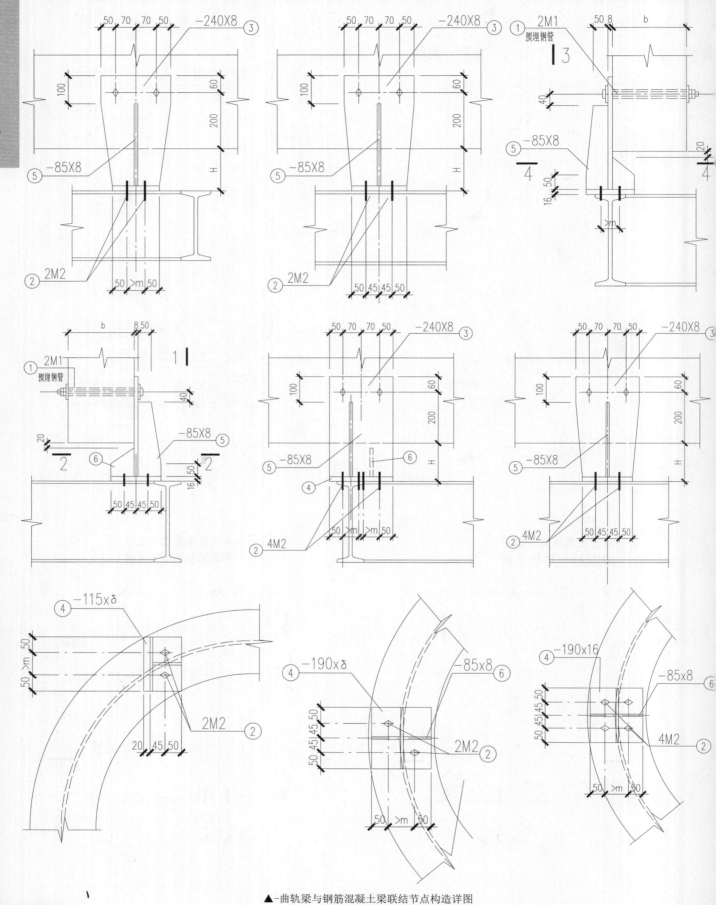

▲-曲轨梁与钢筋混凝土梁联结节点构造详图

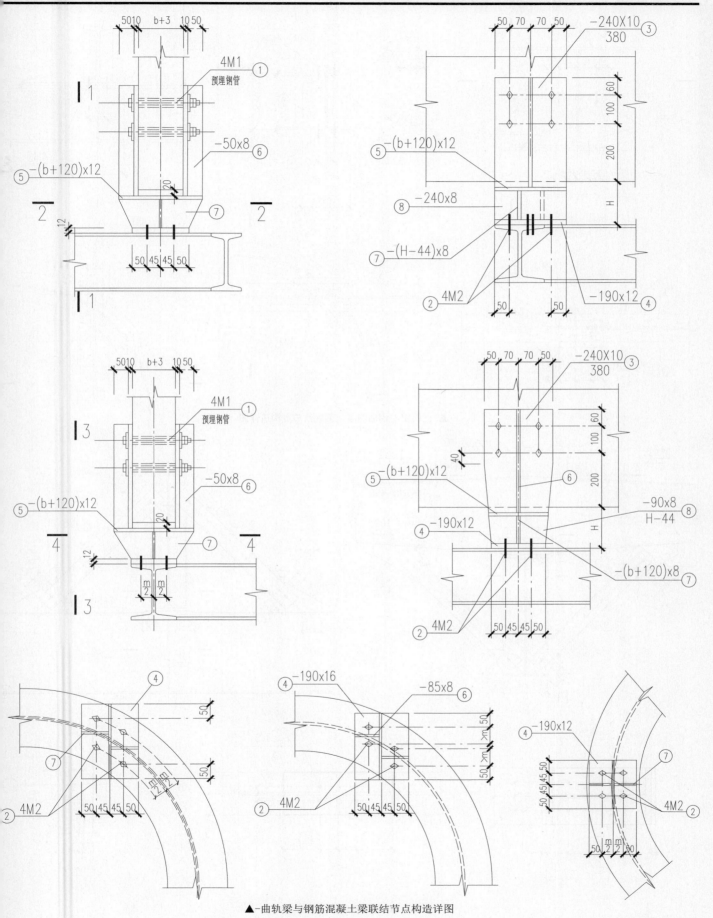

▲-曲轨梁与钢筋混凝土梁联结节点构造详图

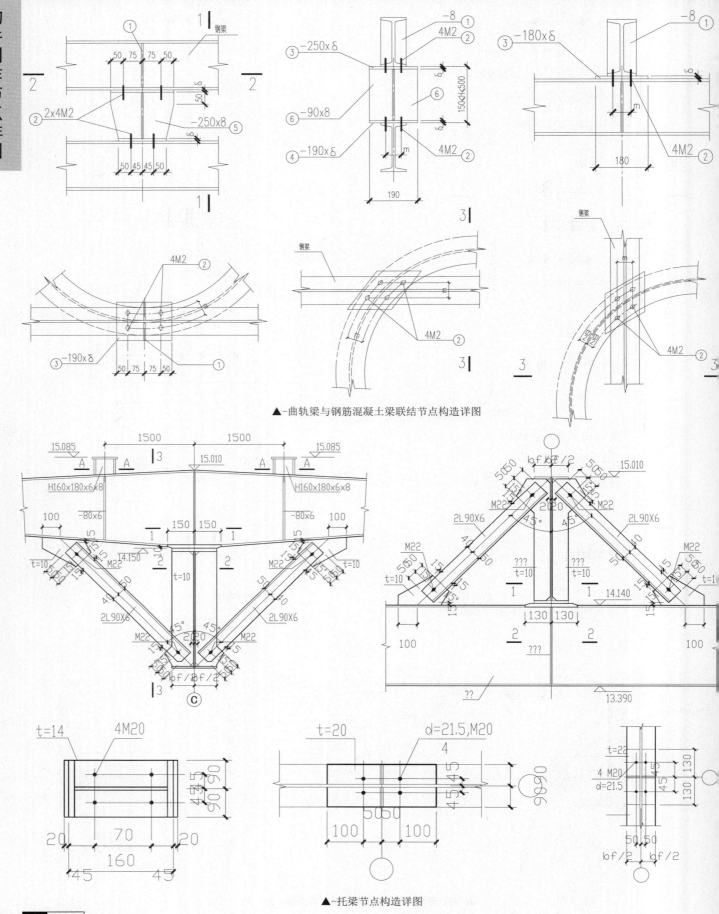

▲-曲轨梁与钢筋混凝土梁联结节点构造详图

▲-托梁节点构造详图

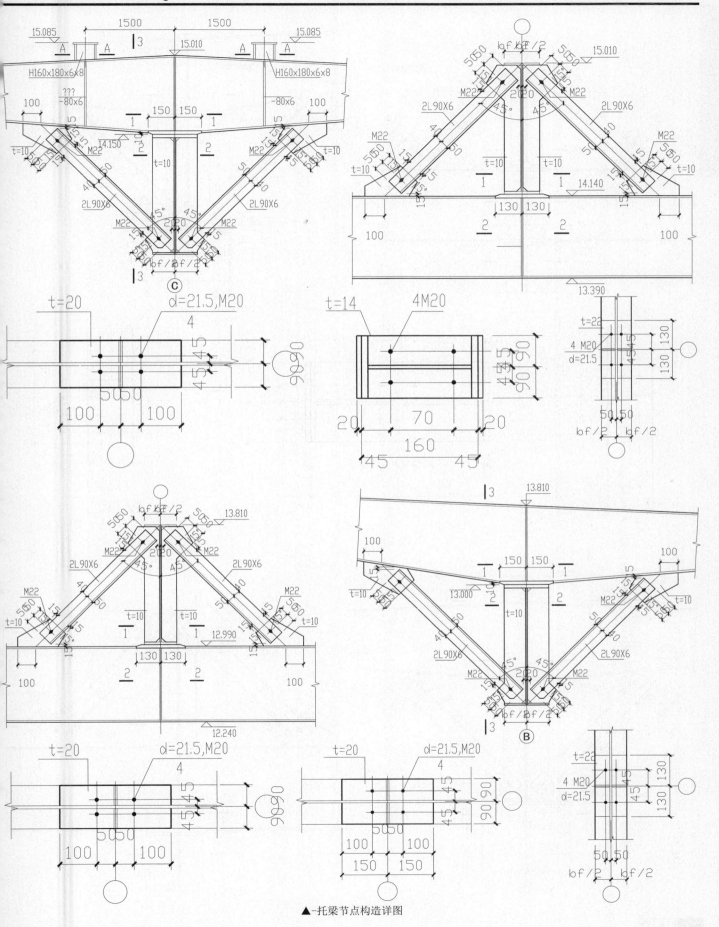

▲-托梁节点构造详图

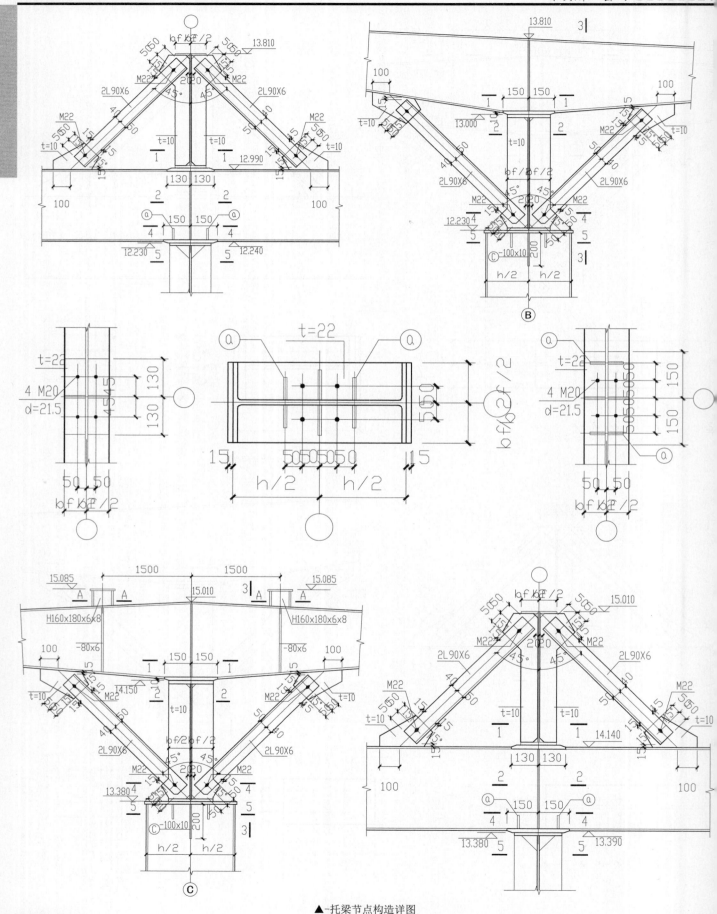

▲-托梁节点构造详图

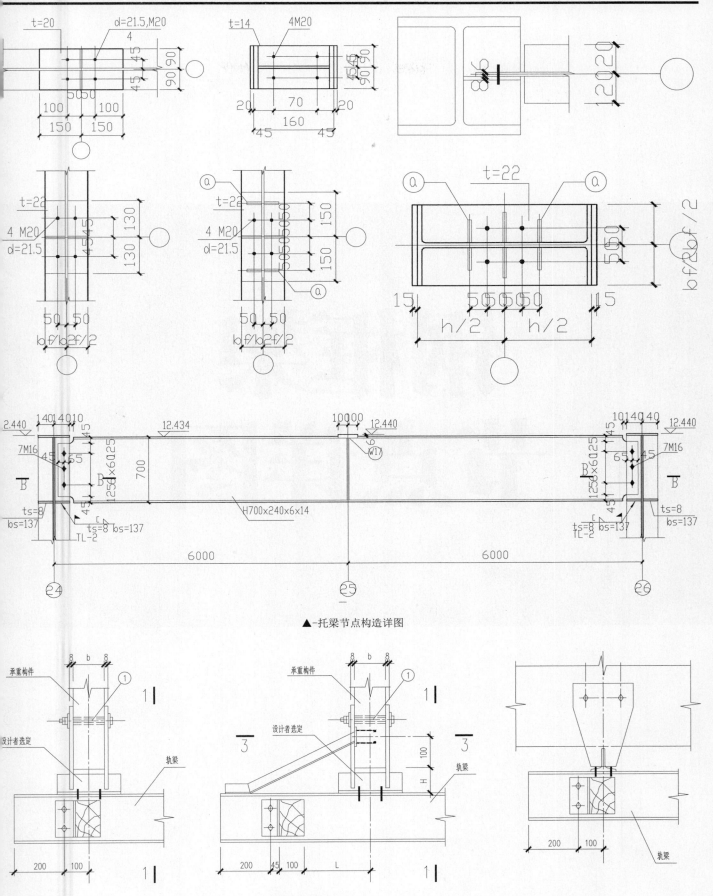

▲-托梁节点构造详图

▲-悬臂轨梁与承重构件联结节点构造详图

钢框架
节点详图

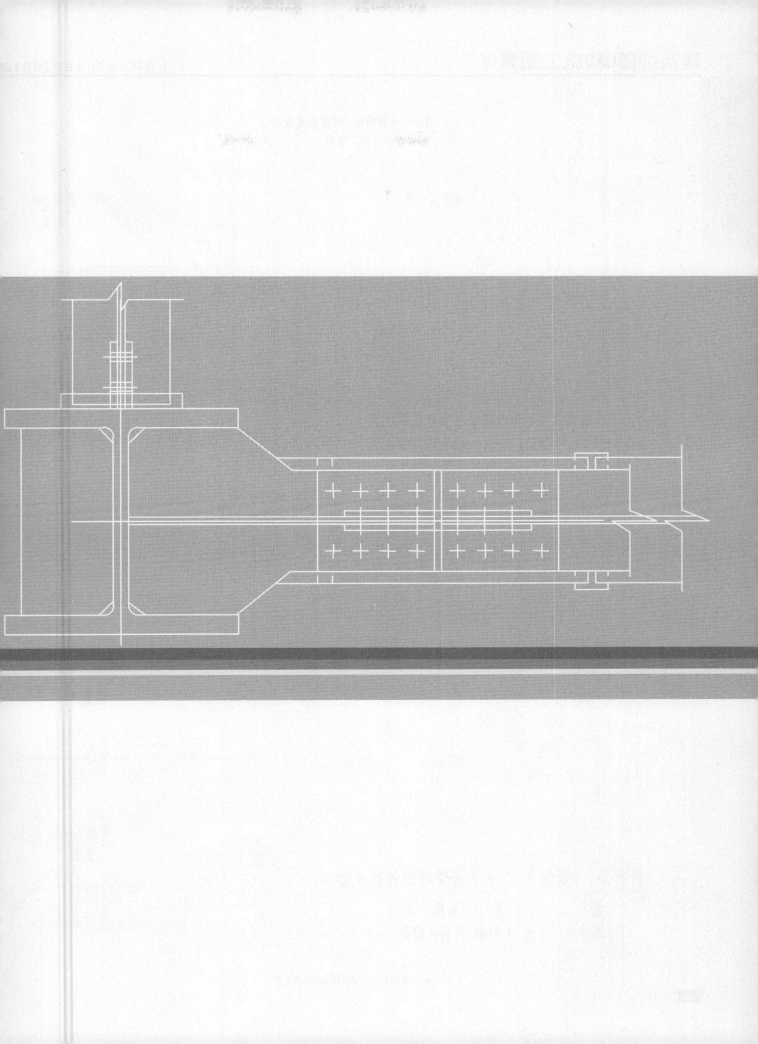

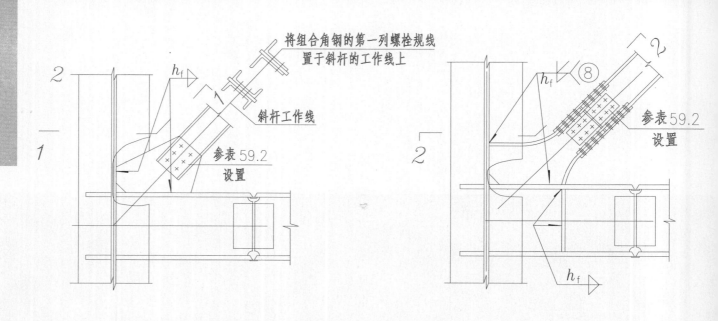

将组合角钢的第一列螺栓规线置于斜杆的工作线上

斜杆工作线

参表59.2设置

参表59.2设置

① 斜杆为双槽钢或双角钢组合截面与节点板的连接
（组合角钢只宜用于非抗震设防结构中按受拉设计的斜杆）

② 斜杆为H型钢与相同截面的悬臂杆连接

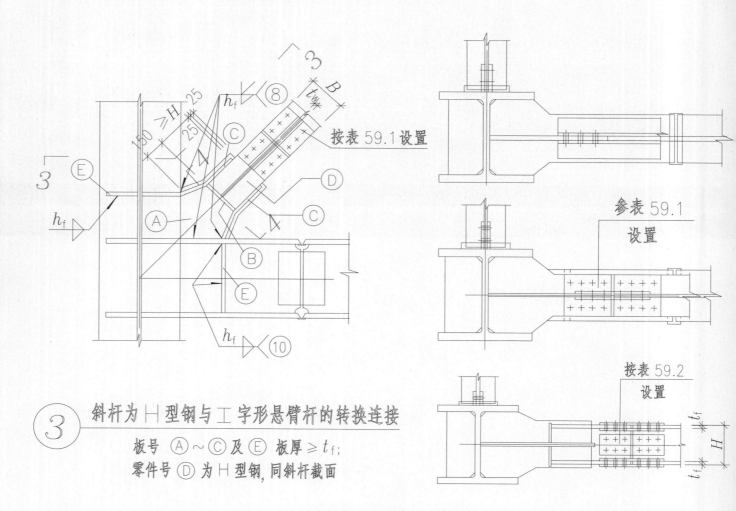

按表59.1设置

参表59.1设置

按表59.2设置

③ 斜杆为H型钢与工字形悬臂杆的转换连接

板号 Ⓐ~Ⓒ及Ⓔ 板厚 ≥ t_f;
零件号 Ⓓ 为H型钢,同斜杆截面

▲-H型钢与相同截面的悬臂杆连接

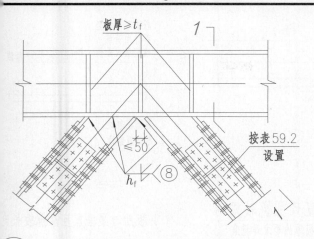

板厚≥t_f

①1

≤50

h_f ⑧

按表59.2 设置

① 斜杆为Η型钢在横梁伸臂上的连接（一）

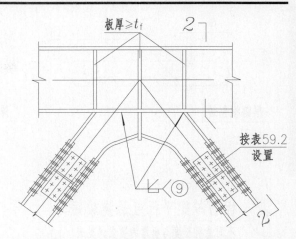

板厚≥t_f

②2

⑨

按表59.2 设置

② 斜杆为Η型钢在横梁伸臂上的连接（二）

（注：斜杆中的圆弧半径不得小于200）

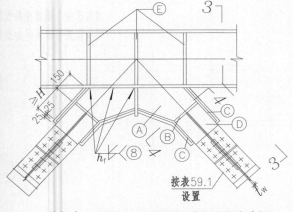

Ⓔ

③3

150

≥H

25 25

Ⓐ Ⓑ

h_f ⑧

Ⓒ Ⓓ

Ⓒ

③3

t_w

按表59.1 设置

③ 斜杆为Η型钢与Ι字形悬臂杆的转换连接

板号 Ⓐ～Ⓒ及Ⓔ 板厚≥t_f；

零件号 Ⓓ 为Η型钢，同斜杆截面

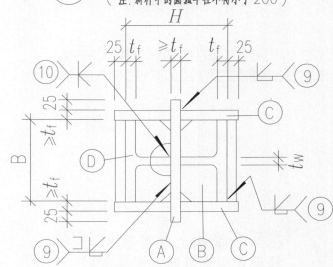

H

25 | t_f | ≥t_f | t_f | 25

⑩

≥t_f 25

B

≥t_f

t_w

25 ≥t_f

⑨

Ⓓ

⑨

Ⓐ Ⓑ Ⓒ

⑨

Ⓒ

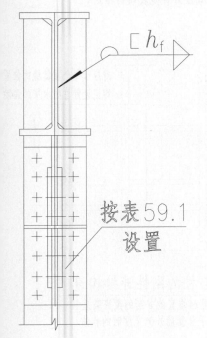

⊏h_f▷

按表59.1 设置

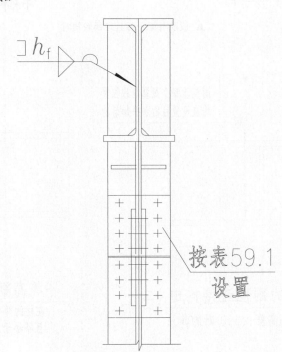

⊐h_f▷

按表59.1 设置

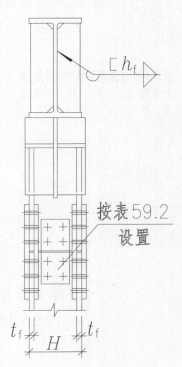

⊏h_f▷

按表59.2 设置

t_f H t_f

▲-Η型钢在横梁伸臂上的连接

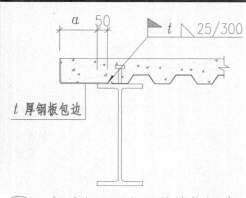

① 板肋与梁平行且悬挑较短时
（不同悬挑长度与板厚的要求详见表53）

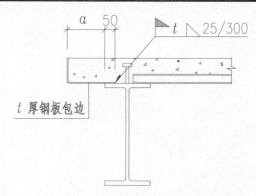

② 板肋与梁垂直且悬挑较短时
（不同悬挑长度与板厚的要求详见表53）

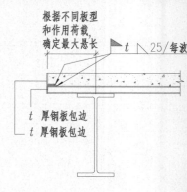

③ 板肋与梁垂直且悬挑较长时

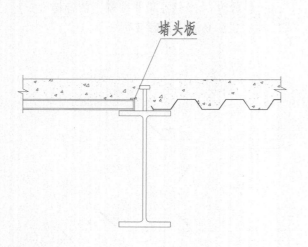

④ 在同一根梁上既有板肋与梁垂直又有板肋与梁平行时

▲-板肋与梁平行且悬挑较短时

① 不等高梁与柱的刚性连接构造（一）
（当柱两侧的梁底高差≥150且不小于水平加劲肋外伸宽度时的作法）

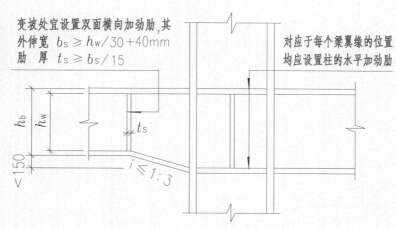

② 不等高梁与柱的刚性连接构造（二）
（当柱两侧的梁底高差＜150时的作法）

③ 不等高梁与柱的刚性连接构造（三）
（在柱的两个互相垂直的方向的梁底高差≥150且不小于水平加劲肋外伸宽度时的作法）

▲-不等高梁与柱

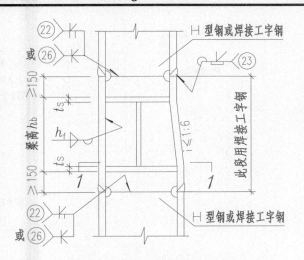

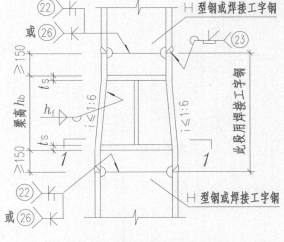

① 变截面工字形边柱的工厂拼接及当框架梁与柱刚性连接时柱中设置水平加劲肋的构造（一）

② 变截面工字形中柱的工厂拼接及当框架梁与柱刚性连接时柱中设置水平加劲肋的构造（二）

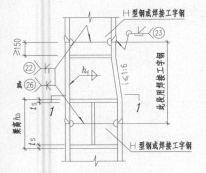

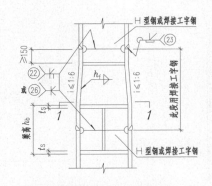

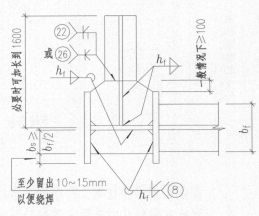

③ 变截面工字形边柱的工厂拼接及当框架梁与柱刚性连接时柱中设置水平加劲肋的构造（三）

④ 变截面工字形中柱的工厂拼接及当框架梁与柱刚性连接时柱中设置水平加劲肋的构造（四）

▲—变截面工字形边柱

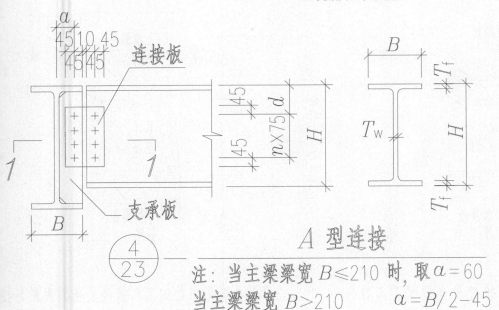

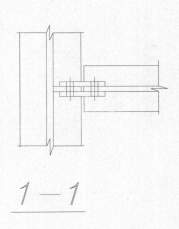

$\dfrac{4}{23}$　　　A 型连接　　　1－1

注：当主梁梁宽 $B \leqslant 210$ 时，取 $a = 60$
当主梁梁宽 $B > 210$ 　　$a = B/2 - 45$

▲—次梁与主梁相连时在节点中连接件的选用

钢框架节点详图

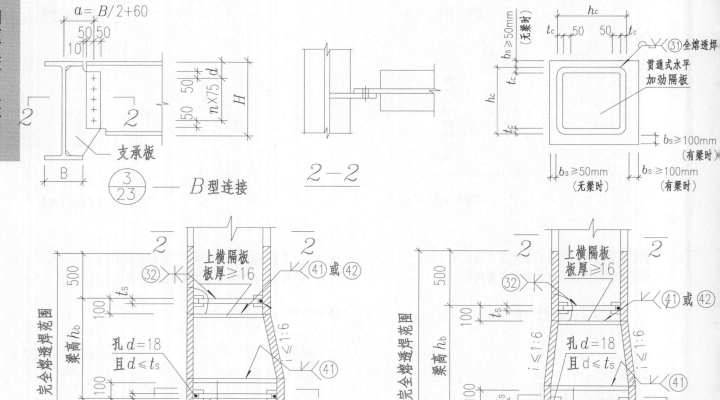

$a = B/2+60$

支承板

$\dfrac{3}{23}$ — B型连接

2-2

全熔透焊
贯通式水平
加劲隔板

$b_s \geq 50mm$（无梁时）
$b_s \geq 100mm$（有梁时）

$b_s \geq 50mm$（无梁时）　$b_s \geq 100mm$（有梁时）

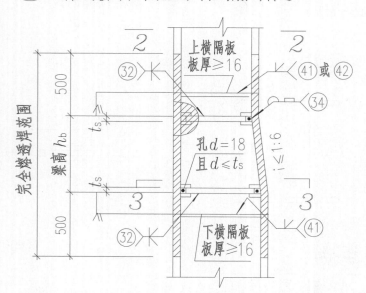

① 变截面箱形边柱的工厂拼接及当框架梁与柱
刚性连接时柱中设置水平加劲肋的构造（一）

上横隔板
板厚≥16
41 或 42

孔 $d=18$
且 $d \leq t_s$

$i \leq 1:6$

下横隔板
板厚≥16

完全熔透焊范围　梁高 h_b

② 变截面箱形中柱的工厂拼接及当框架梁与柱
刚性连接时柱中设置水平加劲肋的构造（二）

上横隔板
板厚≥16
41 或 42

孔 $d=18$
且 $d \leq t_s$

$i \leq 1:6$

下横隔板
板厚≥16

完全熔透焊范围　梁高 h_b

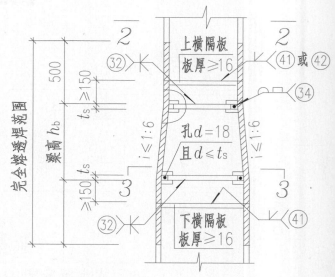

③ 变截面箱形边柱的工厂拼接及当框架梁与柱
刚性连接时柱中设置水平加劲肋的构造（三）

上横隔板
板厚≥16
41 或 42

孔 $d=18$
且 $d \leq t_s$

$i \leq 1:6$

下横隔板
板厚≥16

完全熔透焊范围　梁高 h_b

④ 变截面箱形中柱的工厂拼接及当框架梁与柱
刚性连接时柱中设置水平加劲肋的构造（四）

上横隔板
板厚≥16
41 或 42

孔 $d=18$
且 $d \leq t_s$

$i \leq 1:6$

下横隔板
板厚≥16

完全熔透焊范围　梁高 h_b

▲-方管柱

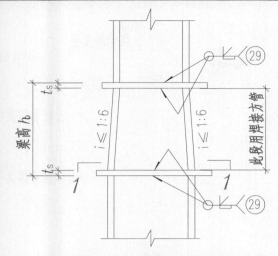

⑤ 方管柱的工厂拼接及在框架梁处柱身设置贯通式水平加劲隔板的构造
（多用于较小截面的轧制方管）

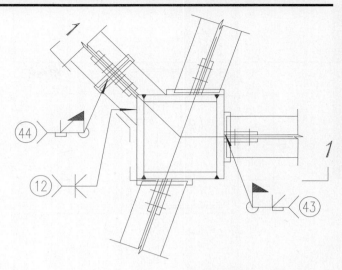

① 非正交框架梁与箱形截面柱的刚性连接

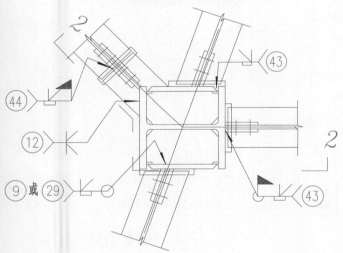

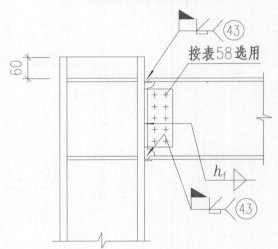

② 非正交框架梁与工字形截面柱的刚性连接

③ 顶层框架梁与箱形截面柱或与工字形截面柱的刚性连接

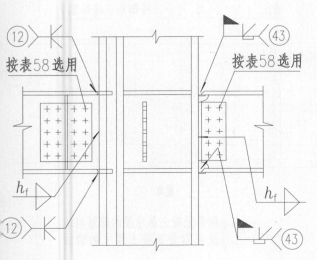

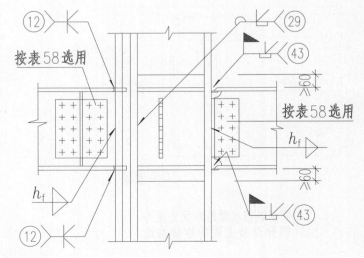

▲-非正交连接

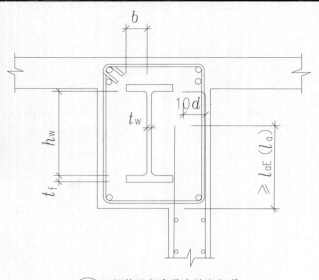

① 钢筋混凝土剪力墙与钢骨
混凝土梁的连接构造(一)
(图中附有表46中的符号)

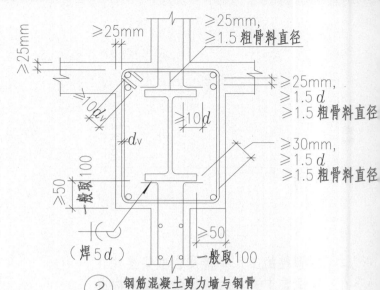

② 钢筋混凝土剪力墙与钢骨
混凝土梁的连接构造(二)
(图中附有钢骨混凝土梁的截面构造要求)

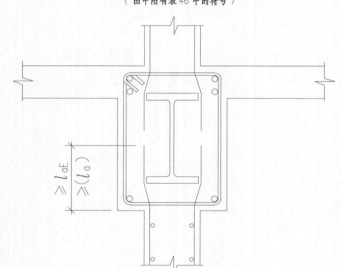

③ 钢筋混凝土剪力墙与钢骨
混凝土梁的连接构造(三)

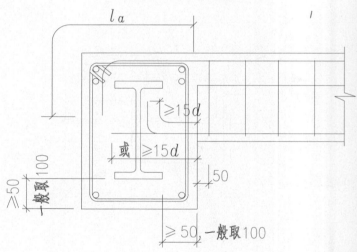

④ 钢筋混凝次梁的边支座与
钢骨混凝土梁的连接构造

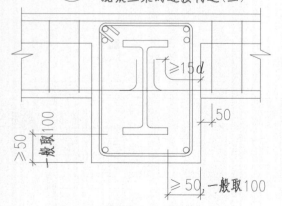

⑤ 钢筋混凝次梁的中间支座与
钢骨混凝土梁的连接构造

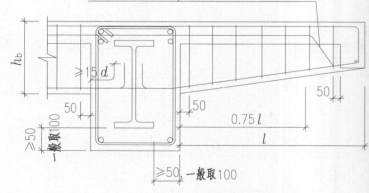

当 $h_b/l < 1/4$ 时,可不必将钢筋在端部弯下

⑥ 钢筋混凝土悬伸梁的配筋构造
及在钢骨混凝土梁中的锚固

▲-钢筋混凝土剪力墙与钢骨混凝土梁的连接构造

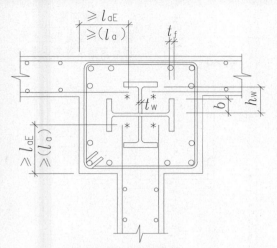

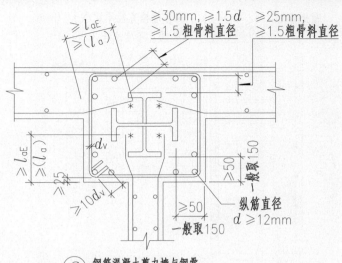

① 钢筋混凝土剪力墙与钢骨
混凝土柱的连接构造(一)
(图中附有表46中的符号)

② 钢筋混凝土剪力墙与钢骨
混凝土柱的连接构造(二)
(图中附有钢骨混凝土柱的截面构造要求)

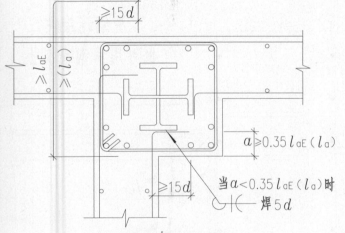

当 $a < 0.35 l_{aE}(l_a)$ 时
焊 $5d$

③ 钢筋混凝土剪力墙与钢骨
混凝土柱的连接构造(三)

锚栓不得小于 M20 (梁翼缘开孔 d=40)

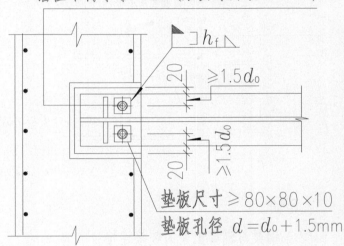

垫板尺寸 $\geq 80 \times 80 \times 10$
垫板孔径 $d = d_0 + 1.5mm$

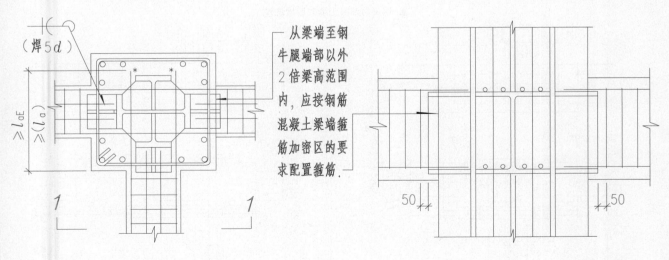

从梁端至钢
牛腿端部以外
2倍梁高范围
内，应按钢筋
混凝土梁端箍
筋加密区的要
求配置箍筋。

1—1
(柱中的纵筋和箍筋未示出)

④ 钢筋混凝土梁与钢骨
混凝土柱的连接构造

▲-钢筋混凝土剪力墙与钢骨混凝土柱的连接构造

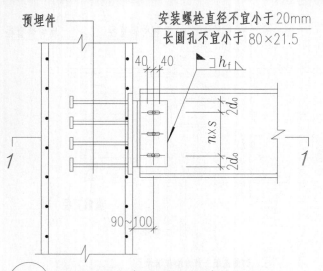

安装螺栓直径不宜小于20mm
长圆孔不宜小于80×21.5

预埋件

$2d_o$　$n×s$　$2d_o$

90~100

①　钢梁与混凝土墙的铰接连接（一）

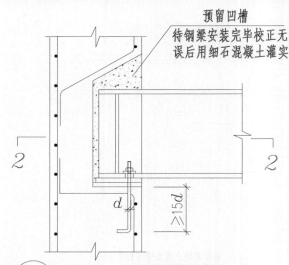

预留凹槽
待钢梁安装完毕校正无误后用细石混凝土灌实

d　$≥15d$

②　钢梁与混凝土墙的铰接连接（二）

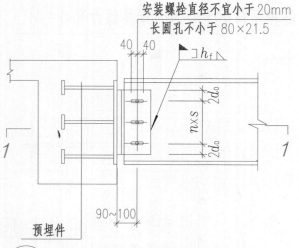

安装螺栓直径不宜小于20mm
长圆孔不小于80×21.5

$2d_o$　$n×s$　$2d_o$

90~100

预埋件

③　钢梁与混凝土梁的铰接连接

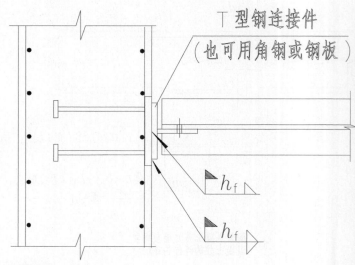

T型钢连接件
（也可用角钢或钢板）

h_f

h_f

▲－钢梁与混凝土墙的铰接连接

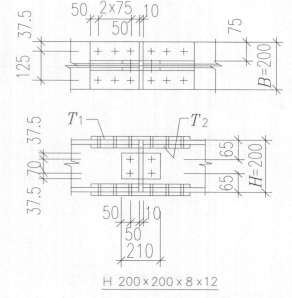

50　2×75　10
50
75
125　37.5
B=200

T_1　T_2
37.5　37.5　70　65　H=200　65

50　10
50
210

H 200×200×8×12

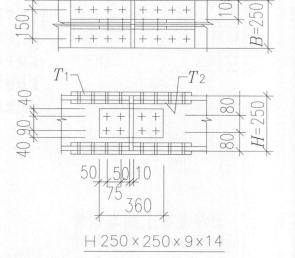

50　3×75　10
50
50
150
B=250　100

T_1　T_2
40　90　40　80　80　H=250　80

50　50　10
75
360

H 250×250×9×14

▲－钢支撑斜杆杆端连接件选用表

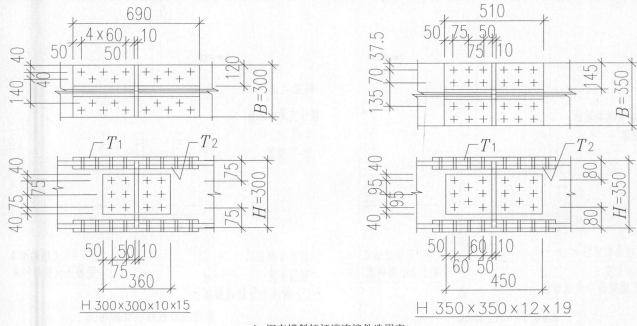

H 300×300×10×15

H 350×350×12×19

▲-钢支撑斜杆杆端连接件选用表

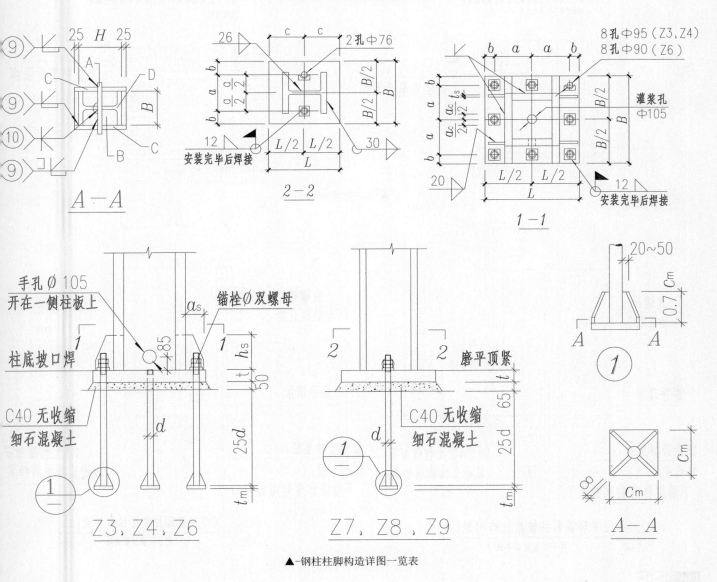

A—A

2—2
安装完毕后焊接

1—1
安装完毕后焊接
8孔Φ95(Z3,Z4)
8孔Φ90(Z6)
灌浆孔 Φ105

手孔Ø105
开在一侧柱板上
锚栓Ø双螺母
柱底坡口焊
C40 无收缩
细石混凝土

Z3、Z4、Z6

磨平顶紧
C40 无收缩
细石混凝土

Z7、Z8、Z9

A—A

▲-钢柱柱脚构造详图一览表

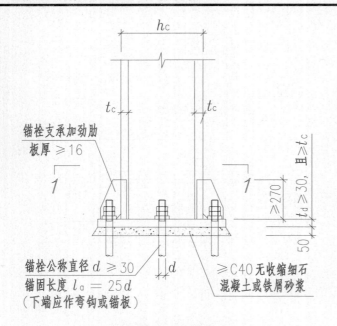

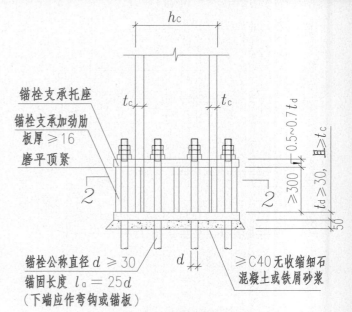

① 箱形截面柱刚性柱脚构造（一）
（用于柱底端在弯矩和轴力作用下锚栓出现较小拉力和不出现拉力时）

② 箱形截面柱刚性柱脚构造（二）
（用于柱底端在弯矩和轴力作用下锚栓出现较大拉力时）

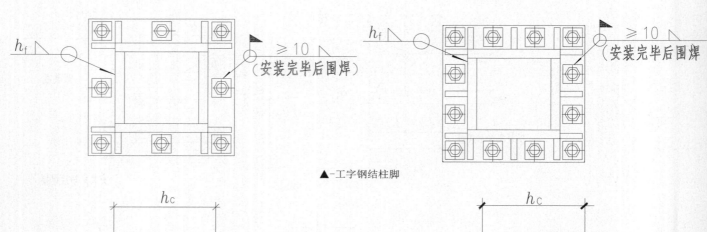

▲-工字钢结柱脚

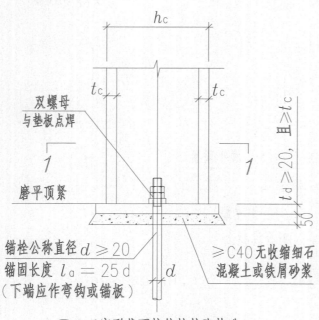

① 工字形截面柱铰接柱脚构造（一）
（用于柱截面较小时）

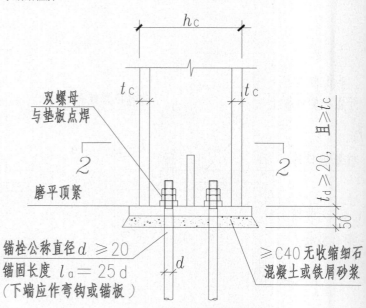

② 工字形截面柱铰接柱脚构造（二）
（用于柱截面较大时）

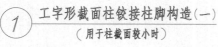

▲-工字铰结柱脚

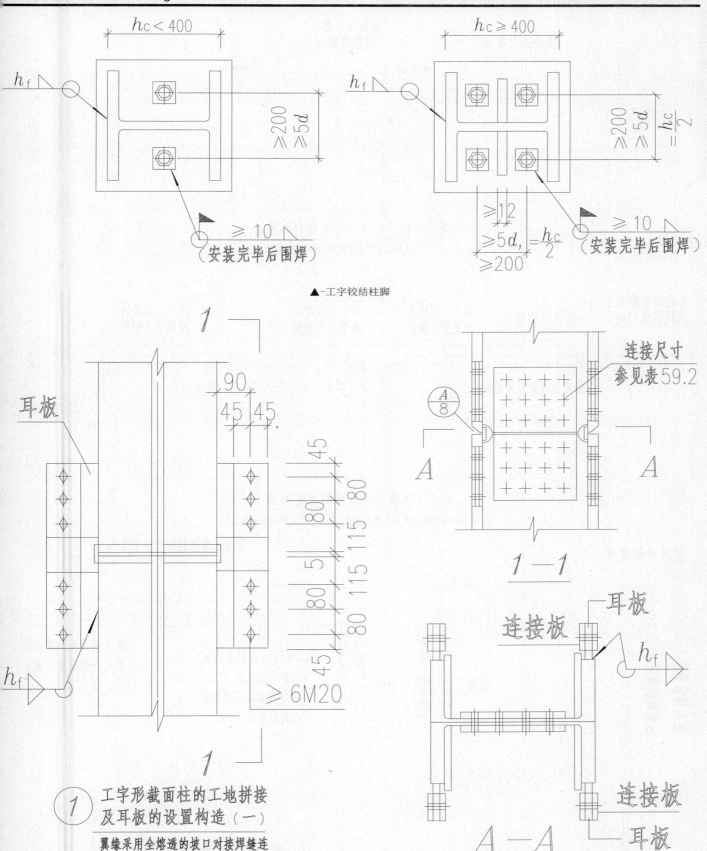

$h_c < 400$

h_f

$\geqslant 200$ $\geqslant 5d$

$\geqslant 10$
（安装完毕后围焊）

$h_c \geqslant 400$

h_f

$\geqslant 200$ $\geqslant 5d$ $= \dfrac{h_c}{2}$

$\geqslant 12$

$\geqslant 5d$, $= \dfrac{h_c}{2}$

$\geqslant 200$

$\geqslant 10$
（安装完毕后围焊）

▲-工字铰结柱脚

耳板

90

45 45

h_f

45

80

80

115 115 80

80 5 80

80 115 115

45

$\geqslant$ 6M20

连接尺寸
参见表59.2

$\dfrac{A}{8}$

A   A

1－1

连接板   耳板

h_f

A－A   连接板

耳板

① 工字形截面柱的工地拼接
及耳板的设置构造（一）
翼缘采用全熔透的坡口对接焊缝连
接,腹板采用摩擦型高强度螺栓连接

▲-工字形截面柱的工地拼接

钢框架节点详图

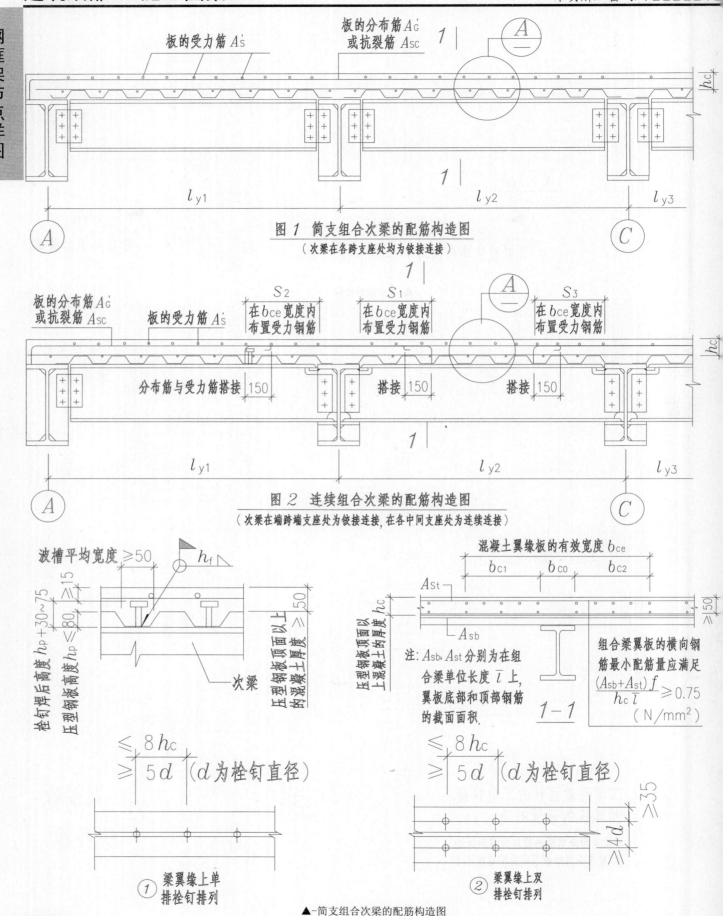

板的受力筋 A_s

板的分布筋 A_g' 或抗裂筋 A_{sc}

图1 简支组合次梁的配筋构造图
（次梁在各跨支座处均为铰接连接）

板的分布筋 A_g' 或抗裂筋 A_{sc}

板的受力筋 A_s

S_2 在 b_{ce} 宽度内布置受力钢筋

S_1 在 b_{ce} 宽度内布置受力钢筋

S_3 在 b_{ce} 宽度内布置受力钢筋

分布筋与受力筋搭接 150　　　搭接 150　　　搭接 150

图2 连续组合次梁的配筋构造图
（次梁在端跨端支座处为铰接连接,在各中间支座处为连续连接）

波槽平均宽度 ≥50

h_f

栓钉焊后高度 $h_p + 30\sim75$

压型钢板高度 $h_p \leqslant 80$

≥15

压型钢板顶面以上的混凝土厚度 ≥50

次梁

混凝土翼缘板的有效宽度 b_{ce}

b_{c1}　b_{c0}　b_{c2}

A_{st}

A_{sb}

压型钢板顶面以上混凝土的厚度 h_c

注:A_{sb}、A_{st} 分别为在组合梁单位长度 $\bar{l}$ 上,翼板底部和顶部钢筋的截面面积.

1-1

组合梁翼板的横向钢筋最小配筋量应满足
$$\frac{(A_{sb}+A_{st})f}{h_c\bar{l}} \geqslant 0.75$$
（N/mm²）

≤ $8h_c$

≥ $5d$（d为栓钉直径）

① 梁翼缘上单排栓钉排列

≤ $8h_c$

≥ $5d$（d为栓钉直径）

≥35

≥$4d$

② 梁翼缘上双排栓钉排列

▲-简支组合次梁的配筋构造图

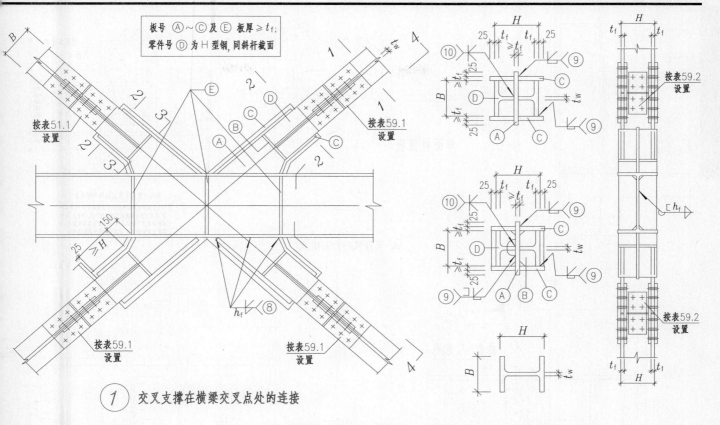

板号 Ⓐ~Ⓒ 及 Ⓔ 板厚 ≥ t_f;
零件号 Ⓓ 为 H 型钢,同斜杆截面

按表51.1设置

按表59.1设置

按表59.1设置

按表59.2设置

按表59.2设置

① 交叉支撑在横梁交叉点处的连接

▲-交叉支撑在横梁交叉点处的连接

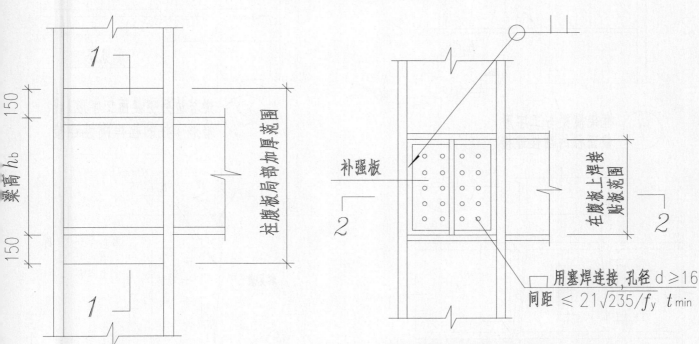

柱腹板局部加厚范围

梁高 h_b

补强板

在腹板上焊接贴板范围

用塞焊连接,孔径 d ≥ 16
间距 ≤ $21\sqrt{235/f_y}$ t_{min}

① 焊接工字形柱腹板在节点域的补强措施
（将柱腹板在节点域局部加厚为 t_{w1},
并与邻近的柱腹板 t_w 进行工厂拼接）

③ H 型钢柱腹板在节点域的补强措施（二）
（补强板限制在节点域范围内,补强板
与柱翼缘和水平加劲肋均采用填充
对接焊,在板域范围内用塞焊连接）

▲-节点域的补强措施

钢框架节点详图

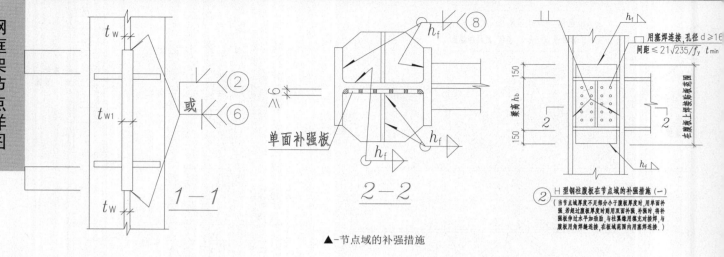

$1-1$

$2-2$

单面补强板

用塞焊连接,孔径 d≥16
间距 ≤ 21√235/f_y · t_min

② H型钢柱腹板在节点域的补强措施(一)
(当节点域厚度不足部分小于腹板厚度时,用单面补强,若超过腹板厚度时用双面补强,补强时,将补强板伸过水平加劲肋,与柱算除填充对接焊,与腹板用角焊缝连接,在板域范围内用塞焊连接。)

▲-节点域的补强措施

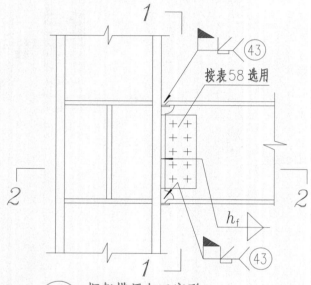

按表58选用

① 框架横梁与工字形截面柱的刚性连接

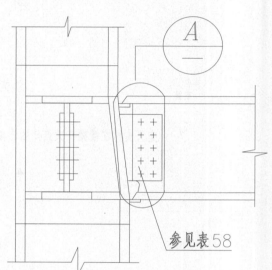

参见表58

② 梁与边列变截面工字形(或箱形)柱的栓焊刚性连接

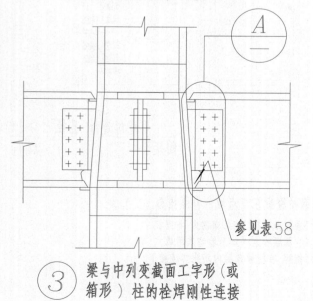

参见表58

③ 梁与中列变截面工字形(或箱形)柱的栓焊刚性连接

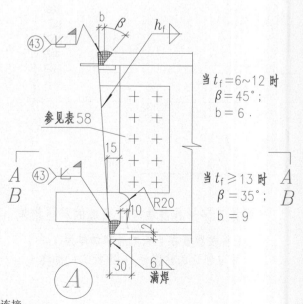

参见表58

当 $t_f=6\sim12$ 时
$\beta=45°$;
$b=6$.

当 $t_f\geq13$ 时
$\beta=35°$;
$b=9$

满焊

Ⓐ

▲-截面柱的刚性连接

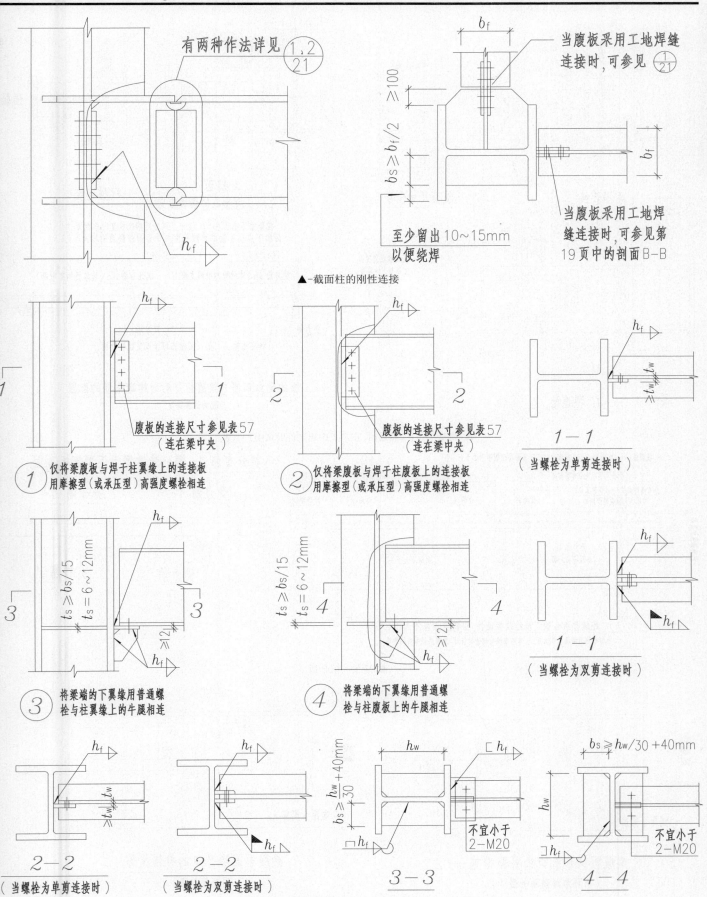

有两种作法详见 $\overset{1,2}{\underset{21}{\bigcirc}}$

h_f

当腹板采用工地焊缝连接时,可参见 $\dfrac{1}{21}$

b_f

$b_s \geqslant b_f/2$　　$\geqslant 100$

至少留出 10~15mm 以便绕焊

当腹板采用工地焊缝连接时,可参见第19页中的剖面B-B

▲-截面柱的刚性连接

h_f

腹板的连接尺寸参见表57
（连在梁中央）

① 仅将梁腹板与焊于柱翼缘上的连接板用摩擦型（或承压型）高强度螺栓相连

h_f

腹板的连接尺寸参见表57
（连在梁中央）

② 仅将梁腹板与焊于柱腹板上的连接板用摩擦型（或承压型）高强度螺栓相连

h_f

$\geqslant t_w$, t_w

1－1
（当螺栓为单剪连接时）

h_f

$t_s \geqslant b_s/15$　$t_s = 6 \sim 12mm$　$\geqslant 12$

③ 将梁端的下翼缘用普通螺栓与柱翼缘上的牛腿相连

h_f

$t_s \geqslant b_s/15$　$t_s = 6 \sim 12mm$　$\geqslant 12$

④ 将梁端的下翼缘用普通螺栓与柱腹板上的牛腿相连

h_f

1－1
（当螺栓为双剪连接时）

h_f

t_w, t_w

2－2
（当螺栓为单剪连接时）

h_f

2－2
（当螺栓为双剪连接时）

$b_s \geqslant \dfrac{h_w}{30} + 40mm$　h_w

h_f

不宜小于 2-M20

3－3

$b_s \geqslant h_w/30 + 40mm$　h_w

h_f

不宜小于 2-M20

4－4

▲-仅将梁腹板与焊于柱翼缘上的连接板

钢框架节点详图

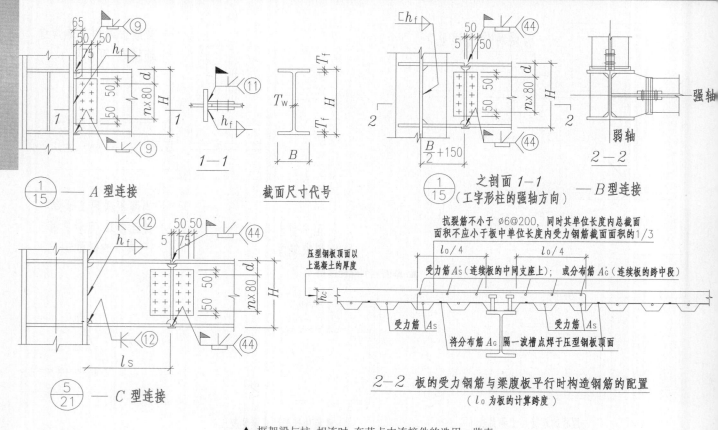

$\frac{1}{15}$ —— A 型连接

截面尺寸代号

$\frac{1}{15}$ 之剖面 1-1 —— B 型连接
（工字形柱的强轴方向）

$\frac{5}{21}$ —— C 型连接

抗裂筋不小于 ϕ6@200，同时其单位长度内总截面面积不应小于板中单位长度内受力钢筋截面面积的 1/3

受力筋 A_s（连续板的中间支座上）；或分布筋 A_G（连续板的跨中段）

压型钢板顶面以上混凝土的厚度

受力筋 A_s

受力筋 A_s

将分布筋 A_G 隔一波槽点焊于压型钢板顶面

2-2 板的受力钢筋与梁腹板平行时构造钢筋的配置
（l_0 为板的计算跨度）

▲-框架梁与柱相连时，在节点中连接件的选用一览表

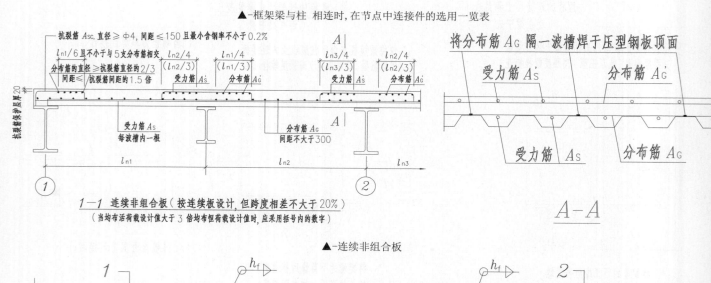

抗裂筋 A_{sc}，直径 ≥ ϕ4，同距 ≤ 150 且最小含钢率不小于 0.2%

$l_{n1}/6$ 且不小于与5支分布筋相交
分布筋的直径 ≥ 抗裂筋直径的2/3
同距 ≤ 抗裂筋同距的 1.5 倍

受力筋 A_s
每波槽内一根

分布筋 A_G
同距不大于300

1-1 连续非组合板（按连续板设计，但跨度相差不大于20%）
（当均布活荷载设计值大于 3 倍均布恒荷载设计值时，应采用括号内的数字）

将分布筋 A_G 隔一波槽焊于压型钢板顶面

受力筋 A_s 分布筋 A_G

受力筋 A_s

分布筋 A_G

A-A

▲-连续非组合板

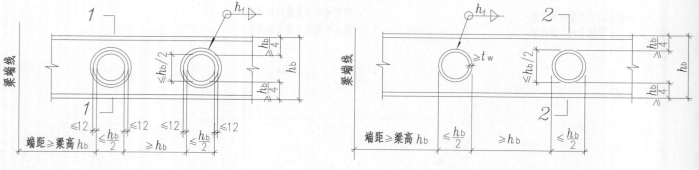

① 梁腹板圆形孔口的补强措施（一）
（用环形加劲肋补强）

② 梁腹板圆形孔口的补强措施（二）
（用套管补强）

▲-梁腹板圆形孔口的补强措施

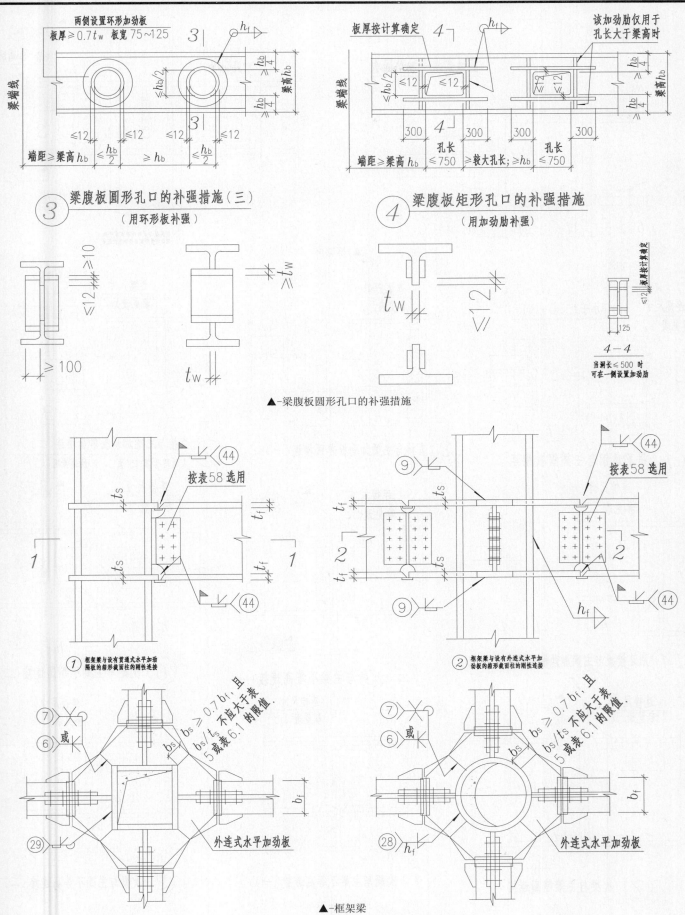

③ 梁腹板圆形孔口的补强措施（三）
（用环形板补强）

④ 梁腹板矩形孔口的补强措施
（用加劲肋补强）

▲-梁腹板圆形孔口的补强措施

① 框架梁与设有贯通式水平加劲隔板的箱形截面柱的刚性连接

② 框架梁与设有外连式水平加劲板的箱形截面柱的刚性连接

▲-框架梁

钢框架节点详图

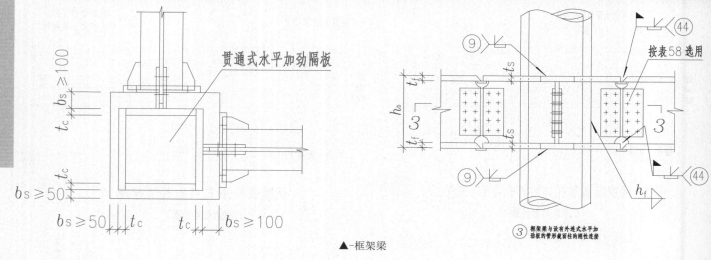

▲-框架梁

③ 框架梁与设有外连式水平加劲板的箱形截面柱的刚性连接

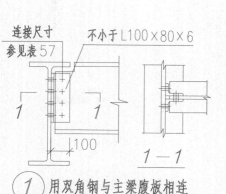

① 用双角钢与主梁腹板相连

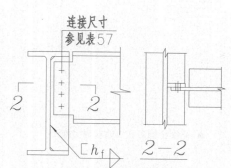

② 直接与主梁加劲板单面相连(一)

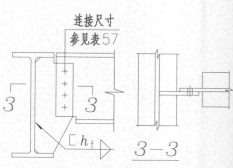

③ 直接与主梁加劲板单面相连(二)
（适用于第45页 2-2 所述情况）

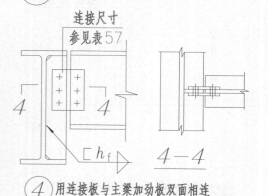

④ 用连接板与主梁加劲板双面相连

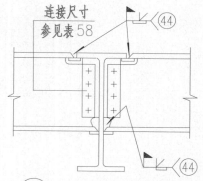

⑤ 次梁与主梁不等高连接(一)

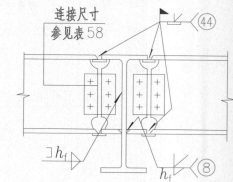

⑥ 次梁与主梁不等高连接(二)

⑦ 次梁与主梁等高连接

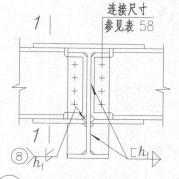

① 次梁与主梁不等高连接(一)

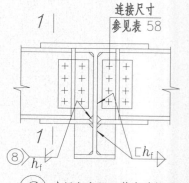

② 次梁与主梁不等高连接(二)

▲-梁连接

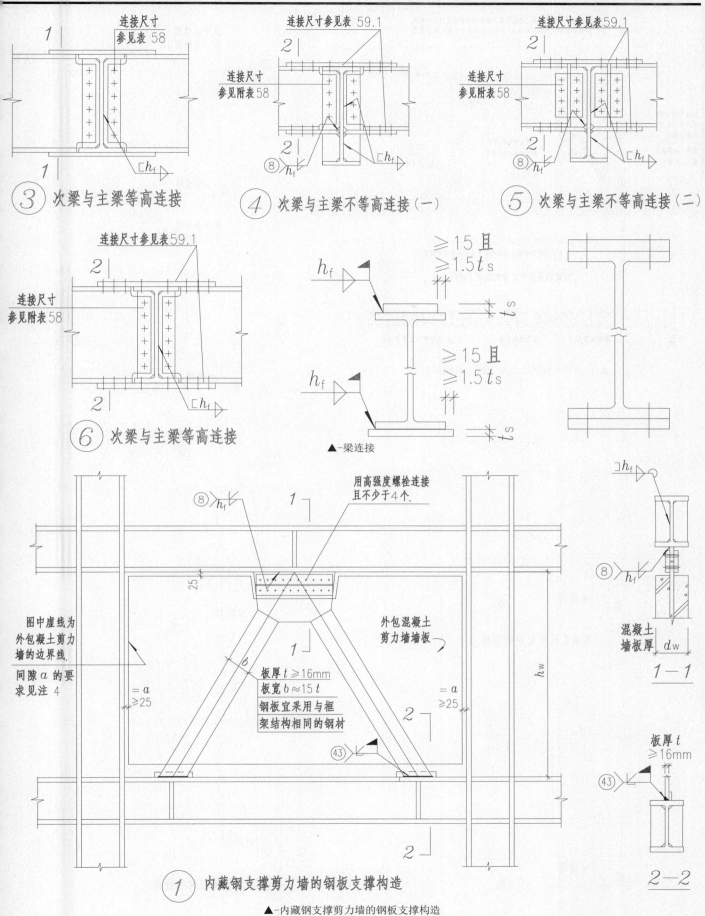

连接尺寸参见表58

③ 次梁与主梁等高连接

连接尺寸参见表 59.1

连接尺寸参见附表58

④ 次梁与主梁不等高连接（一）

连接尺寸参见表 59.1

连接尺寸参见附表58

⑤ 次梁与主梁不等高连接（二）

连接尺寸参见表59.1

连接尺寸参见附表58

⑥ 次梁与主梁等高连接

≥ 15 且 $\geq 1.5t_s$

h_f t_s

≥ 15 且 $\geq 1.5t_s$

h_f t_s

▲-梁连接

① 内藏钢支撑剪力墙的钢板支撑构造

用高强度螺栓连接且不少于4个.

图中虚线为外包混凝土剪力墙的边界线.

间隙α的要求见注 4

外包混凝土剪力墙板

板厚 $t \geq 16mm$
板宽 $b \approx 15t$
钢板宜采用与框架结构相同的钢材

$= a$ ≥ 25

$= a$ ≥ 25

h_w

混凝土墙板厚 d_w

1－1

板厚 t $\geq 16mm$

2－2

▲-内藏钢支撑剪力墙的钢板支撑构造

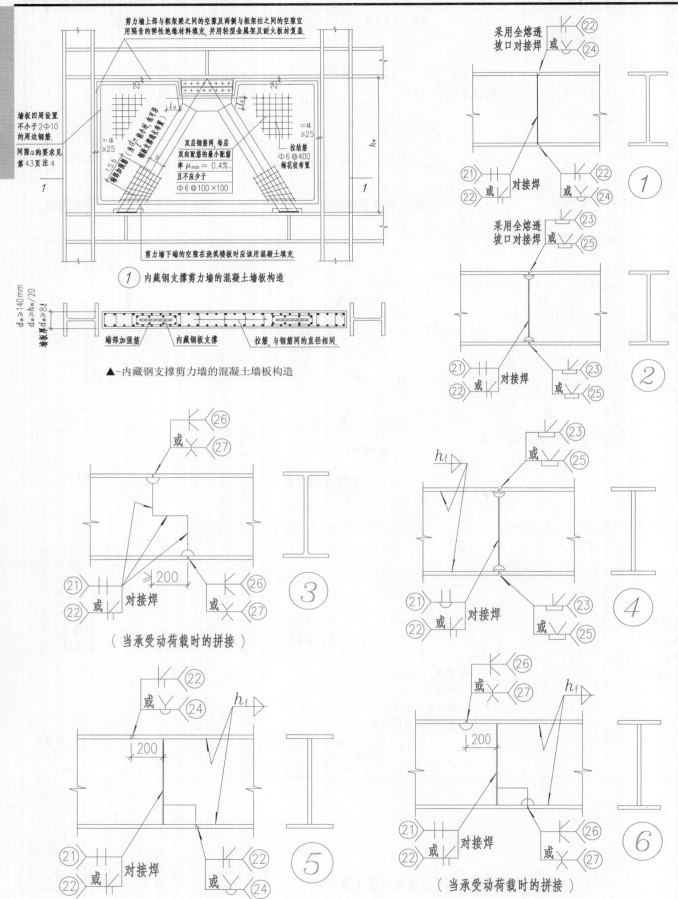

① 内藏钢支撑剪力墙的混凝土墙板构造

▲-内藏钢支撑剪力墙的混凝土墙板构造

（当承受动荷载时的拼接）

（当承受动荷载时的拼接）

▲-拼接焊接

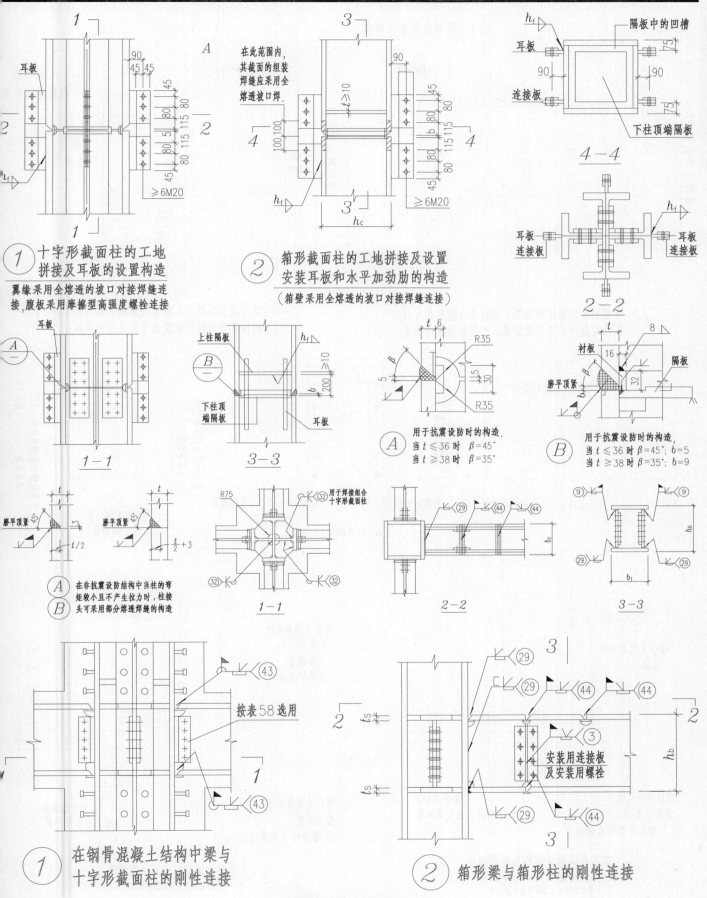

耳板

90
45 45
45
80
80 5
115 115
80
80 5
115
80
45
≥6M20

hf

① 十字形截面柱的工地
拼接及耳板的设置构造
翼缘采用全熔透的坡口对接焊缝连
接,腹板采用摩擦型高强度螺栓连接

A

在此范围内,
其截面的组装
焊缝应采用全
熔透坡口焊.
90
t≥10
100 100
45
80
80
b
115 115
80
80
45
hf
≥6M20
hc

② 箱形截面柱的工地拼接及设置
安装耳板和水平加劲肋的构造
（箱壁采用全熔透的坡口对接焊缝连接）

hf
75
隔板中的凹槽
耳板
连接板
90
90
75
下柱顶端隔板

4-4

hf
耳板
连接板
耳板
连接板

2-2

耳板
A

1-1

上柱隔板
B
下柱顶
端隔板
hf
b
200
≥10
耳板

3-3

t 6
R35
β
5
15
30
R35
用于抗震设防时的构造.
当 t≤36 时 β=45°
当 t≥38 时 β=35°
A

t
8
衬板
16
隔板
磨平顶紧
β
32
b
用于抗震设防时的构造,
当 t≤36 时 β=45°; b=5
当 t≥38 时 β=35°; b=9
B

t
磨平顶紧 45°
t/2
t
磨平顶紧 45°
t/2 +3
在非抗震设防结构中当柱的弯
矩较小且不产生拉力时,柱接
头可采用部分熔透焊缝的构造
A B

R75
用于焊接组合
十字形截面柱
32
32
1-1

29
44
44
bf
2-2

9
9
hb
29
29
bf
3-3

43
按表58选用
1
43
① 在钢骨混凝土结构中梁与
十字形截面柱的刚性连接

3
29
29
2
ts
ts
44
44
3
安装用连接板
及安装用螺栓
hb
2
29
44
3
② 箱形梁与箱形柱的刚性连接

▲—十字形截面柱的刚性连接

钢框架节点详图

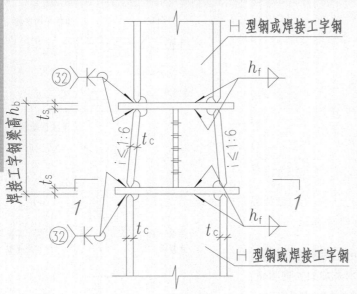

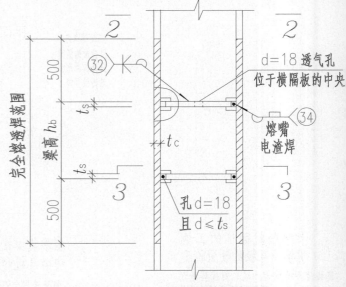

① 变截面工字形中柱的工厂拼接及当框架梁与柱刚性连接时柱身设置贯通式水平加劲板的构造

② 箱形截面柱的工厂拼接及当框架梁与柱刚性连接时柱中设置水平加劲肋的构造

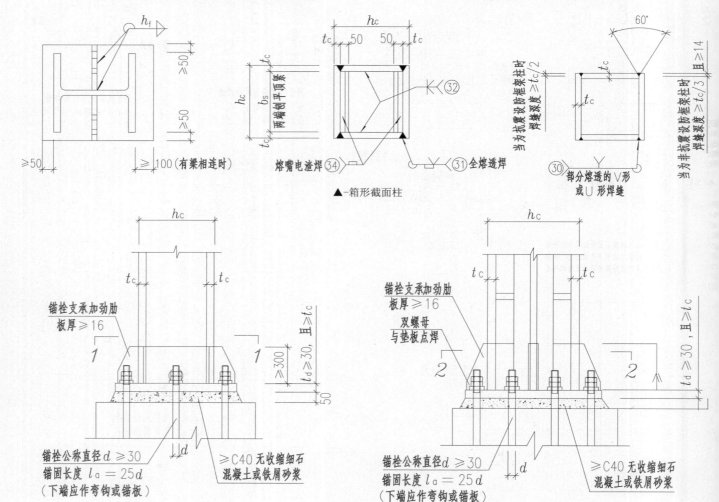

① 工字形截面柱的刚性柱脚构造
（用于柱底端在弯矩和轴力作用下锚栓出现较小拉力或不出现拉力时）

② 十字形截面柱的刚性柱脚构造
（注：十字形截面柱只适用于钢骨混凝土柱）

▲-箱型钢结柱脚

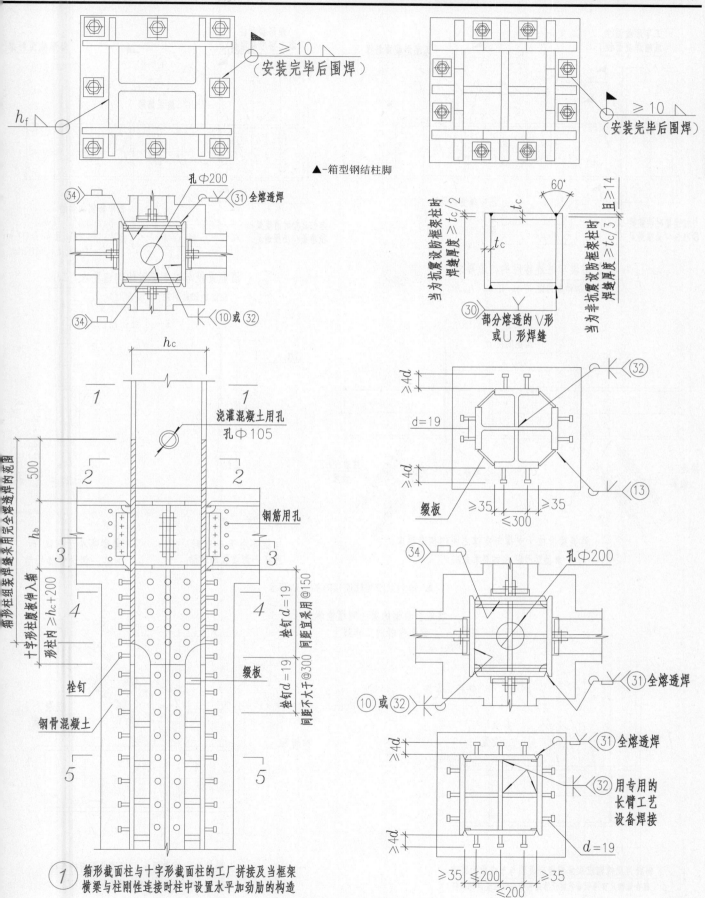

▲-箱型钢结柱脚

▲-箱形截面柱与十字形截面柱

① 箱形截面柱与十字形截面柱的工厂拼接及当框架横梁与柱刚性连接时柱中设置水平加劲肋的构造

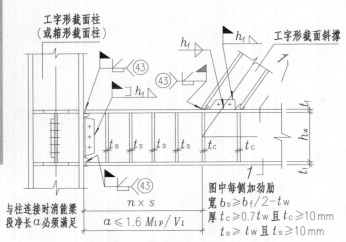

工字形截面柱（或箱形截面柱）

工字形截面斜撑

图中每侧加劲肋
宽 $b_s \geq b_f/2 - t_w$
厚 $t_c \geq 0.7 t_w$ 且 $t_c \geq 10$ mm
$t_s \geq t_w$ 且 $t_s \geq 10$ mm

与柱连接时消能梁段净长 a 必须满足
$a \leq 1.6 M_{lp}/V_l$

① 消能梁段与柱连接时的构造要求（一）
应使加劲肋间距 $s \leq 30 t_w - h_w/5$

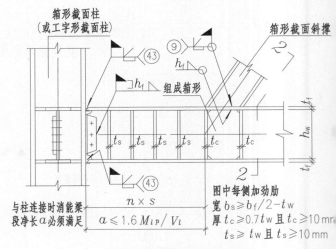

箱形截面柱（或工字形截面柱）

箱形截面斜撑

组成箱形

图中每侧加劲肋
宽 $b_s \geq b_f/2 - t_w$
厚 $t_c \geq 0.7 t_w$ 且 $t_c \geq 10$ mm
$t_s \geq t_w$ 且 $t_s \geq 10$ mm

与柱连接时消能梁段净长 a 必须满足
$a \leq 1.6 M_{lp}/V_l$

② 消能梁段与柱连接时的构造要求（二）
应使加劲肋间距 $s \leq 30 t_w - h_w/5$

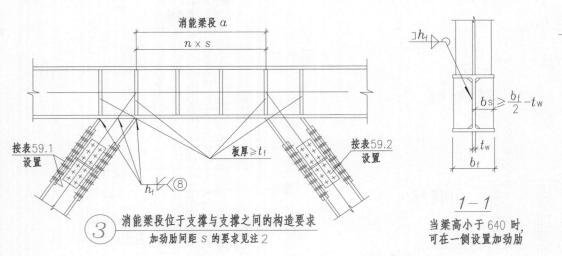

消能梁段 a

板厚 $\geq t_f$

按表59.1设置

按表59.2设置

③ 消能梁段位于支撑与支撑之间的构造要求
加劲肋间距 s 的要求见注2

$b_s \geq \dfrac{b_f}{2} - t_w$

1—1
当梁高小于640时，可在一侧设置加劲肋

$b_s \geq \dfrac{b_f}{2} - t_w$

2—2
当梁高小于640时，可在一侧设置加劲肋

▲-消能梁段与柱连接时的构造要求

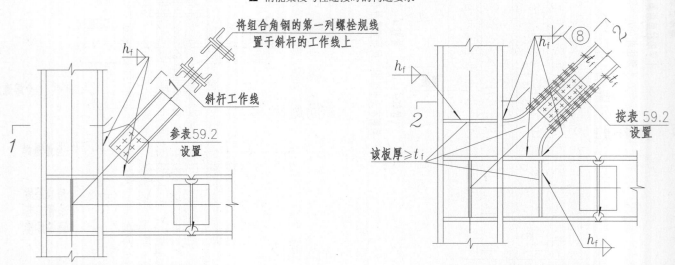

将组合角钢的第一列螺栓规线置于斜杆的工作线上

斜杆工作线

参表59.2设置

① 斜杆为双槽钢或双角钢组合截面与节点板的连接
（组合角钢只宜用于非抗震设防结构中按受拉设计的斜杆）

该板厚 $\geq t_f$

按表59.2设置

② 斜杆为工字形钢与工字形悬臂杆的连接
（注：斜杆中的圆弧半径不得小于200）

▲-斜杆为双槽钢或双角钢组合截面与节点板的连接

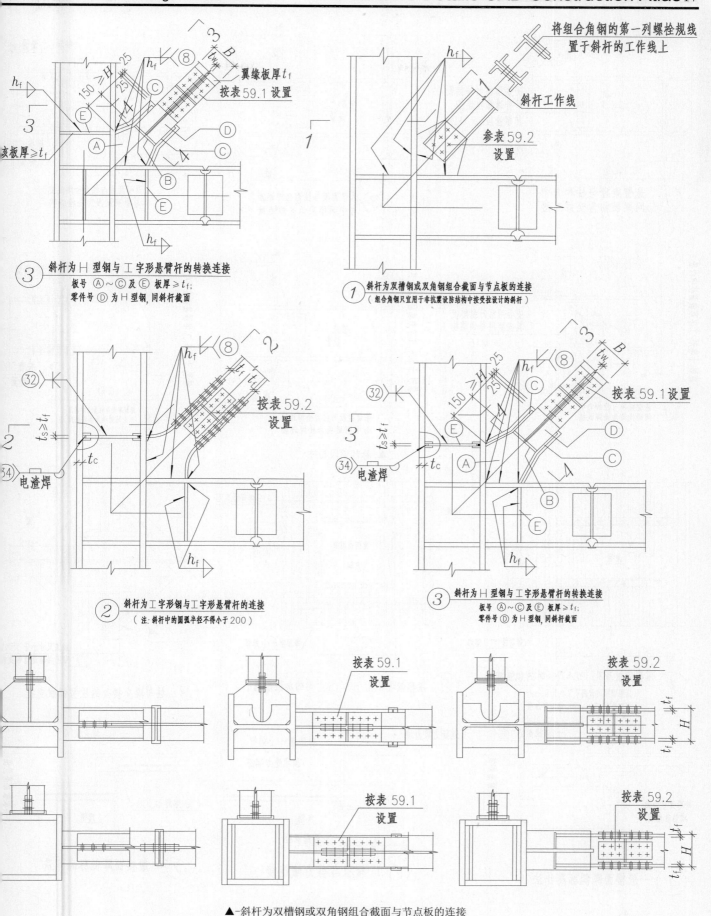

③ 斜杆为 H 型钢与工字形悬臂杆的转换连接
板号 Ⓐ~Ⓒ 及 Ⓔ 板厚 ≥ t_f;
零件号 Ⓓ 为 H 型钢,同斜杆截面

① 斜杆为双槽钢或双角钢组合截面与节点板的连接
（组合角钢只宜用于非抗震设防结构中按受拉设计的斜杆）

② 斜杆为工字形钢与工字形悬臂杆的连接
（注:斜杆中的圆弧半径不得小于200）

③ 斜杆为 H 型钢与工字形悬臂杆的转换连接
板号 Ⓐ~Ⓒ 及 Ⓔ 板厚 ≥ t_f;
零件号 Ⓓ 为 H 型钢,同斜杆截面

▲-斜杆为双槽钢或双角钢组合截面与节点板的连接

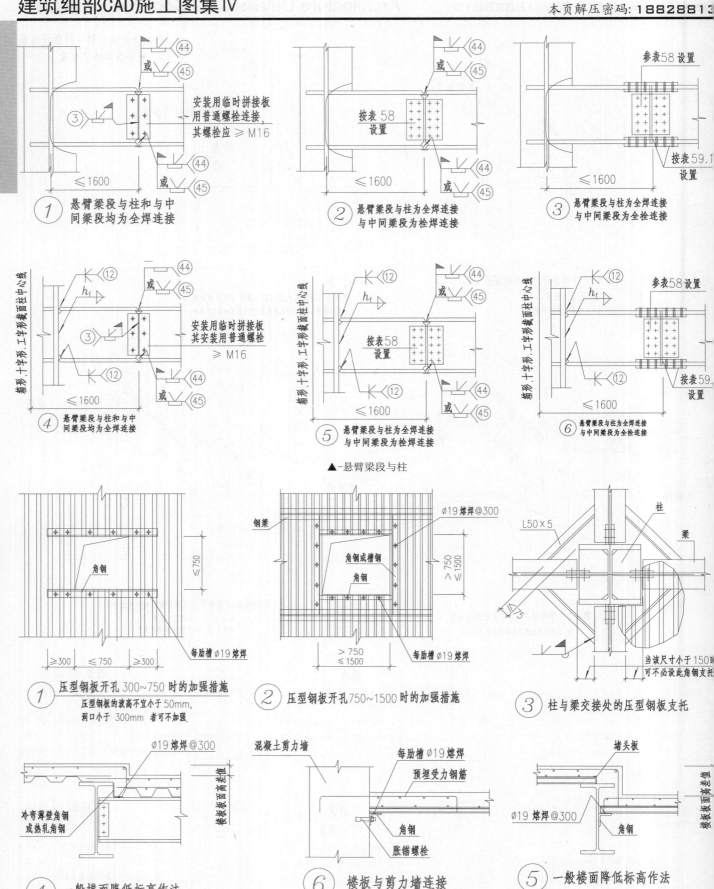

① 悬臂梁段与柱和与中间梁段均为全焊连接

② 悬臂梁段与柱为全焊连接与中间梁段为栓焊连接

③ 悬臂梁段与柱为全焊连接与中间梁段为全栓连接

④ 悬臂梁段与柱和与中间梁段均为全焊连接

⑤ 悬臂梁段与柱为全焊连接与中间梁段为栓焊连接

⑥ 悬臂梁段与柱为全焊连接与中间梁段为全栓连接

▲-悬臂梁段与柱

① 压型钢板开孔 300~750 时的加强措施
压型钢板的波高不宜小于50mm，洞口小于 300mm 者可不加强.

② 压型钢板开孔 750~1500 时的加强措施

③ 柱与梁交接处的压型钢板支托

④ 一般楼面降低标高作法

⑥ 楼板与剪力墙连接

⑤ 一般楼面降低标高作法

▲-压型钢板开孔时的加强措施

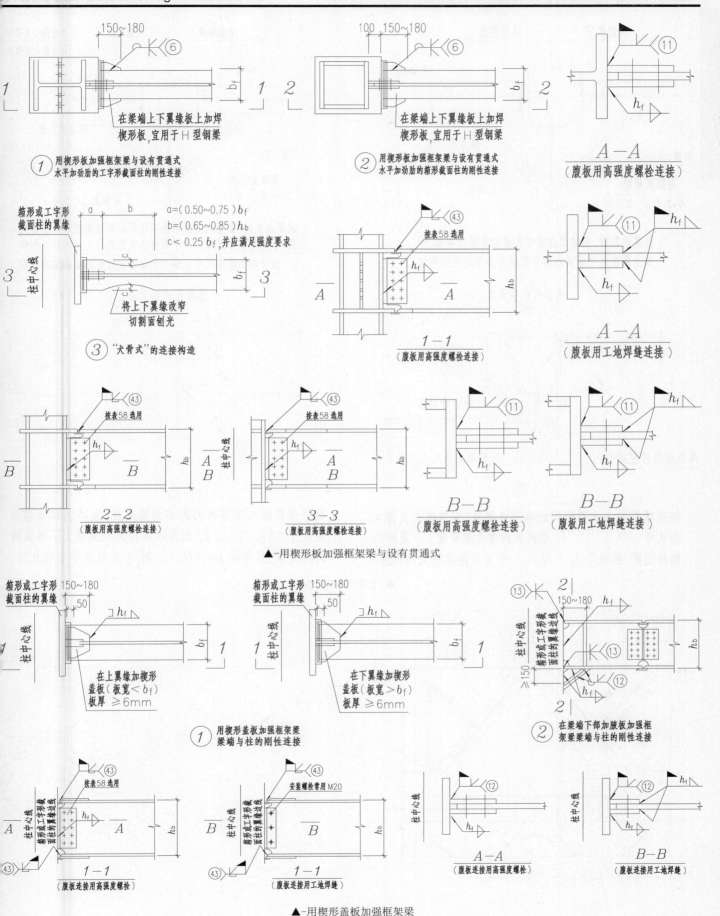

150~180

⑥

在梁端上下翼缘板上加焊
楔形板,宜用于H型钢梁

① 用楔形板加强框架梁与设有贯通式
水平加劲肋的工字形截面柱的刚性连接

100   150~180

⑥

在梁端上下翼缘板上加焊
楔形板,宜用于H型钢梁

② 用楔形板加强框架梁与设有贯通式
水平加劲肋的箱形截面柱的刚性连接

⑪

h_f

A—A
(腹板用高强度螺栓连接)

箱形或工字形
截面柱的翼缘

$a=(0.50~0.75)b_f$
$b=(0.65~0.85)h_b$
$c<0.25b_f$,并应满足强度要求

将上下翼缘改窄
切割面刨光

③ "犬骨式"的连接构造

㊸
接表58选用
h_f

1—1
(腹板用高强度螺栓连接)

⑪
h_f

A—A
(腹板用工地焊缝连接)

㊸
接表58选用
h_f

2—2
(腹板用高强度螺栓连接)

㊸
接表58选用
h_f

3—3
(腹板用高强度螺栓连接)

⑪
h_f

B—B
(腹板用高强度螺栓连接)

⑪
h_f

B—B
(腹板用工地焊缝连接)

▲-用楔形板加强框架梁与设有贯通式

箱形或工字形 150~180
截面柱的翼缘

50
h_f

在上翼缘加楔形
盖板(板宽<b_f)
板厚 ≥6mm

① 用楔形盖板加强框架梁
梁端与柱的刚性连接

箱形或工字形 150~180
截面柱的翼缘

50
h_f

在下翼缘加楔形
盖板(板宽>b_f)
板厚 ≥6mm

⑬
150~180 h_f
⑬
≥150
h_f
⑫

② 在梁端下部加腋板加强框
架梁梁端与柱的刚性连接

㊸
接表58选用

1—1
(腹板连接用高强度螺栓)

㊸
安装螺栓常用M20

1—1
(腹板连接用工地焊缝)

⑫
h_f

A—A
(腹板连接用高强度螺栓)

⑫
h_f

B—B
(腹板连接用工地焊缝)

▲-用楔形盖板加强框架梁

钢框架节点详图

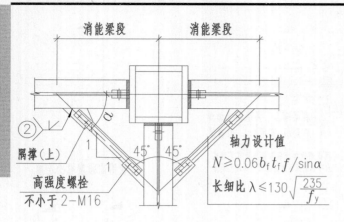

① 抗震设防时, 框架梁在偏心支撑消能梁段两端, 于梁上翼缘水平平面内须设置侧向支撑的连接构造

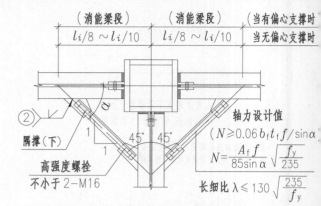

① 抗震设防时, 在偏心支撑消能梁段两端的框架梁和一般框架梁, 于框架梁下翼缘水平平面内须设置侧向支撑的连接构造

注: 括号内的数字仅用于偏心支撑消能梁段两端的侧向支撑

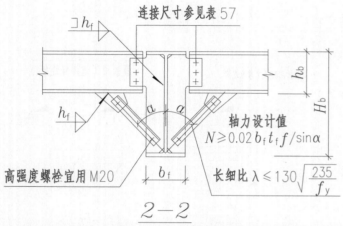

2-2

框架梁在偏心支撑跨间的非消能梁段, 当其侧向支撑间距大于 $13b_f\sqrt{235/f_y}$ 利用次梁作为框架梁上下翼缘的侧向支撑, 且当其 $h_b < H_b/2$ 时, 可采用本节点的作法.

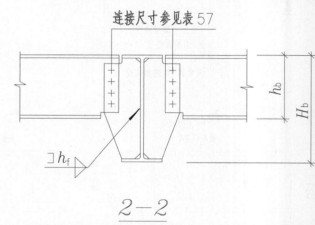

2-2

框架梁在偏心支撑跨间的非消能梁段, 当其侧向支撑间距大于 $13b_f\sqrt{235/f_y}$ 利用次梁作为框架梁上下翼缘的侧向支撑, 且当其 $h_b \geq H_b/2$ 时, 可采用本节点的作法.

▲-支撑的连接构造

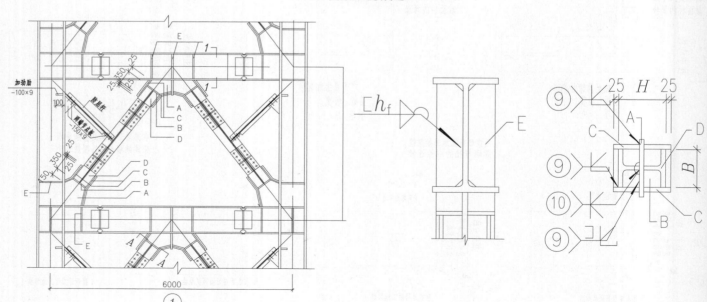

▲-支撑连接

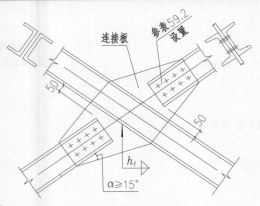

① 支撑斜杆件为双槽钢组合截面与单节点板的连接

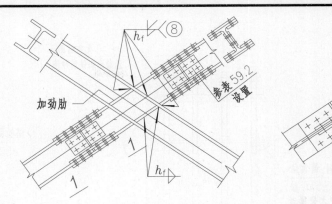

② 支撑斜杆为Ｈ型钢与相同截面伸臂杆的连接（一）

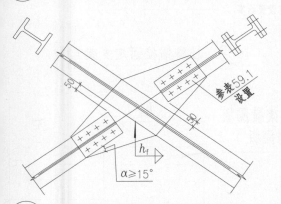

③ 支撑斜杆为Ｈ型钢与双节点板的连接

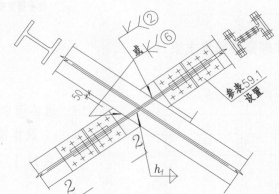

④ 支撑斜杆为Ｈ型钢与相同截面伸臂杆的连接（二）

▲-支撑斜杆件为双槽钢组合截面与单节点板的连接

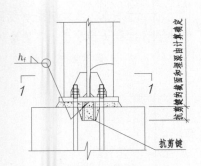

① 外露式柱脚抗剪键的设置（一）
（可用工字形截面或方钢）

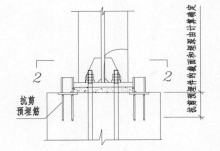

② 外露式柱脚抗剪键的设置（二）
（可用工字形、槽形截面或角钢）

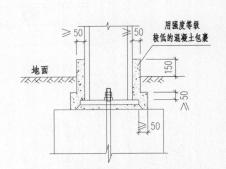

③ 外露式柱脚在地面以下时的防护措施
（包裹的混凝土高出地面150）

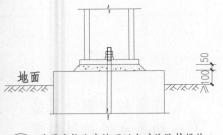

④ 外露式柱脚在地面以上时的防护措施
（柱脚高出地面≥100）

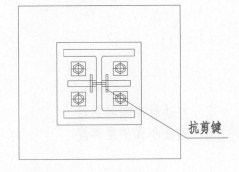
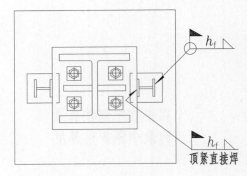

▲-柱脚

钢框架节点详图

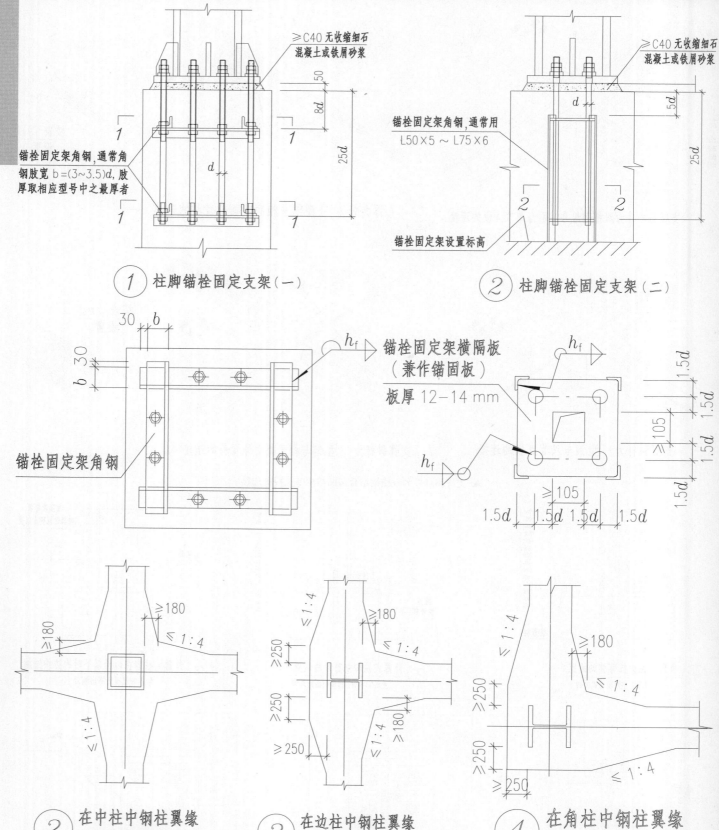

≥C40 无收缩细石
混凝土或铁屑砂浆

锚栓固定架角钢,通常角
钢肢宽 b=(3~3.5)d,肢
厚取相应型号中之最厚者

① 柱脚锚栓固定支架(一)

锚栓固定架角钢,通常用
L50×5 ~ L75×6

锚栓固定架设置标高

② 柱脚锚栓固定支架(二)

锚栓固定架横隔板
(兼作锚固板)
板厚 12-14 mm

锚栓固定架角钢

② 在中柱中钢柱翼缘
的最小保护层厚度

③ 在边柱中钢柱翼缘
的最小保护层厚度

④ 在角柱中钢柱翼缘
的最小保护层厚度

▲-柱脚

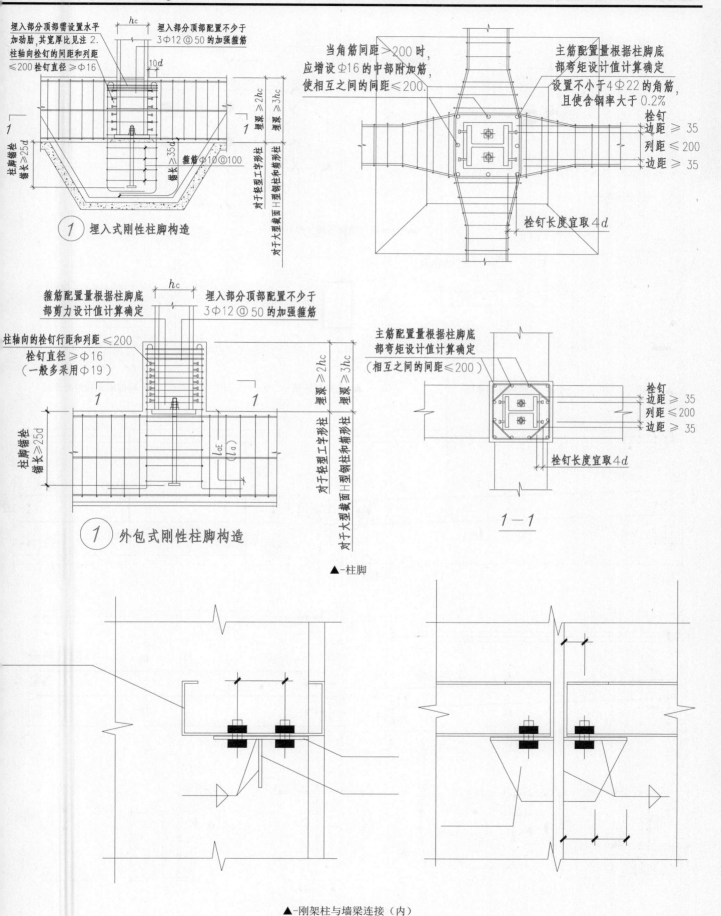

埋入部分顶部需设置水平加劲肋,其宽厚比见注2.

柱轴向栓钉的间距和列距≤200 栓钉直径≥Φ16

埋入部分顶部配置不少于3Φ12@50的加强箍筋

h_c

10d

1

埋深≥2h_c

埋深≥3h_c

锚长≥35d

柱脚锚栓锚长≥25d

箍筋Φ10@100

对于轻型工字形柱

对于大型截面H型钢柱和箱形柱

① 埋入式刚性柱脚构造

当角筋间距≥200时,应增设Φ16的中部附加筋,使相互之间的间距≤200.

主筋配置量根据柱脚底部弯矩设计值计算确定

设置不小于4Φ22的角筋,且使含钢率大于0.2%.

栓钉 边距≥35
列距≤200
边距≥35

栓钉长度宜取4d

箍筋配置量根据柱脚底部剪力设计值计算确定

柱轴向的栓钉行距和列距≤200

栓钉直径≥Φ16
(一般多采用Φ19)

h_c

埋入部分顶部配置不少于3Φ12@50的加强箍筋

1

1

埋深≥2h_c

埋深≥3h_c

柱脚锚栓锚长≥25d

l_{aE}
(l_a)

对于轻型工字形柱

对于大型截面H型钢柱和箱形柱

① 外包式刚性柱脚构造

主筋配置量根据柱脚底部弯矩设计值计算确定

(相互之间的间距≤200)

栓钉 边距≥35
列距≤200
边距≥35

栓钉长度宜取4d

1－1

▲-柱脚

▲-刚架柱与墙梁连接(内)

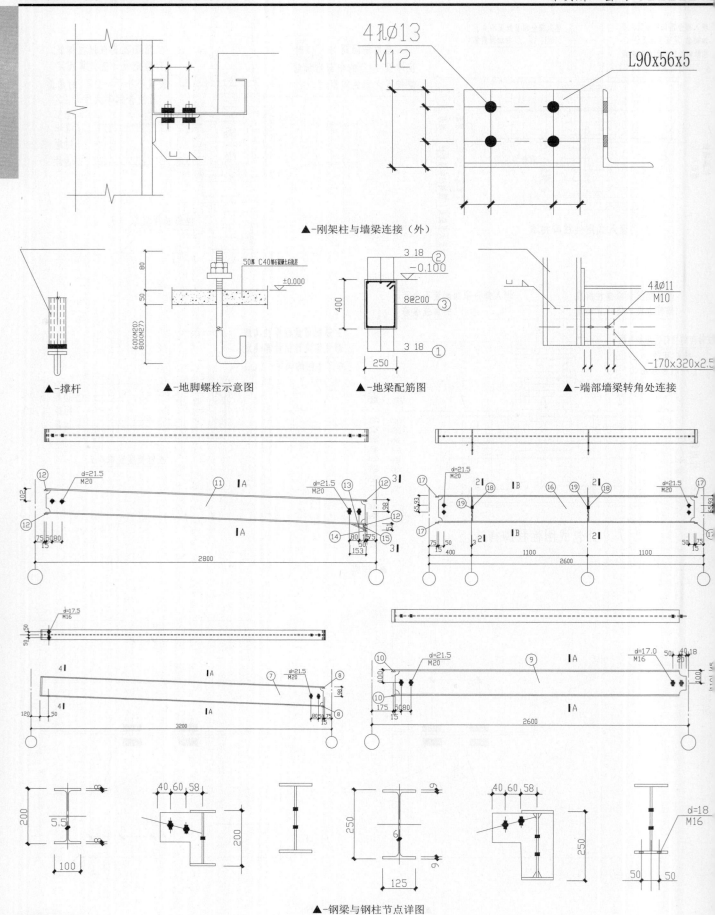

▲-刚架柱与墙梁连接（外）

▲-撑杆

▲-地脚螺栓示意图

▲-地梁配筋图

▲-端部墙梁转角处连接

▲-钢梁与钢柱节点详图

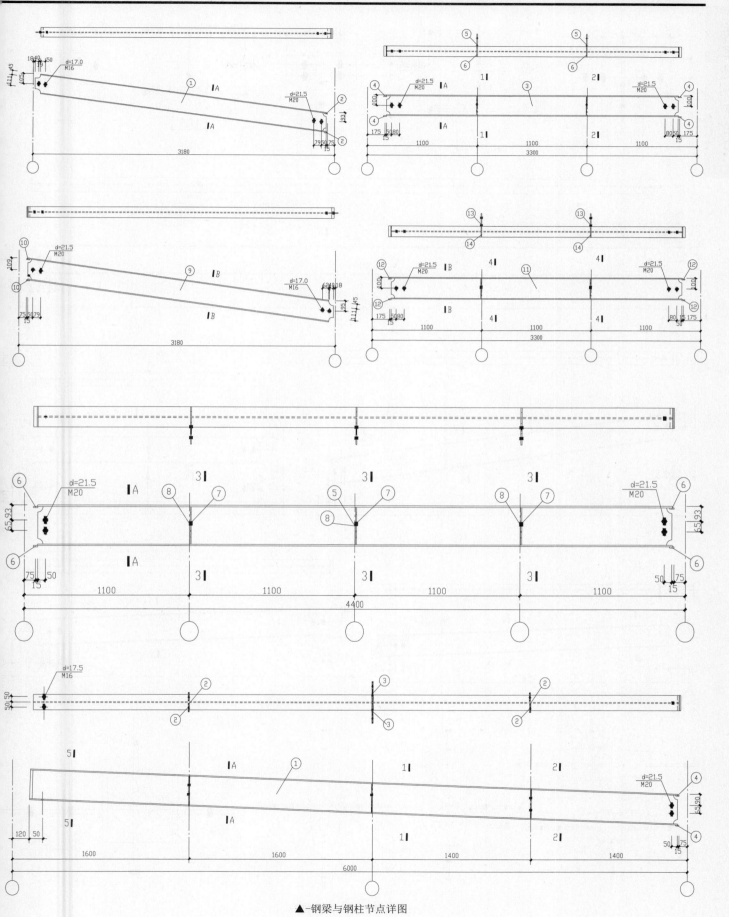

▲-钢梁与钢柱节点详图

钢框架节点详图

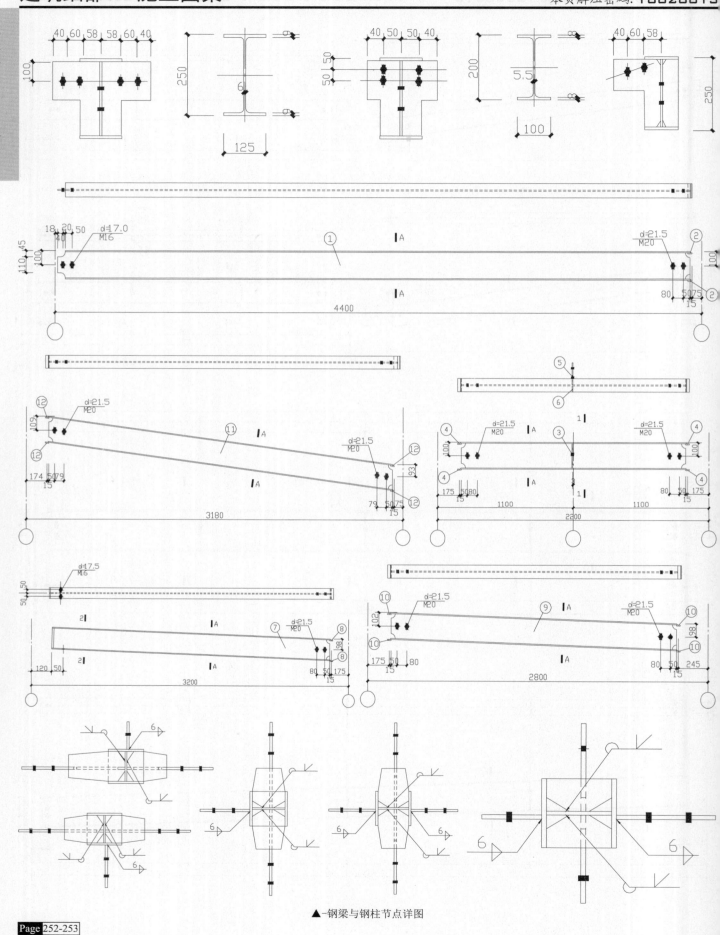

▲-钢梁与钢柱节点详图

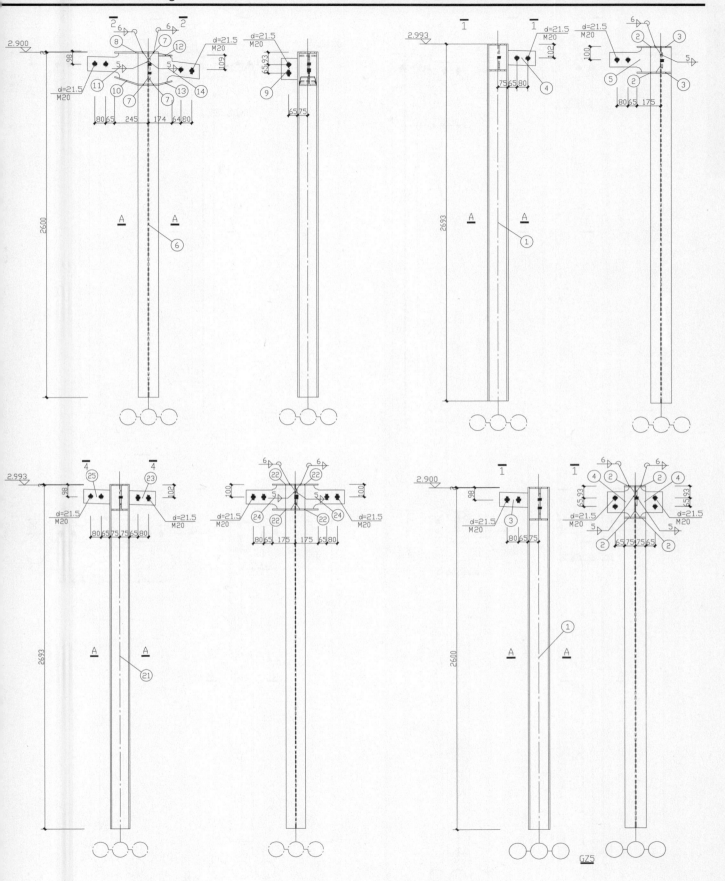

▲-钢梁与钢柱节点详图

本页解压密码: 18828813

钢框架节点详图

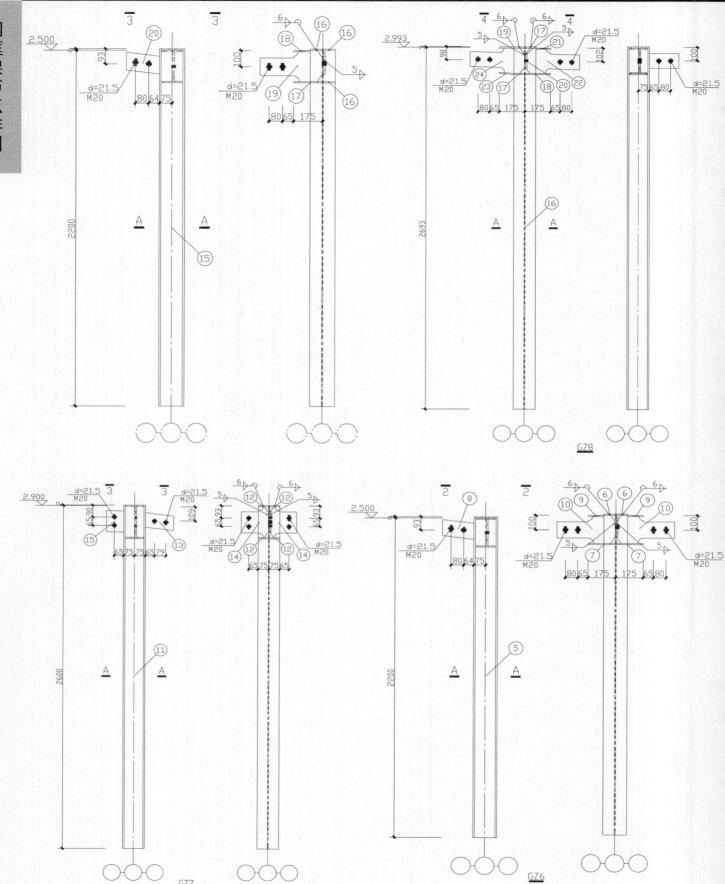

▲-钢梁与钢柱节点详图

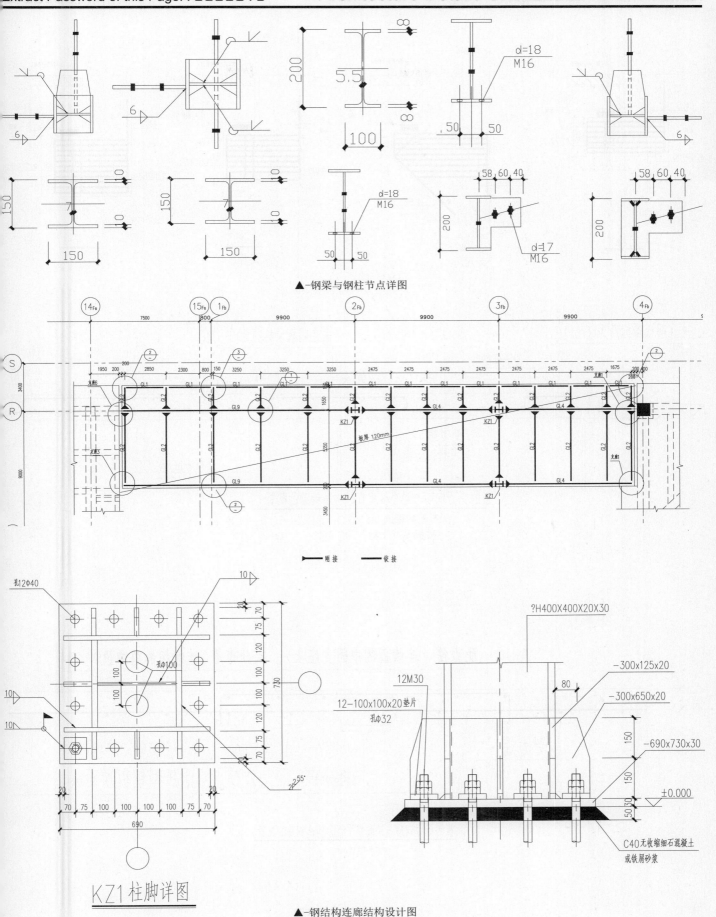

▲-钢梁与钢柱节点详图

◄— 刚接   —— 铰接

KZ1柱脚详图

▲-钢结构连廊结构设计图

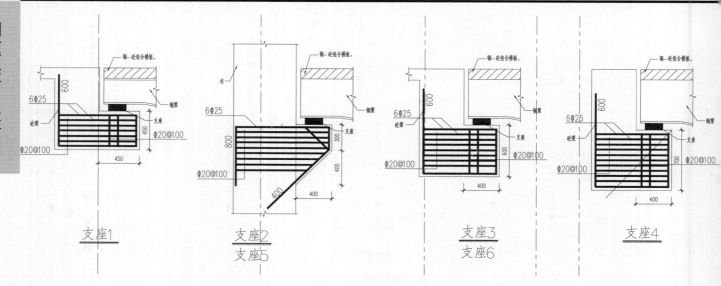

支座1

支座2 / 支座5

支座3 / 支座6

支座4

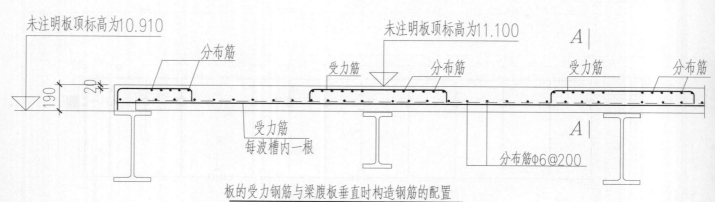

板的受力钢筋与梁腹板垂直时构造钢筋的配置

1. 压型钢板选用YX70-200-600-0.8
2. 楼板混凝土标号为C40

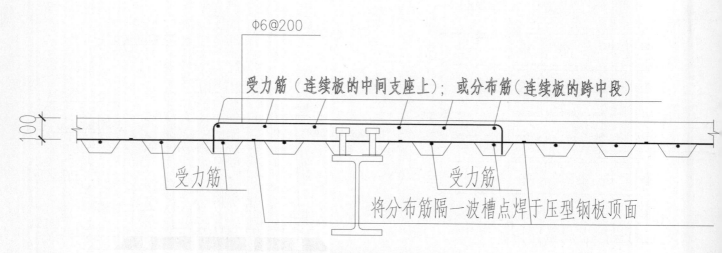

受力筋（连续板的中间支座上）；或分布筋（连续板的跨中段）

将分布筋隔一波槽点焊于压型钢板顶面

板的受力钢筋与梁腹板平行时构造钢筋的配置

栓钉直径为16mm

▲-钢结构连廊结构设计图

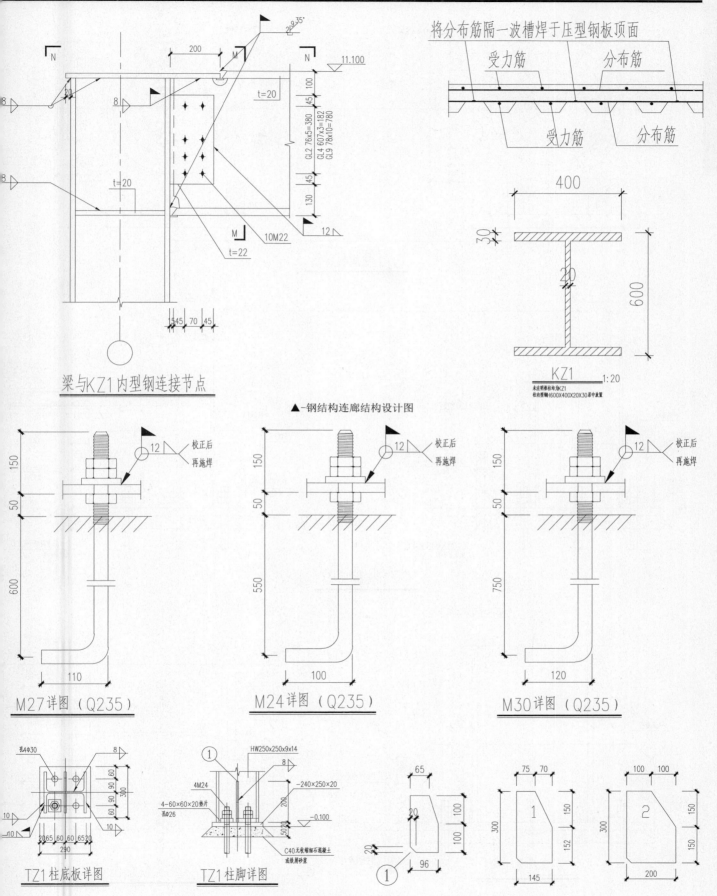

梁与KZ1内型钢连接节点

将分布筋隔一波槽焊于压型钢板顶面
受力筋　　分布筋
受力筋　　分布筋

KZ1　　1:20
未注钢筋柱构为KZ1
柱内型钢H600X400X20X30层中放置

▲-钢结构连廊结构设计图

M27详图（Q235）

M24详图（Q235）

M30详图（Q235）

TZ1柱底板详图

TZ1柱脚详图

▲-钢框架柱脚节点构造详图

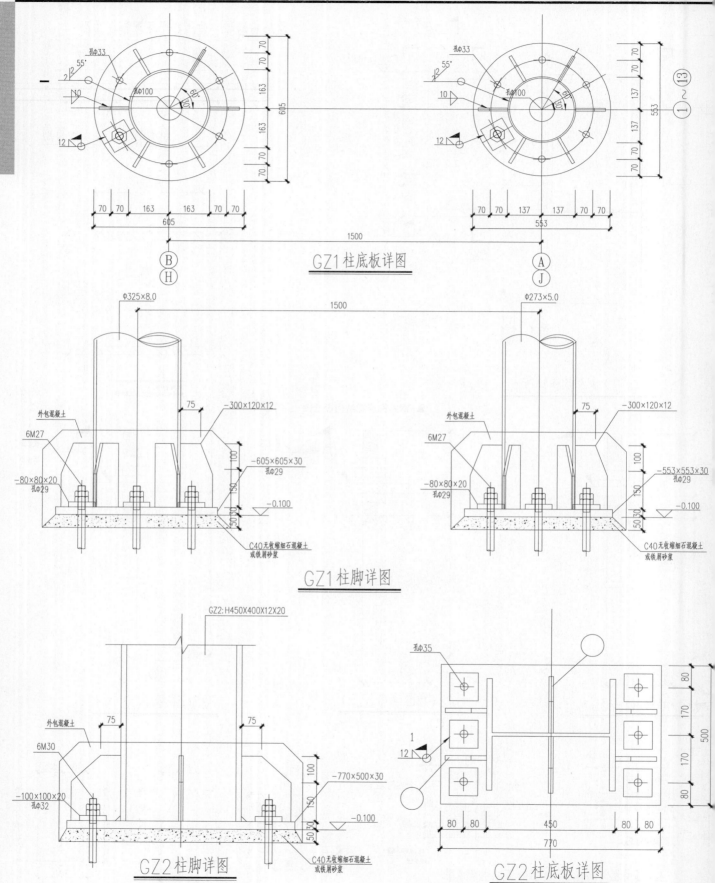

GZ1柱底板详图

GZ1柱脚详图

GZ2柱脚详图

GZ2柱底板详图

▲—钢框架柱脚节点构造详图

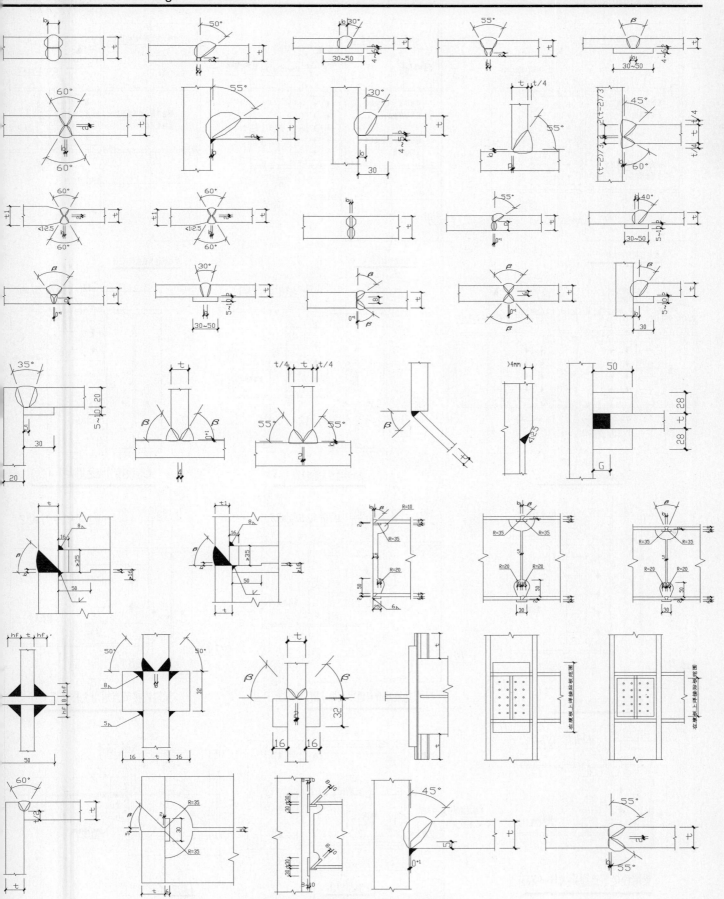

▲-汽车4S专营钢框排架焊缝标准节点大样图

钢框架节点详图

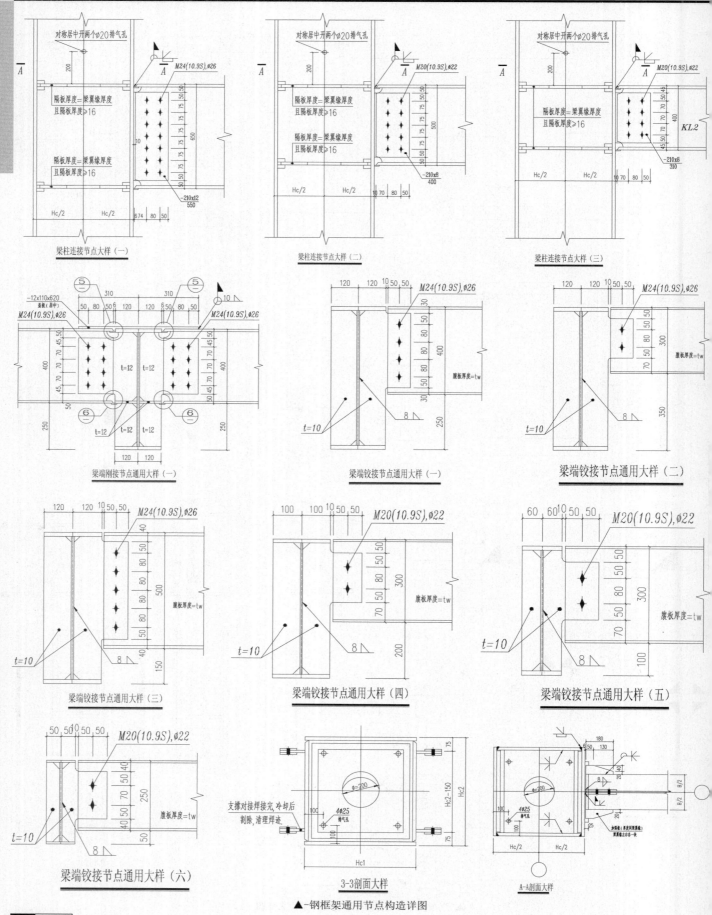

梁柱连接节点大样（一）

梁柱连接节点大样（二）

梁柱连接节点大样（三）

梁端刚接节点通用大样（一）

梁端铰接节点通用大样（一）

梁端铰接节点通用大样（二）

梁端铰接节点通用大样（三）

梁端铰接节点通用大样（四）

梁端铰接节点通用大样（五）

梁端铰接节点通用大样（六）

3-3剖面大样

A-A剖面大样

▲-钢框架通用节点构造详图

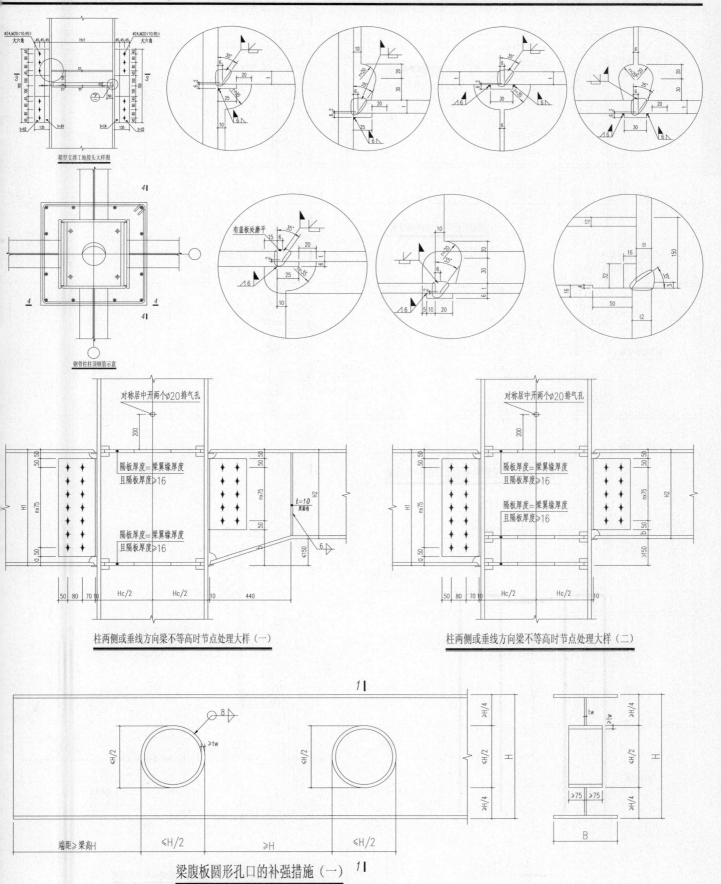

箱型支撑工地接头大样图

钢骨柱柱顶钢筋示意

对称居中开两个φ20排气孔

隔板厚度＝梁翼缘厚度
且隔板厚度≥16

隔板厚度＝梁翼缘厚度
且隔板厚度≥16

t=10
反面有

柱两侧或垂线方向梁不等高时节点处理大样（一）

对称居中开两个φ20排气孔

隔板厚度＝梁翼缘厚度
且隔板厚度≥16

隔板厚度＝梁翼缘厚度
且隔板厚度≥16

柱两侧或垂线方向梁不等高时节点处理大样（二）

端距≥梁高H

梁腹板圆形孔口的补强措施（一）

▲-钢框架通用节点构造详图

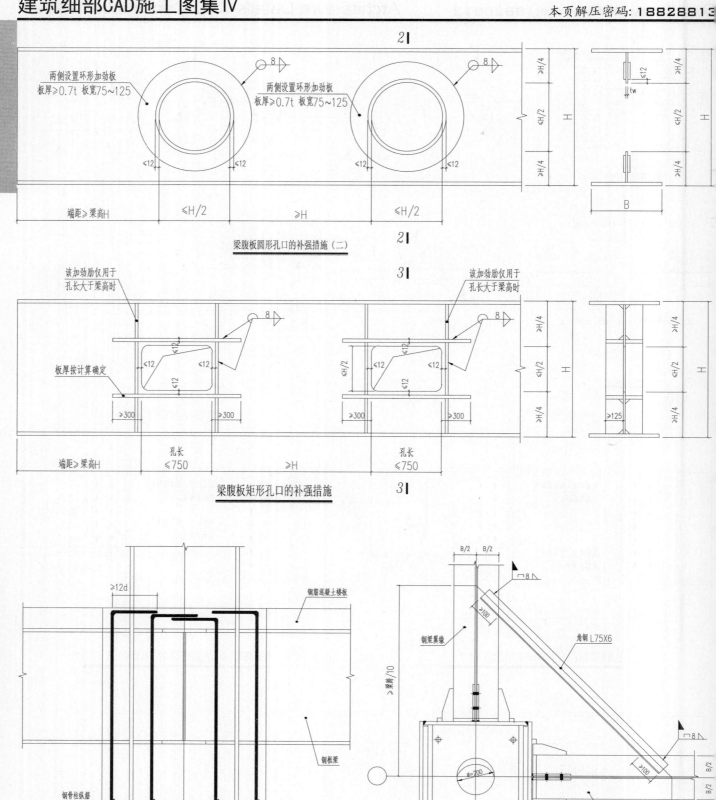

梁腹板圆形孔口的补强措施（二）

梁腹板矩形孔口的补强措施

4-4

梁上下翼缘侧向隔撑示意图

▲-钢框架通用节点构造详图

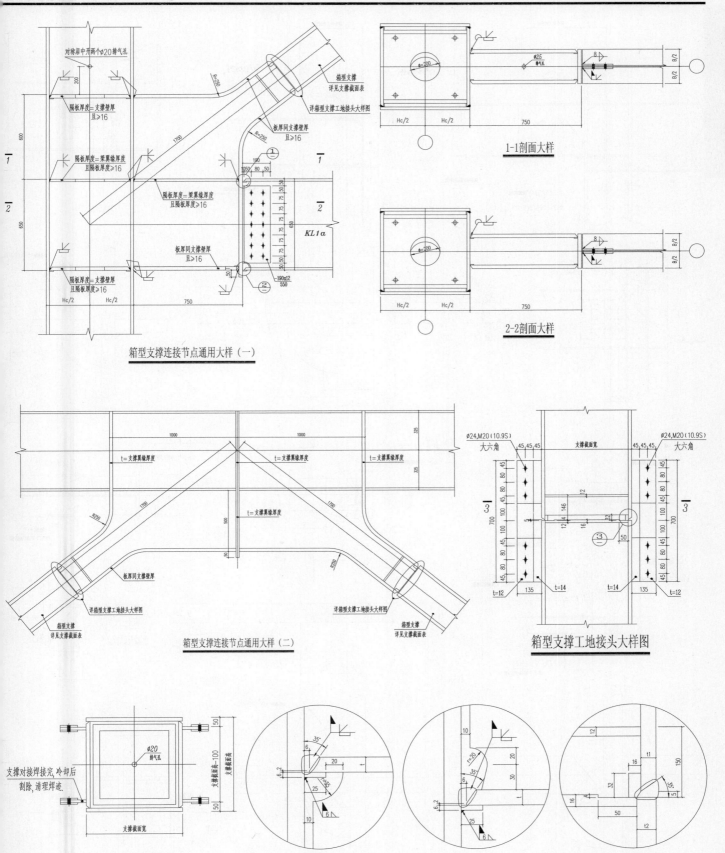

箱型支撑连接节点通用大样（一）

1-1剖面大样

2-2剖面大样

箱型支撑连接节点通用大样（二）

箱型支撑工地接头大样图

3-3剖面大样

①　②　③

▲-钢框架通用节点构造详图

钢框架节点详图

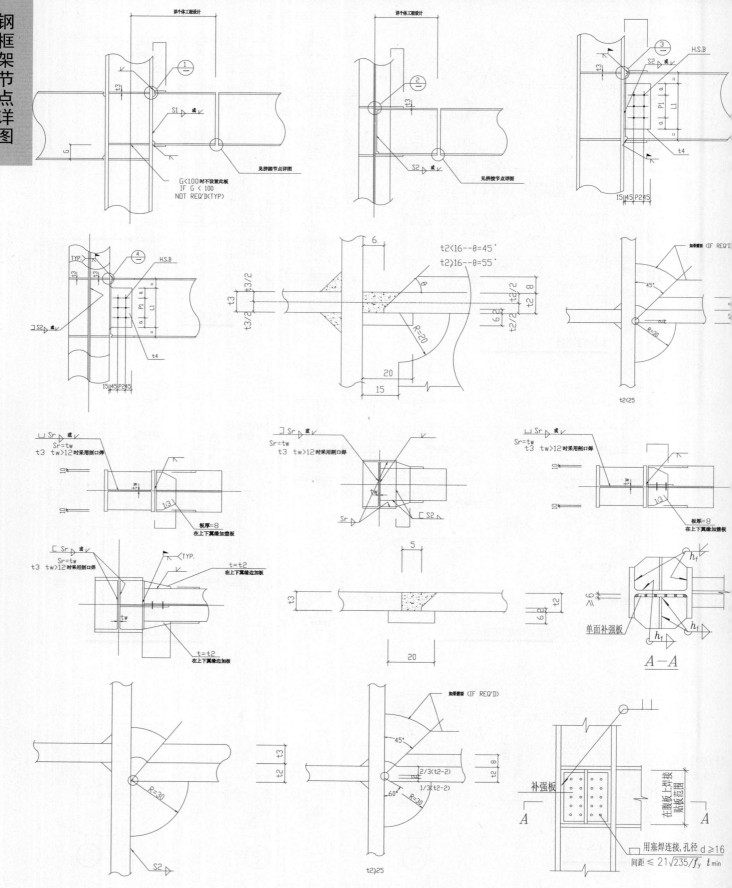

▲-钢框架通用节点构造详图

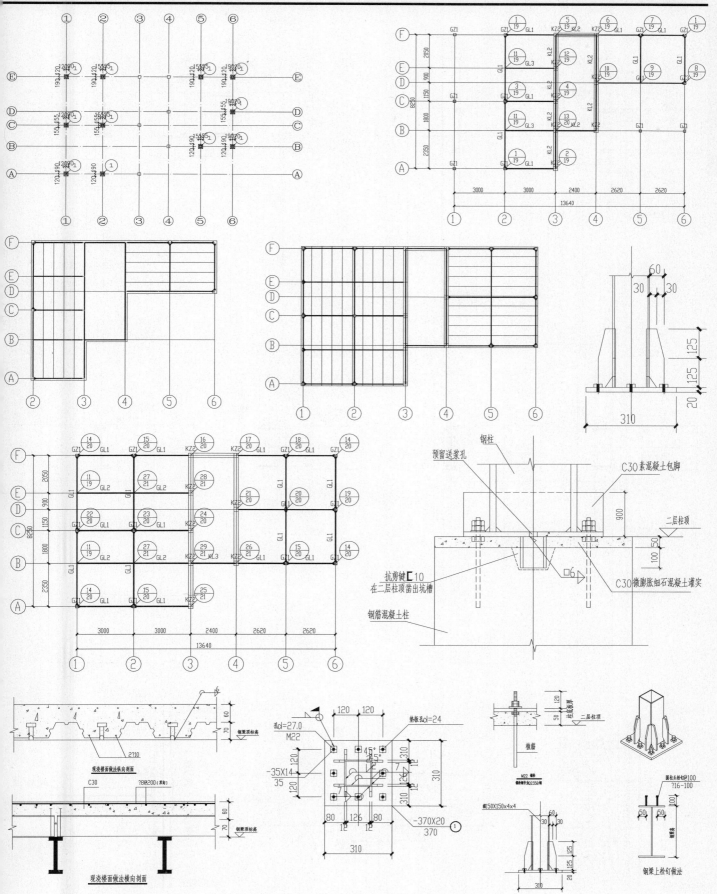

▲-钢结构加层图

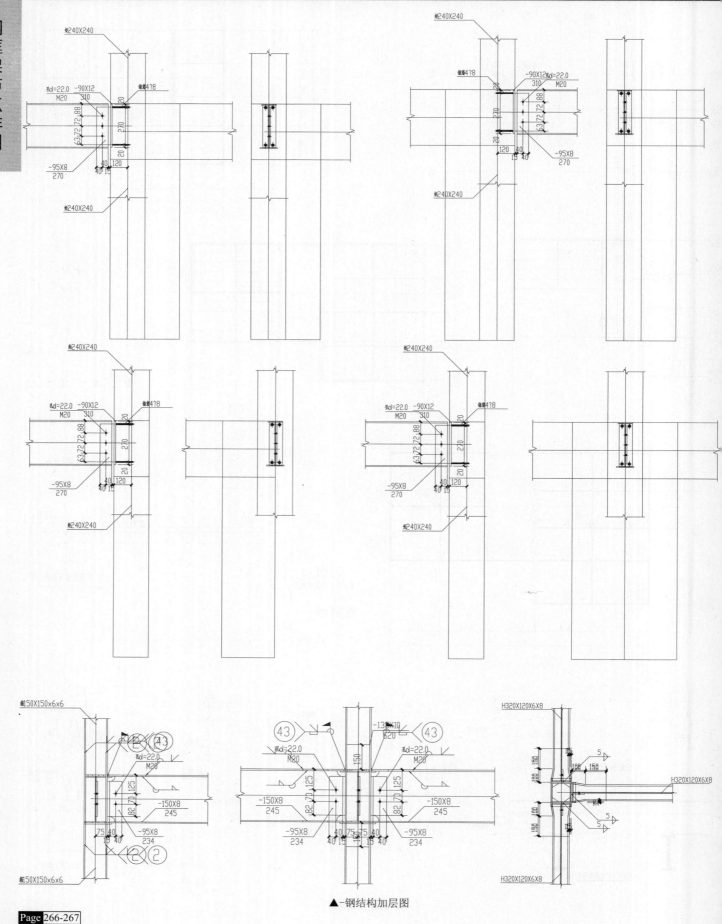

▲-钢结构加层图

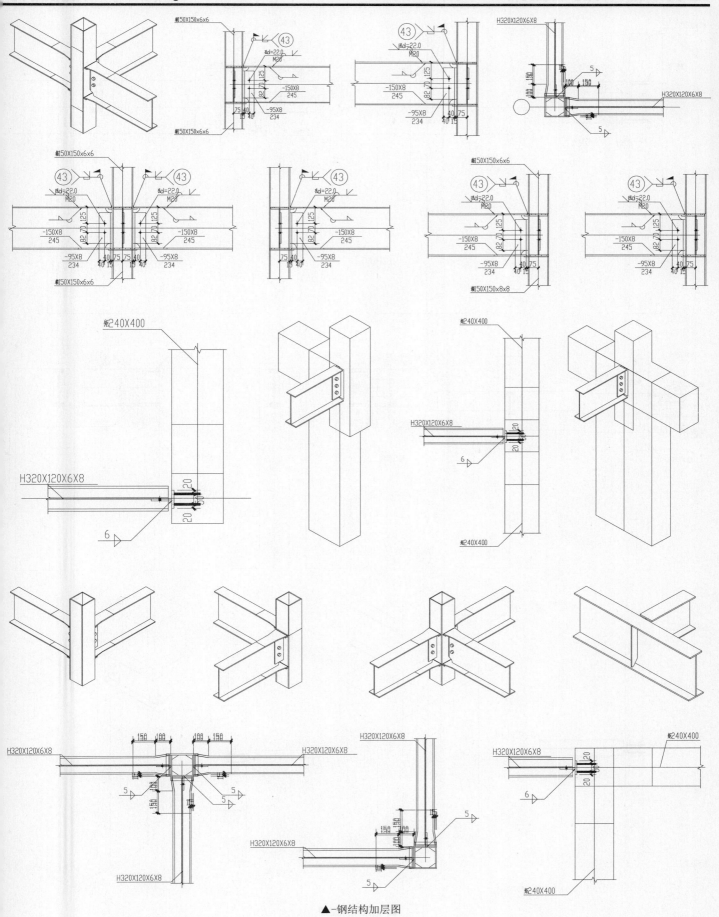

▲-钢结构加层图

本页解压密码: 18828813

钢框架节点详图

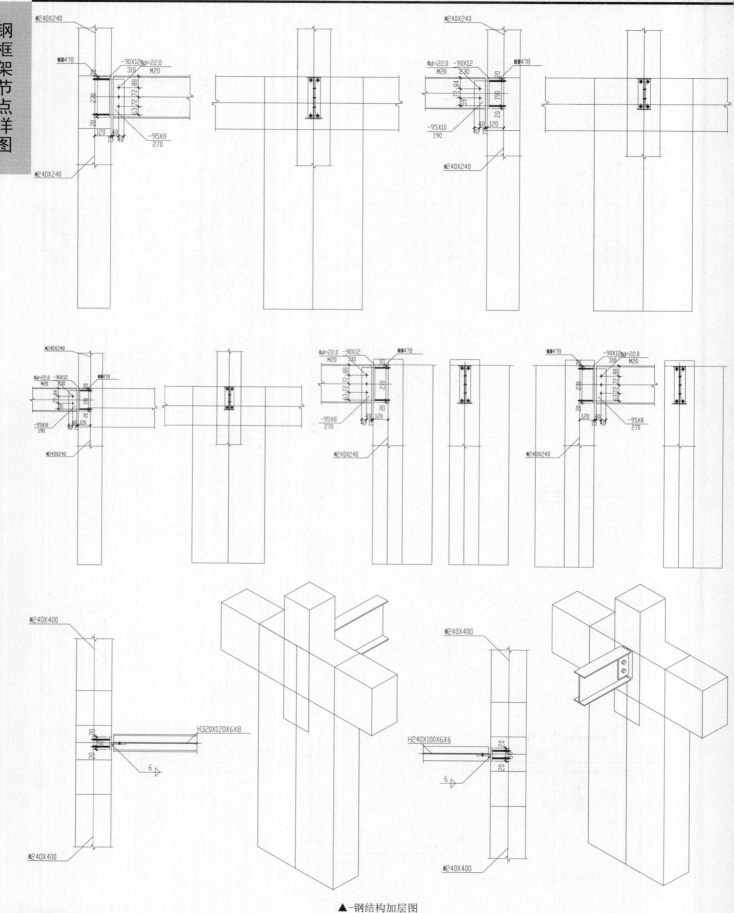

▲-钢结构加层图

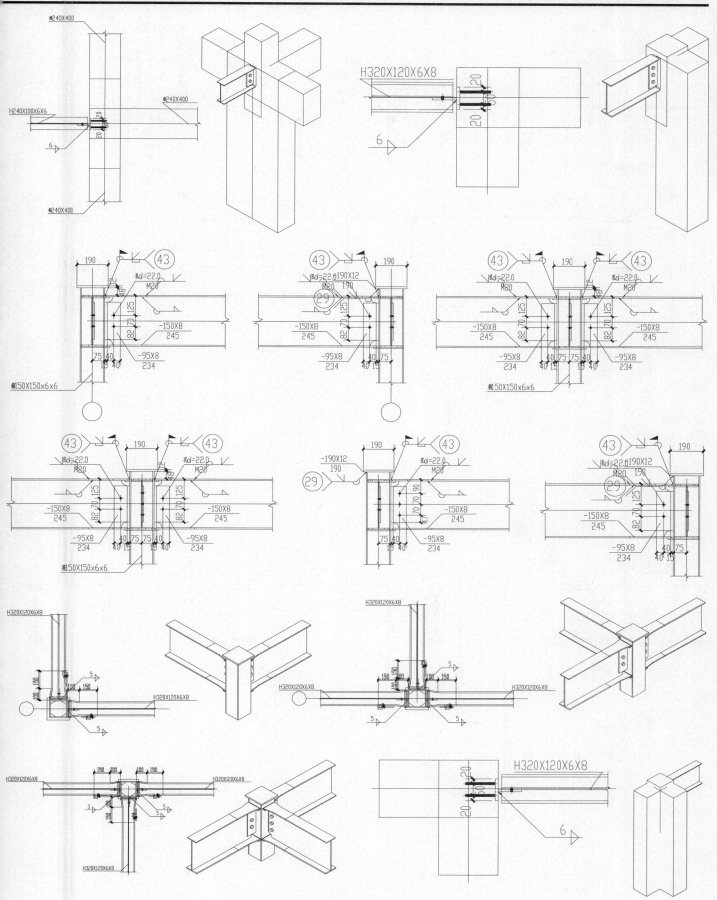

▲-钢结构加层图

钢框架节点详图

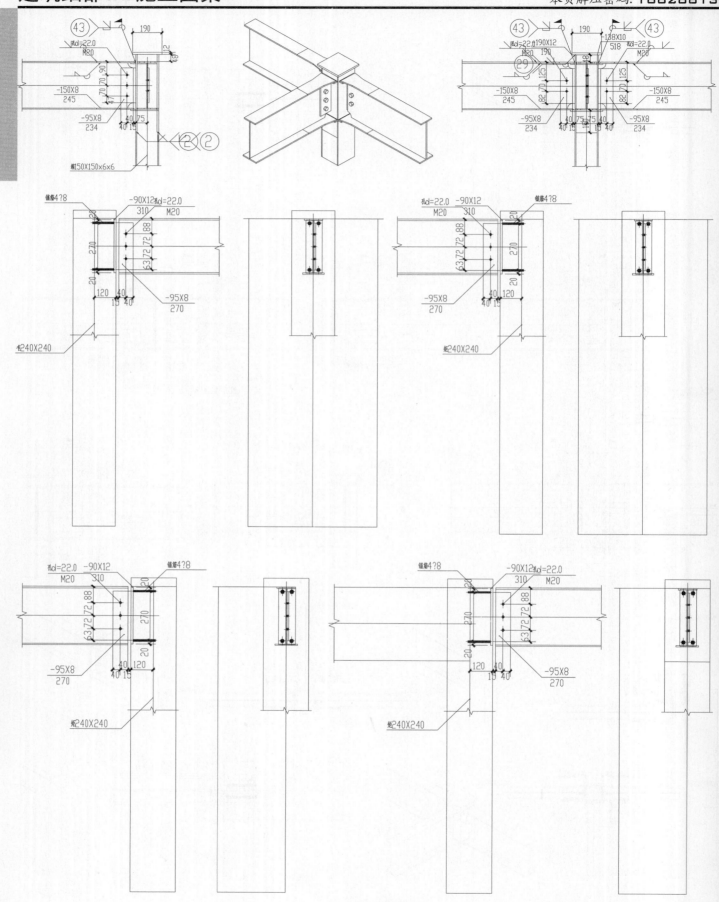

▲-钢结构加层图

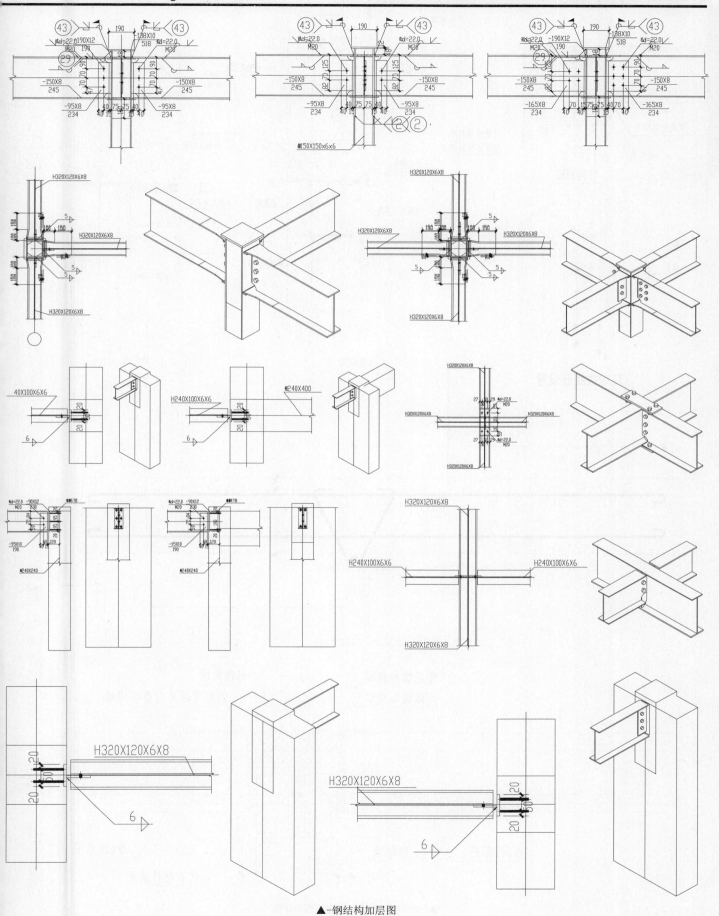

▲-钢结构加层图

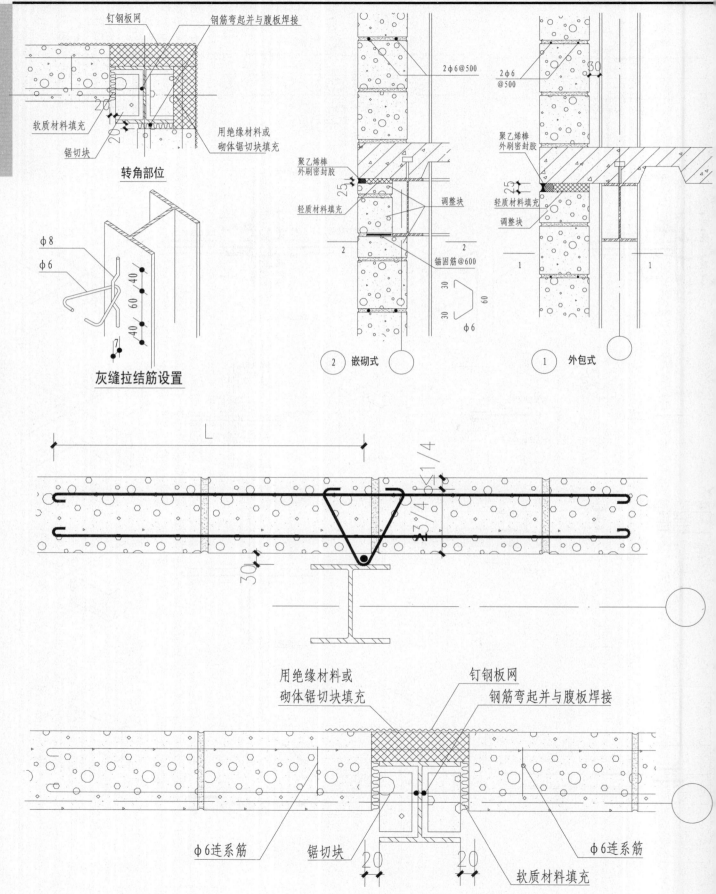

钉钢板网
钢筋弯起并与腹板焊接
软质材料填充
锯切块
用绝缘材料或砌体锯切块填充

转角部位

φ8
φ6
40
60
40

灰缝拉结筋设置

2φ6@500
聚乙烯棒外刷密封胶
轻质材料填充
调整块
锚固筋@600
30　30
φ6

② **嵌砌式**

2φ6@500
聚乙烯棒外刷密封胶
轻质材料填充
调整块

① **外包式**

L

用绝缘材料或砌体锯切块填充
钉钢板网
钢筋弯起并与腹板焊接
φ6连系筋
锯切块
φ6连系筋
软质材料填充

▲－钢结构轻质填充墙连接节点详图

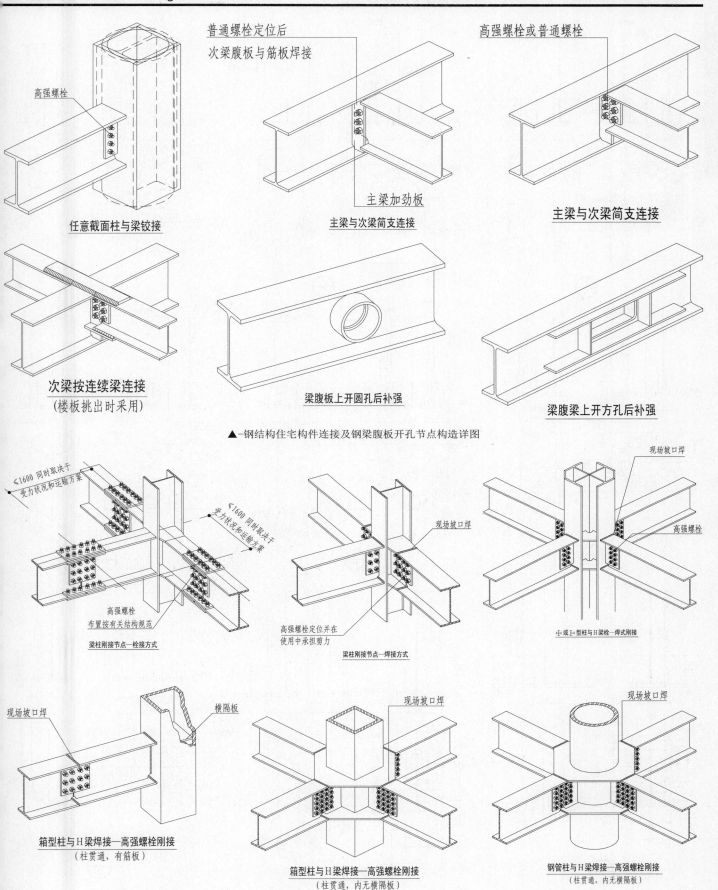

普通螺栓定位后
次梁腹板与筋板焊接

高强螺栓或普通螺栓

高强螺栓

任意截面柱与梁铰接

主梁加劲板

主梁与次梁简支连接

主梁与次梁简支连接

次梁按连续梁连接
（楼板挑出时采用）

梁腹板上开圆孔后补强

梁腹梁上开方孔后补强

▲-钢结构住宅构件连接及钢梁腹板开孔节点构造详图

≤1600 同时取决于
受力状况和运输方案

≤1600 同时取决于
受力状况和运输方案

现场坡口焊

现场坡口焊

现场坡口焊

高强螺栓
布置按有关结构规范

梁柱刚接节点—栓接方式

高强螺栓定位并在
使用中承担剪力

梁柱刚接节点—焊接方式

高强螺栓

十或I型柱与H梁栓—焊式刚接

现场坡口焊

横隔板

现场坡口焊

现场坡口焊

箱型柱与H梁焊接—高强螺栓刚接
（柱贯通，有筋板）

箱型柱与H梁焊接—高强螺栓刚接
（柱贯通，内无横隔板）

钢管柱与H梁焊接—高强螺栓刚接
（柱贯通，内无横隔板）

▲-钢结构住宅构件连接节点构造详图

钢框架节点详图

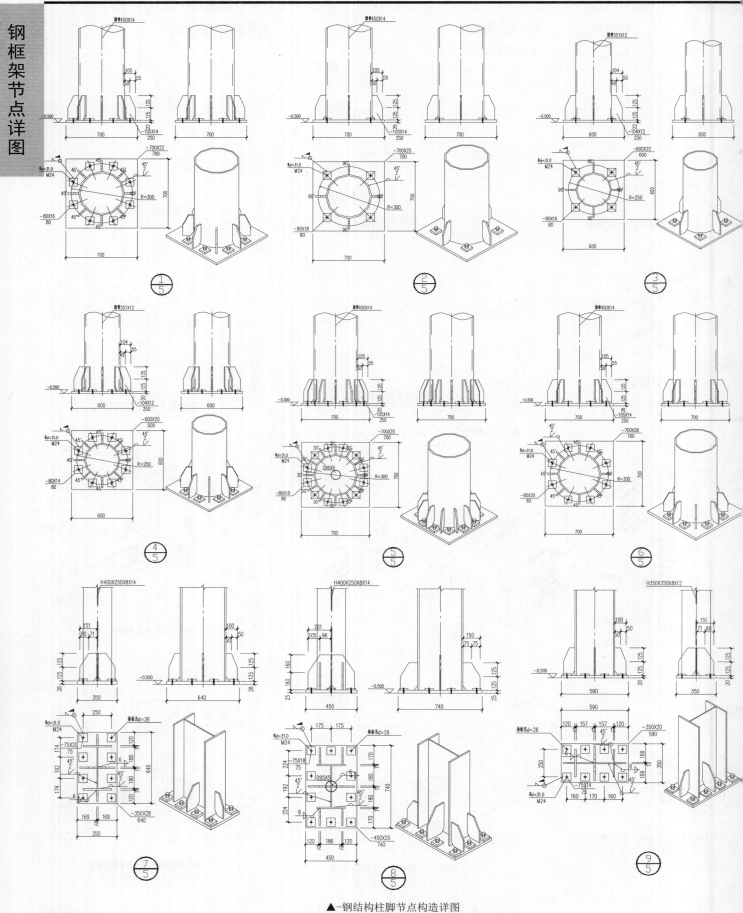

▲-钢结构柱脚节点构造详图

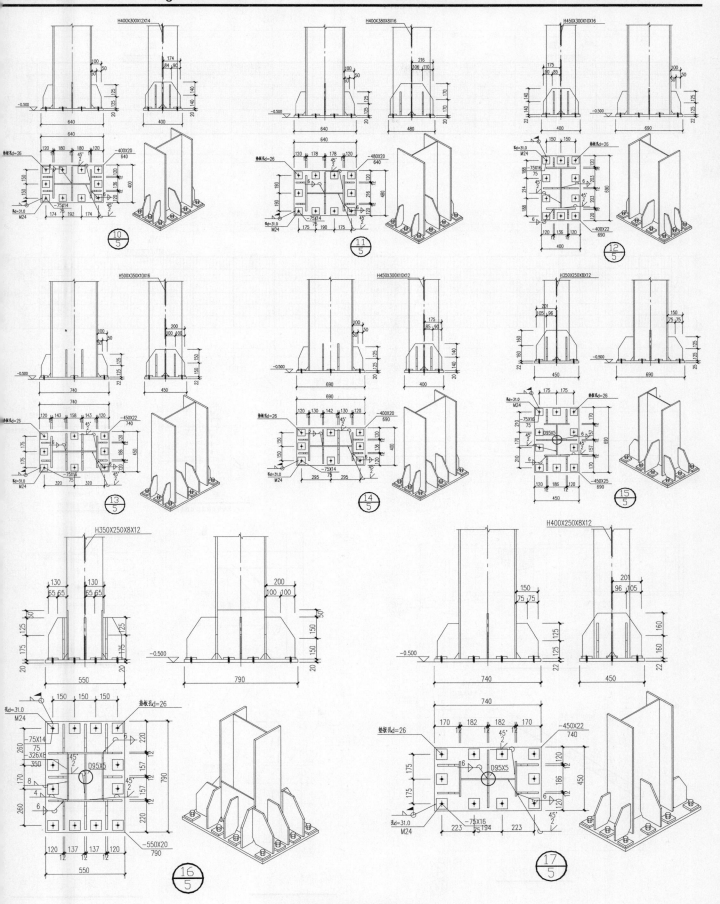

▲-钢结构柱脚节点构造详图

钢框架节点详图

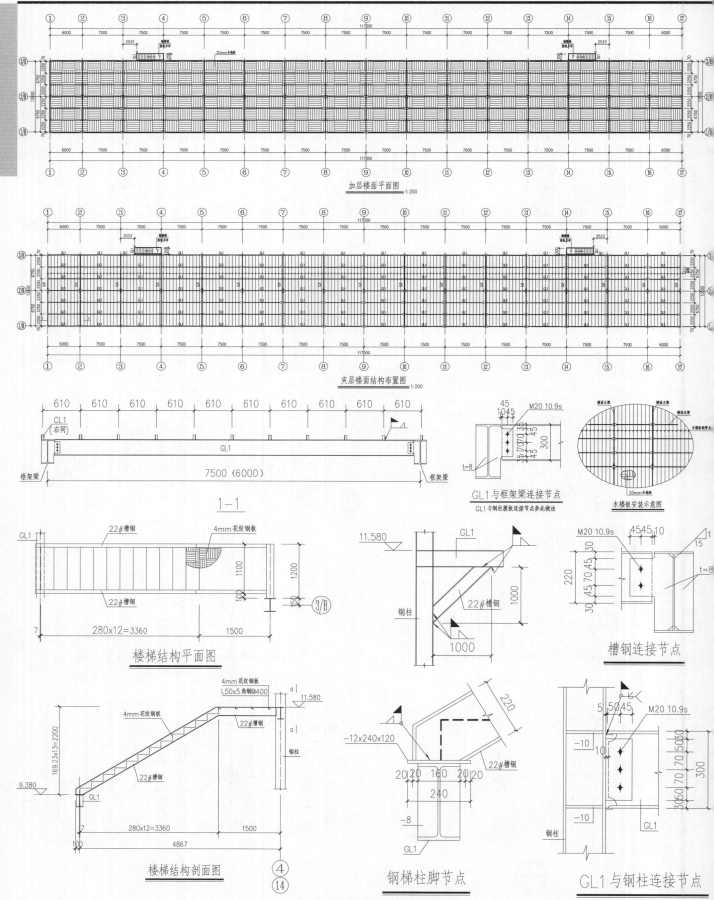

加层楼面平面图 1:200

夹层楼面结构布置图 1:200

1—1

GL1与框架梁连接节点
GL1与钢柱腹板连接节点参此做法

木楼板安装示意图

楼梯结构平面图

槽钢连接节点

楼梯结构剖面图

钢梯柱脚节点

GL1与钢柱连接节点

▲-钢框架夹层节点构造详图

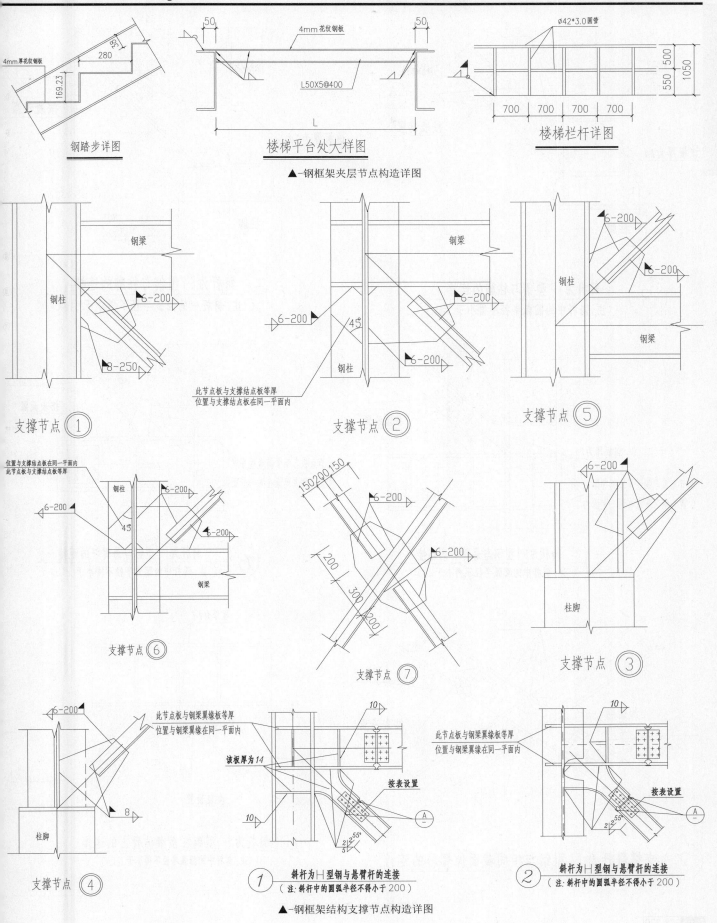

钢踏步详图

楼梯平台处大样图

楼梯栏杆详图

▲-钢框架夹层节点构造详图

支撑节点 ①

支撑节点 ②

支撑节点 ⑤

支撑节点 ⑥

支撑节点 ⑦

支撑节点 ③

支撑节点 ④

① 斜杆为H型钢与悬臂杆的连接
（注:斜杆中的圆弧半径不得小于200）

② 斜杆为H型钢与悬臂杆的连接
（注:斜杆中的圆弧半径不得小于200）

▲-钢框架结构支撑节点构造详图

钢框架节点详图

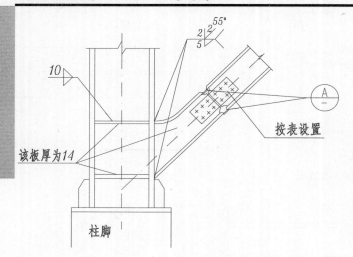

③ 斜杆为Ｈ型钢与柱脚的连接
（注: 斜杆中的圆弧半径不得小于200 ）

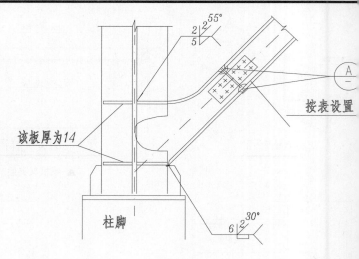

④ 斜杆为Ｈ型钢与柱脚的连接
（注: 斜杆中的圆弧半径不得小于200 ）

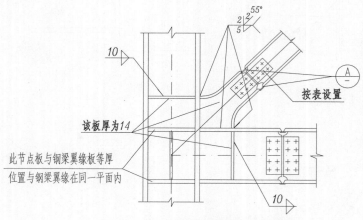

⑤ 斜杆为Ｈ型钢与悬臂杆的连接
（注: 斜杆中的圆弧半径不得小于200 ）

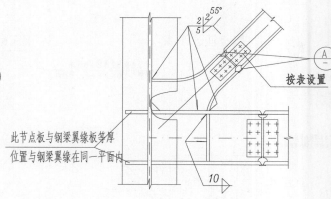

⑥ 斜杆为Ｈ型钢与悬臂杆的连接
（注: 斜杆中的圆弧半径不得小于200 ）

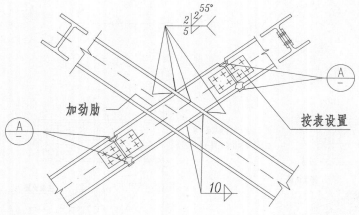

⑦ 支撑斜杆为Ｈ型钢与相同截面伸臂杆的连接

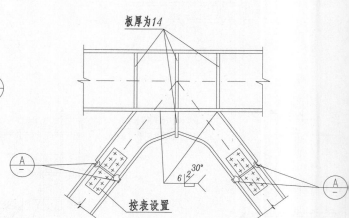

⑧ 斜杆为Ｈ型钢在横梁伸臂上的连接
（注: 斜杆中的圆弧半径不得小于200 ）

▲-钢框架结构支撑节点构造详图

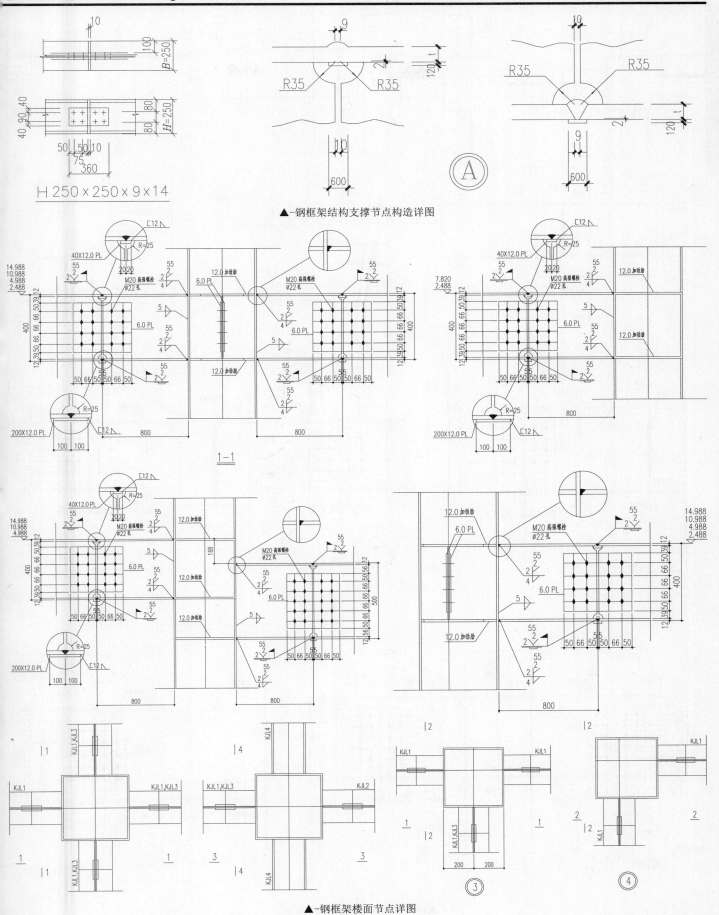

H 250 × 250 × 9 × 14

▲-钢框架结构支撑节点构造详图

1-1

▲-钢框架楼面节点详图

钢框架节点详图

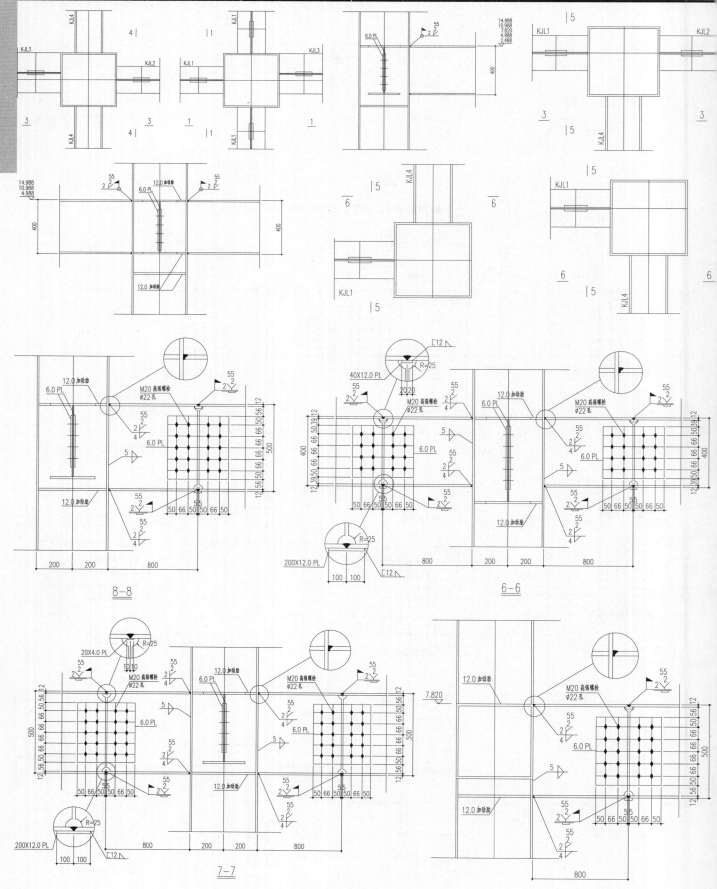

▲-钢框架结构支撑节点构造详图

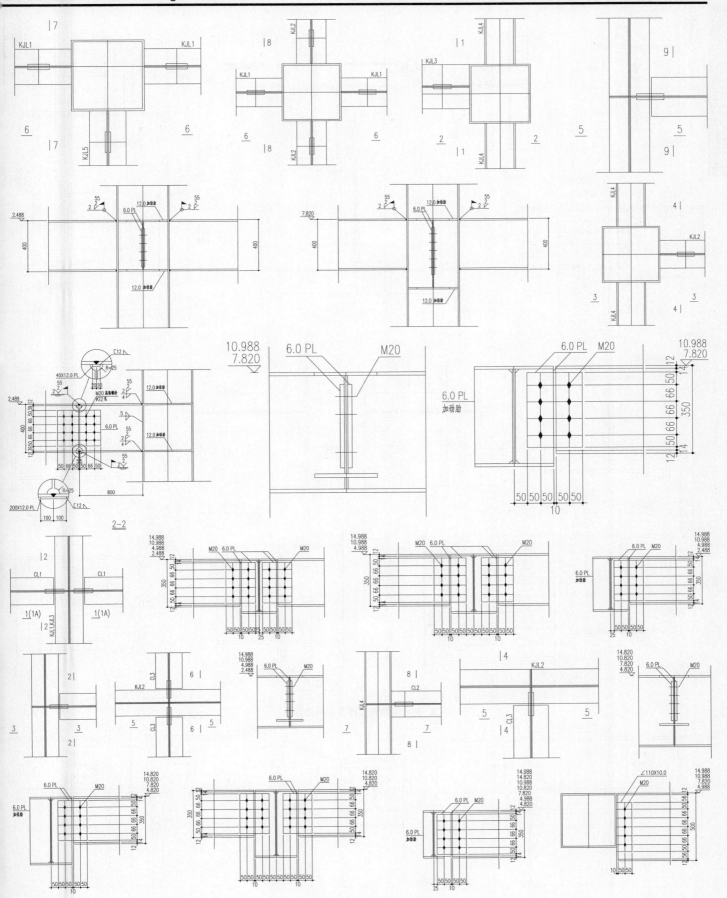

▲-钢框架楼面节点详图

钢框架节点详图

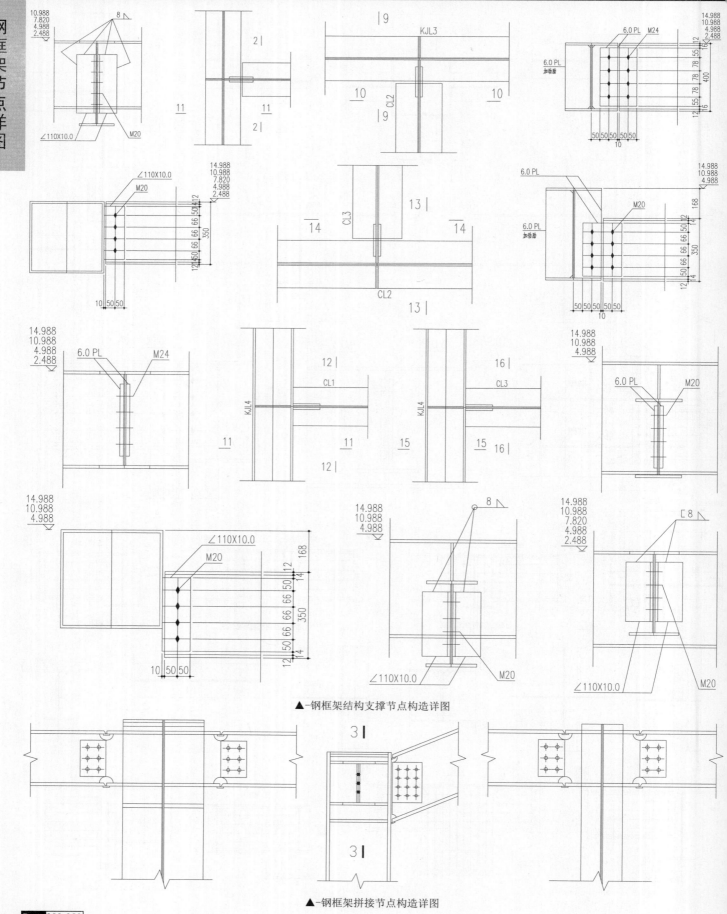

▲-钢框架结构支撑节点构造详图

▲-钢框架拼接节点构造详图

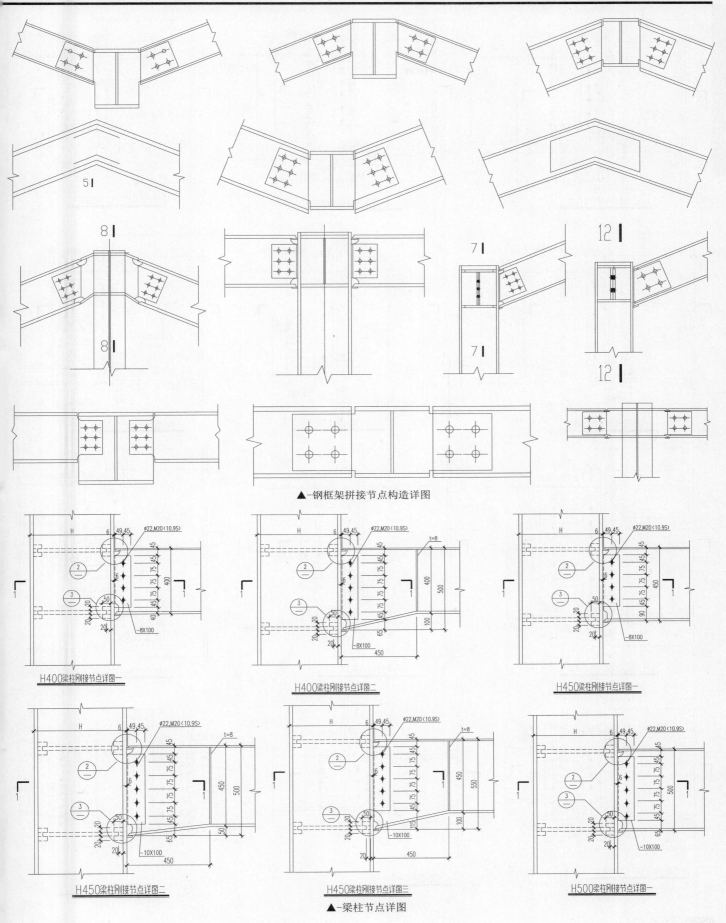

▲-钢框架拼接节点构造详图

H400梁柱刚接节点详图一　　　H400梁柱刚接节点详图二　　　H450梁柱刚接节点详图一

H450梁柱刚接节点详图二　　　H450梁柱刚接节点详图三　　　H500梁柱刚接节点详图一

▲-梁柱节点详图

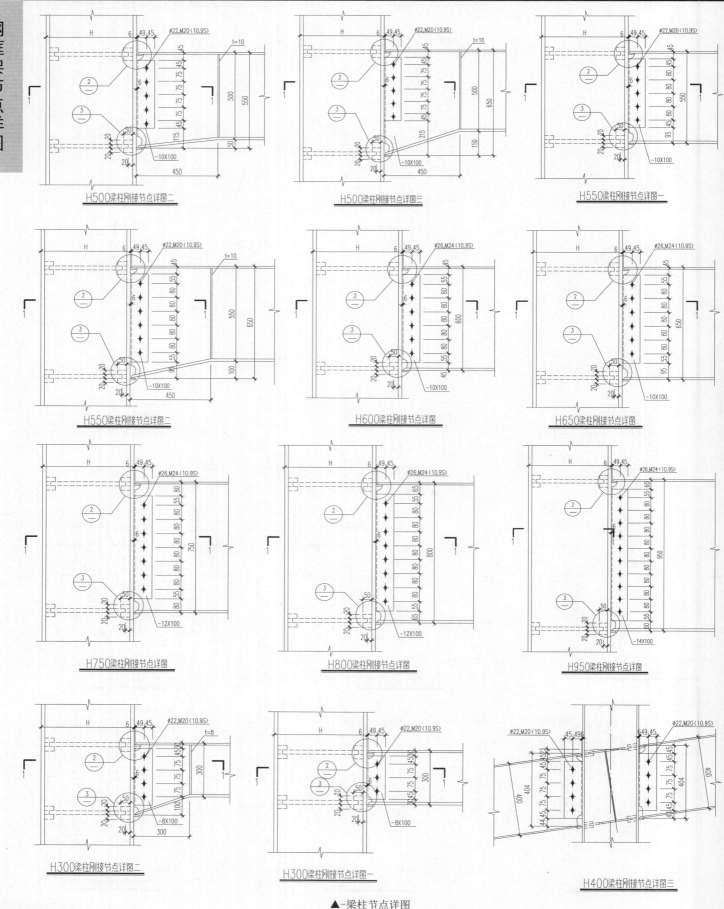

H500梁柱刚接节点详图二　　　H500梁柱刚接节点详图三　　　H550梁柱刚接节点详图一

H550梁柱刚接节点详图二　　　H600梁柱刚接节点详图　　　H650梁柱刚接节点详图

H750梁柱刚接节点详图　　　H800梁柱刚接节点详图　　　H950梁柱刚接节点详图

H300梁柱刚接节点详图二　　　H300梁柱刚接节点详图一　　　H400梁柱刚接节点详图三

▲-梁柱节点详图

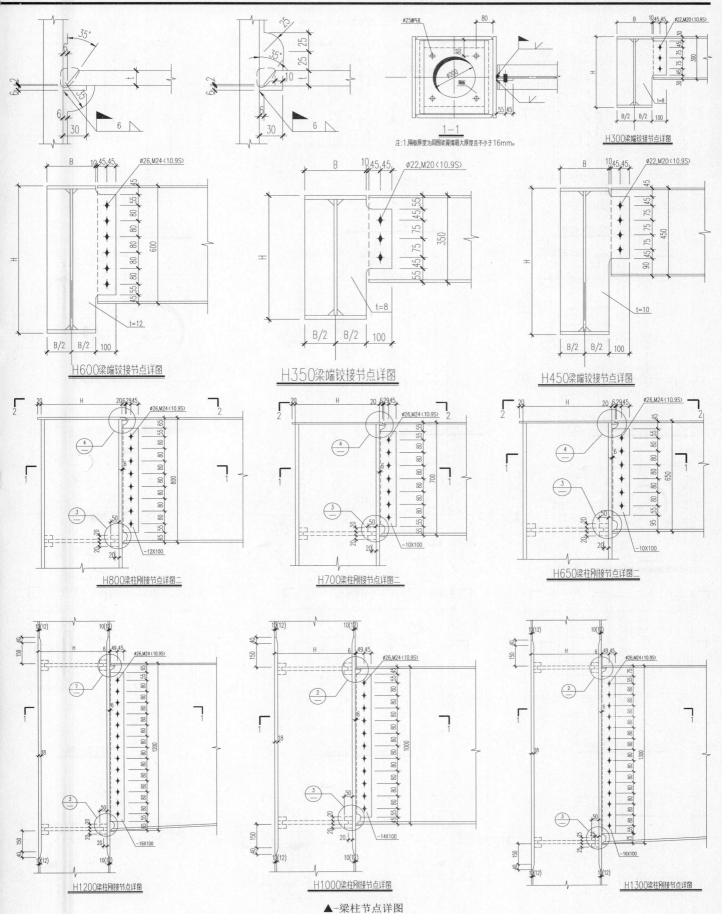

注:1隔板厚度为固围梁翼缘最大厚度且不小于16mm。

H300梁端铰接节点详图

H600梁端铰接节点详图

H350梁端铰接节点详图

H450梁端铰接节点详图

H800梁柱刚接节点详图二

H700梁柱刚接节点详图二

H650梁柱刚接节点详图二

H1200梁柱刚接节点详图

H1000梁柱刚接节点详图

H1300梁柱刚接节点详图

▲-梁柱节点详图

钢框架节点详图

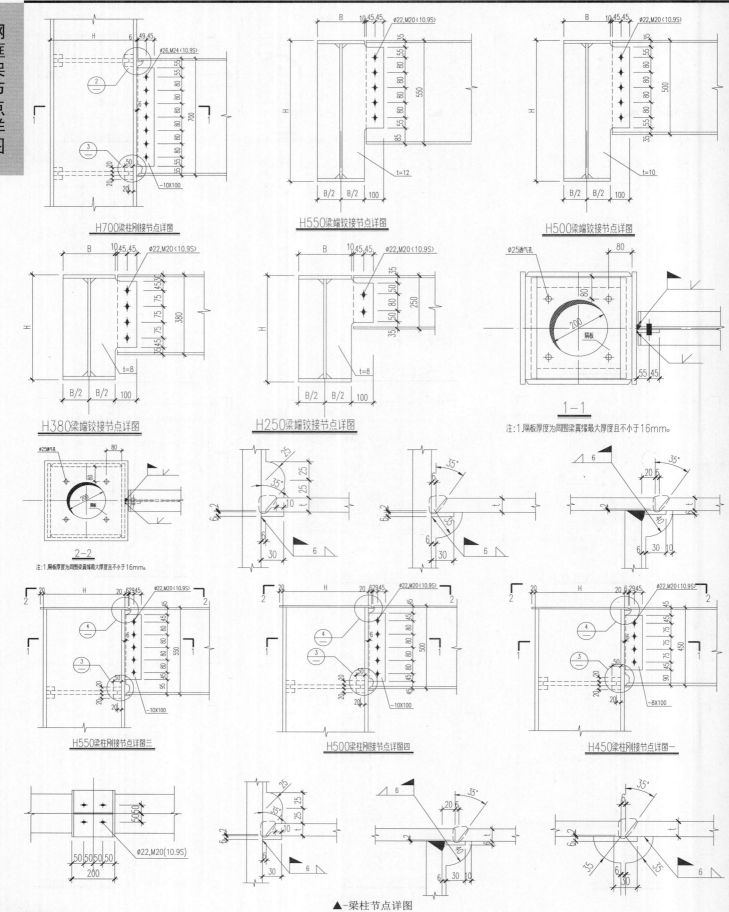

H700梁柱刚接节点详图

H550梁端铰接节点详图

H500梁端铰接节点详图

H380梁端铰接节点详图

H250梁端铰接节点详图

1—1
注:1.隔板厚度为周围梁翼缘最大厚度且不小于16mm。

2—2
注:1.隔板厚度为周围梁翼缘最大厚度且不小于16mm。

H550梁柱刚接节点详图三

H500梁柱刚接节点详图四

H450梁柱刚接节点详图一

▲-梁柱节点详图

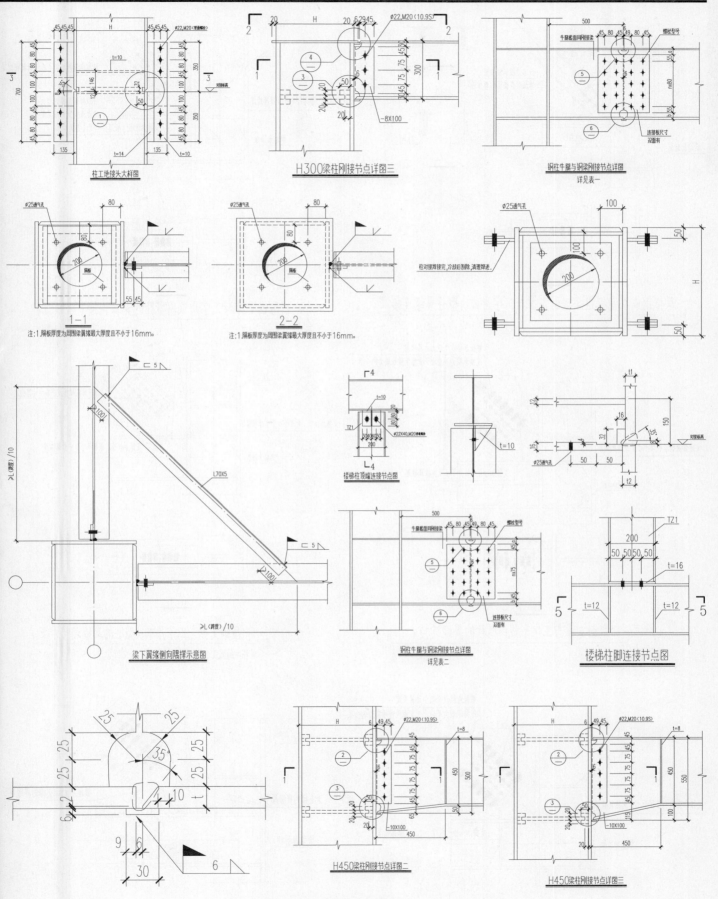

柱工地接头大样图

H300梁柱刚接节点详图三

钢柱牛腿与钢梁刚接节点详图
详见表一

1-1

注:1.隔板厚度为周围梁翼缘最大厚度且不小于16mm。

2-2

注:1.隔板厚度为周围梁翼缘最大厚度且不小于16mm。

柱对接焊接完,冷却后割除,清理焊缝。

楼梯柱顶端连接节点图

钢柱牛腿与钢梁刚接节点详图
详见表二

楼梯柱脚连接节点图

梁下翼缘侧向隔撑示意图

H450梁柱刚接节点详图二

H450梁柱刚接节点详图三

▲-梁柱节点详图

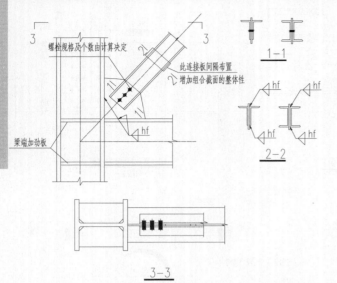

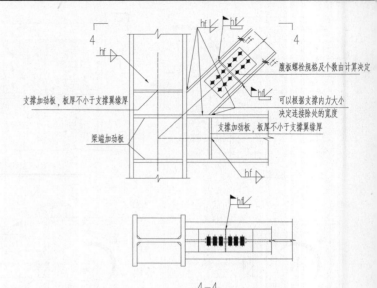

① 双槽钢或双角钢组合截面支撑与工字形或H型柱翼缘连接

② H型钢支撑与工字形或H型柱的翼缘连接(一)

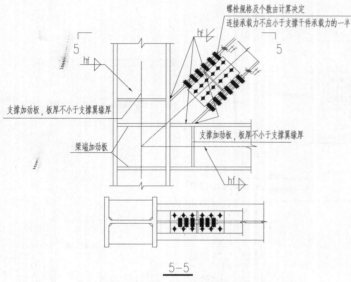

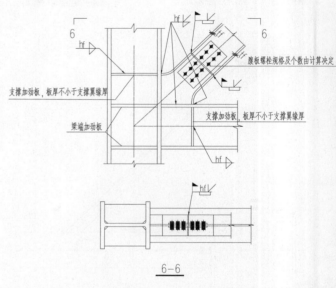

③ H型钢支撑与工字形或H型柱的翼缘连接(二)

④ H型钢支撑与工字形或H型柱的翼缘连接(三)
斜杆中的圆弧半径不得小于100

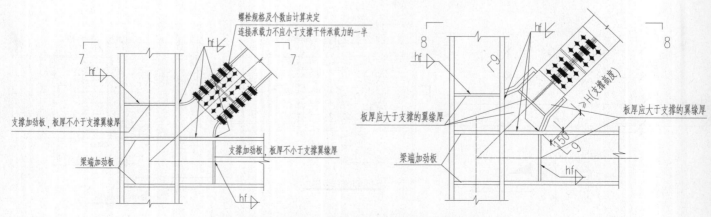

▲-民用钢框架H形柱梁与支撑的连接节点构造详图

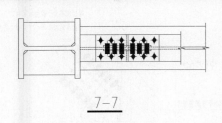

7-7

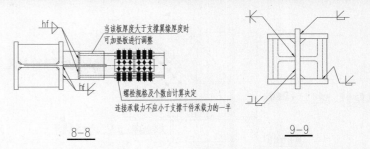

当该板厚度大于支撑翼缘厚度时可加垫板进行调整

螺栓规格及个数由计算决定

连接承载力不应小于支撑干件承载力的一半

8-8

9-9

⑤ H型钢支撑与工字形或H型柱的翼缘连接（四）
斜杆中的圆弧半径不得小于100

⑥ H型钢支撑弱轴垂直于支撑平面与工字形或H型柱的翼缘的螺栓连接
斜杆中的圆弧半径不得小于100

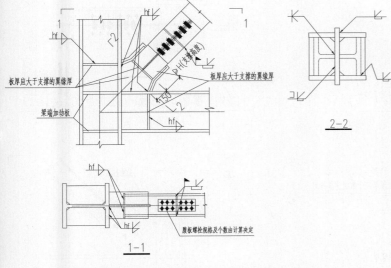

板厚应大于支撑的翼缘厚

板厚应大于支撑的翼缘厚

梁端加劲板

2-2

腹板螺栓规格及个数由计算决定

1-1

① H型钢支撑弱轴垂直于支撑平面与工字形或H型柱的翼缘的栓焊连接
斜杆中的圆弧半径不得小于100

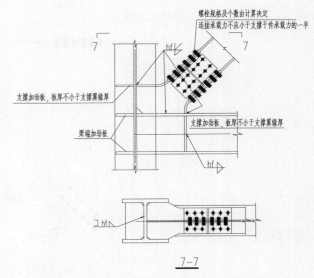

螺栓规格及个数由计算决定
连接承载力不应小于支撑干件承载力的一半

支撑加劲板，板厚不小于支撑翼缘厚

支撑加劲板，板厚不小于支撑翼缘厚

梁端加劲板

7-7

④ H型钢支撑与工字形或H型柱的腹板连接（一）

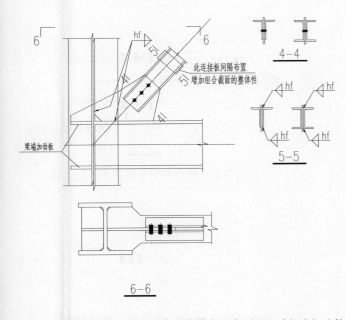

此连接板间隔布置增加组合截面的整体性

梁端加劲板

4-4

5-5

6-6

③ 双槽钢或双角钢组合截面支撑与工字形或H型柱腹板连接

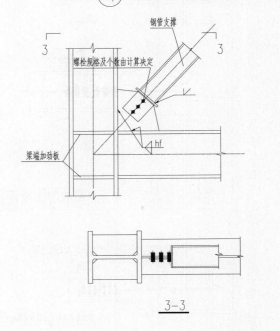

钢管支撑

螺栓规格及个数由计算决定

梁端加劲板

3-3

② 圆钢管断面支撑与工字形或H型柱的翼缘连接

▲-民用钢框架H形柱梁与支撑的连接节点构造详图

钢框架节点详图

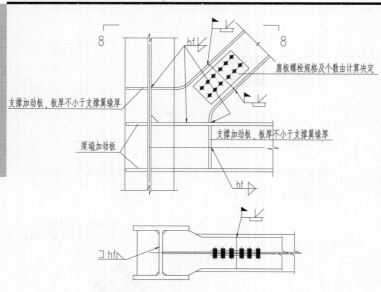

支撑加劲板，板厚不小于支撑翼缘厚

梁端加劲板

腹板螺栓规格及个数由计算决定

支撑加劲板，板厚不小于支撑翼缘厚

⑤ H型钢支撑与工字形或H型柱的腹板连接（二）

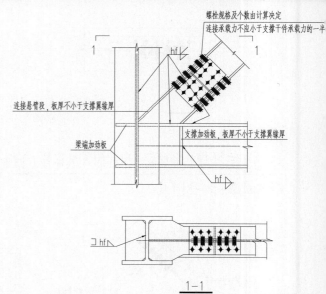

螺栓规格及个数由计算决定

连接承载力不应小于支撑干件承载力的一半

连接悬臂段，板厚不小于支撑翼缘厚

梁端加劲板

支撑加劲板，板厚不小于支撑翼缘厚

① H型钢支撑与工字形或H型柱的腹板连接（三）

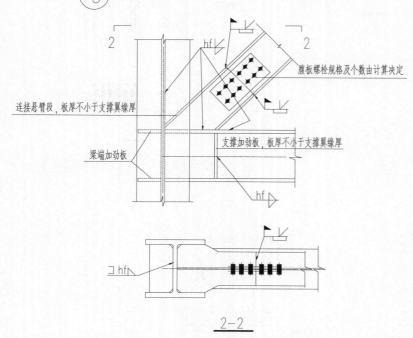

腹板螺栓规格及个数由计算决定

连接悬臂段，板厚不小于支撑翼缘厚

梁端加劲板

支撑加劲板，板厚不小于支撑翼缘厚

② H型钢支撑与工字形或H型柱的腹板连接（四）

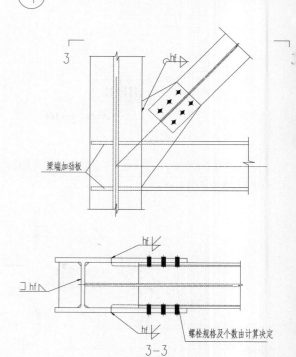

梁端加劲板

螺栓规格及个数由计算决定

③ H型钢支撑与柱弱轴的双节点板连接

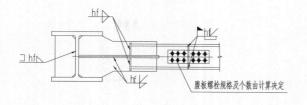

腹板螺栓规格及个数由计算决定

⑤ H型钢支撑弱轴垂直于支撑平面与工字形或H型柱腹板的栓焊连接

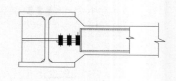

⑥ 圆钢管断面支撑与工字形或H型柱的腹板连接

▲-民用钢框架H形柱梁与支撑的连接节点构造详图

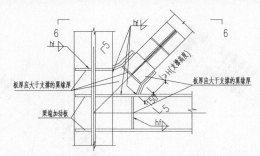

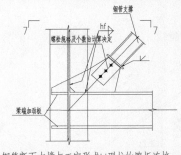

⑤ H型钢支撑弱轴垂直于支撑平面与工字形或H型柱腹板的栓焊连接

⑥ 圆钢管断面支撑与工字形或H型柱的腹板连接

▲-民用钢框架H形柱梁与支撑的连接节点构造详图

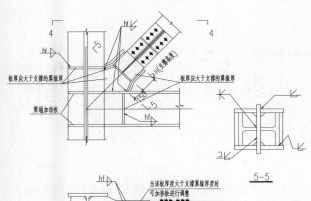

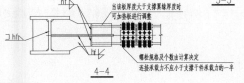

④ H型钢支撑弱轴垂直于支撑平面与工字形或H型柱腹板的螺栓连接

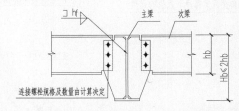

⑥ 为限制主梁受压翼缘的侧移，在主次梁连接处设置角撑（二）
主梁高度小于次梁高度的2倍时，可采用本节点的作法.

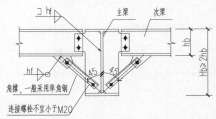

⑤ 为限制主梁受压翼缘的侧移，在主次梁连接处设置角撑（一）
主梁高度大于次梁高度的2倍时，可采用本节点的作法.

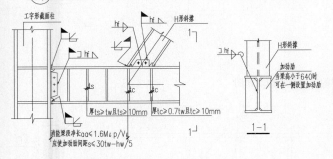

① 偏心支撑中消能梁段与柱连接时的构造（一）

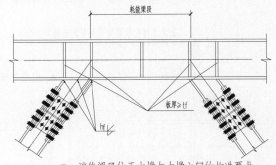

③ 消能梁段位于支撑与支撑之间的构造要求

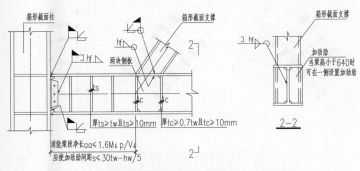

② 偏心支撑中消能梁段与柱连接时的构造（二）

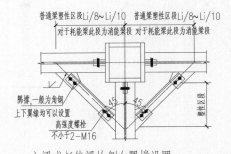

④ 主梁或耗能梁的侧向隅撑设置
当主梁上铺混凝土楼板时可以只设下翼缘隅撑

▲-民用钢框架耗能支撑连接形式及主次梁连接支撑节点构造详图

钢框架节点详图

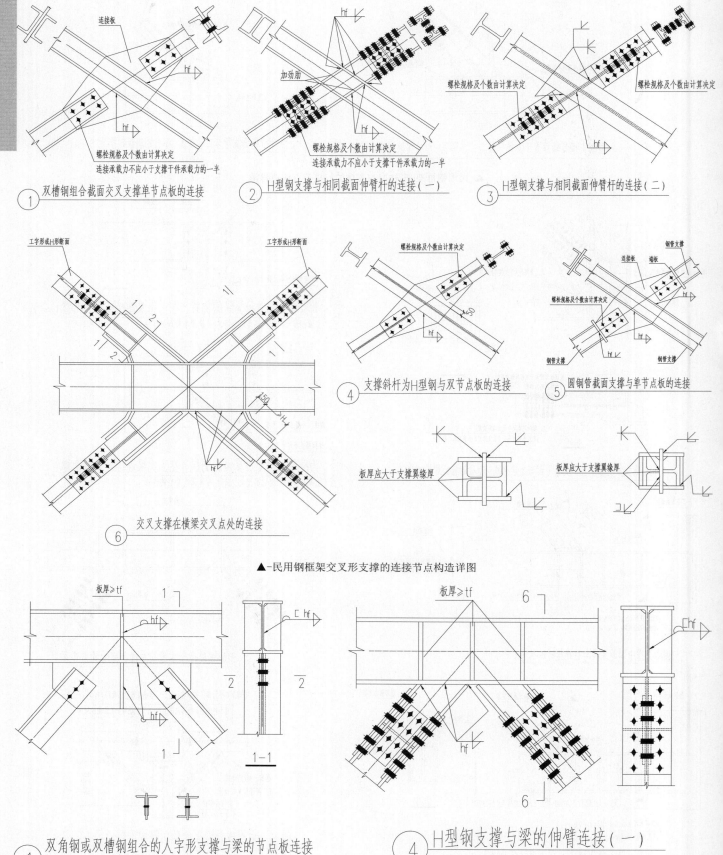

① 双槽钢组合截面交叉支撑单节点板的连接

② H型钢支撑与相同截面伸臂杆的连接(一)

③ H型钢支撑与相同截面伸臂杆的连接(二)

④ 支撑斜杆为H型钢与双节点板的连接

⑤ 圆钢管截面支撑与单节点板的连接

⑥ 交叉支撑在横梁交叉点处的连接

▲-民用钢框架交叉形支撑的连接节点构造详图

① 双角钢或双槽钢组合的人字形支撑与梁的节点板连接

④ H型钢支撑与梁的伸臂连接(一)

▲-民用钢框架H形柱梁与支撑的连接节点构造详图

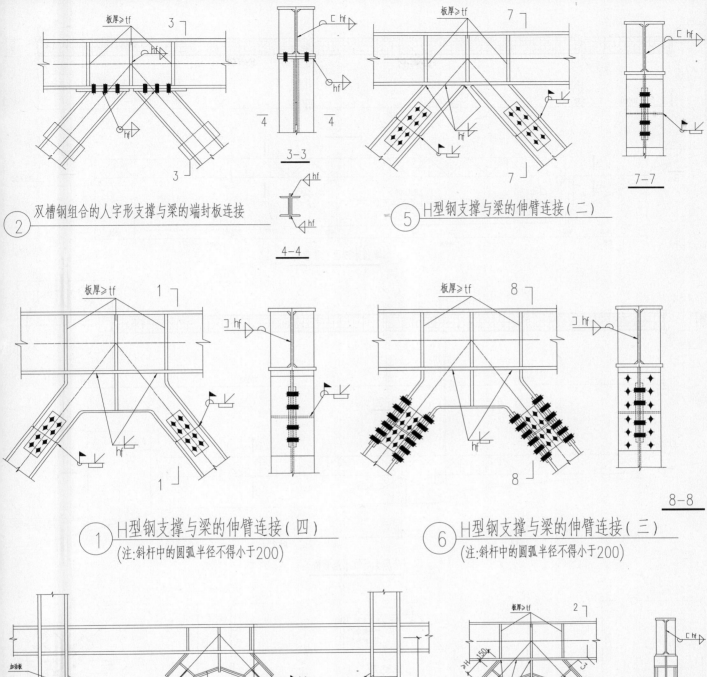

板厚≥tf

3-3

4-4

② 双槽钢组合的人字形支撑与梁的端封板连接

7-7

⑤ H型钢支撑与梁的伸臂连接（二）

板厚≥tf

① H型钢支撑与梁的伸臂连接（四）
(注:斜杆中的圆弧半径不得小于200)

8-8

⑥ H型钢支撑与梁的伸臂连接（三）
(注:斜杆中的圆弧半径不得小于200)

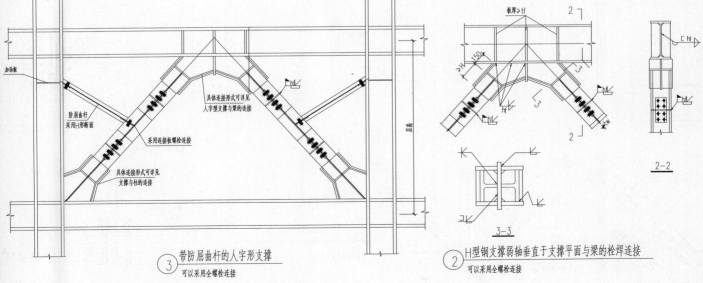

加劲板
防屈曲杆
采用H形断面
采用连接板螺栓连接
具体连接形式可详见
支撑与柱的连接
具体连接形式可详见
人字型支撑与梁的连接

③ 带防屈曲杆的人字形支撑
可以采用全螺栓连接

板厚≥tf

2-2

3-3

② H型钢支撑弱轴垂直于支撑平面与梁的栓焊连接
可以采用全螺栓连接

▲-民用钢框架人字形支撑的连接节点构造详图

钢框架节点详图

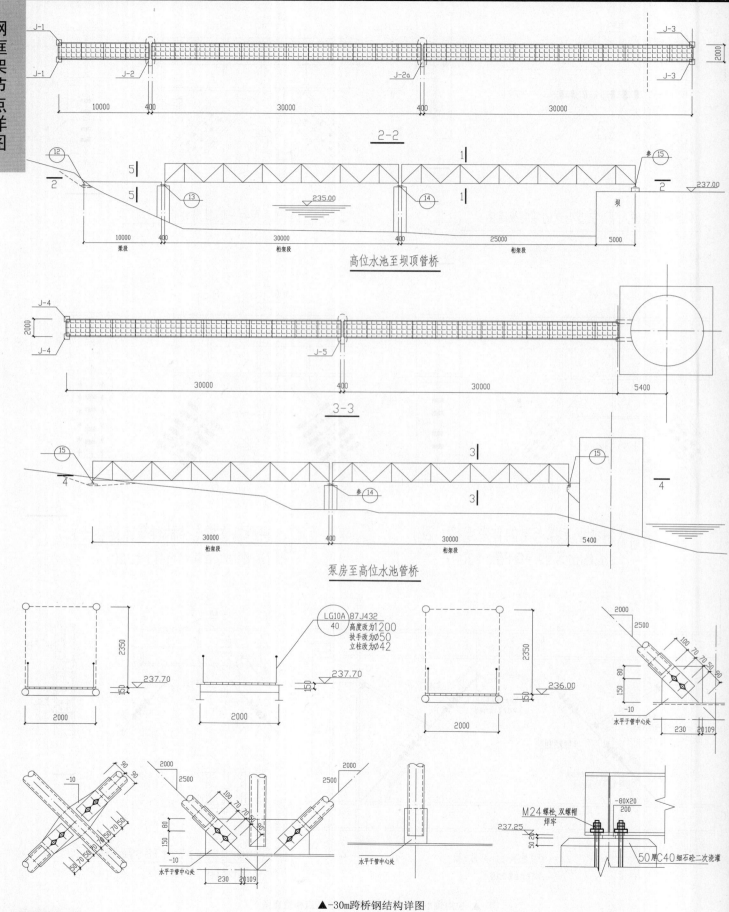

2-2

高位水池至坝顶管桥

3-3

泵房至高位水池管桥

▲-30m跨桥钢结构详图

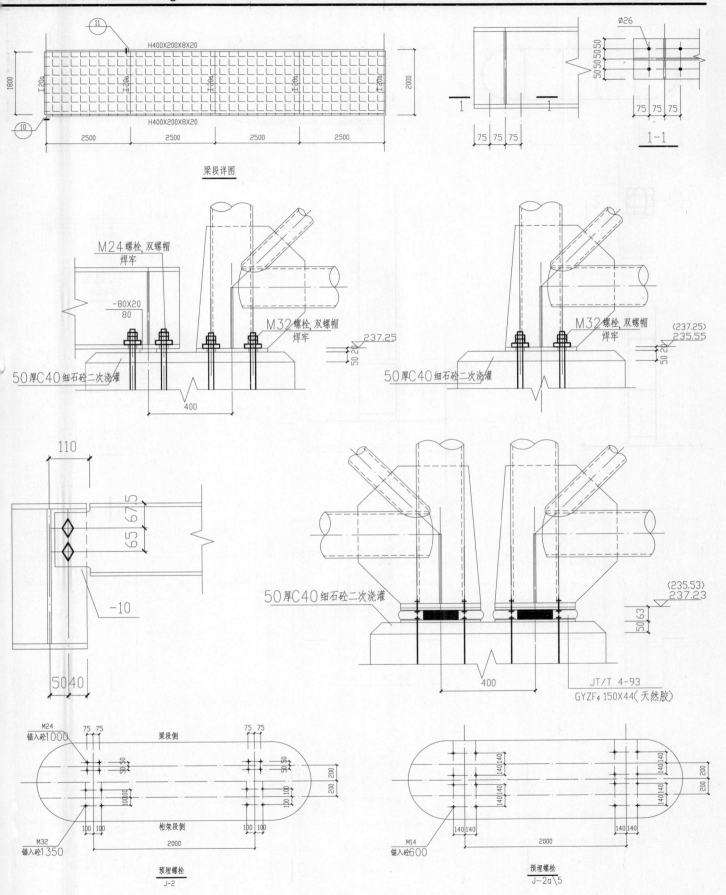

梁段详图

▲-30m跨桥钢结构详图

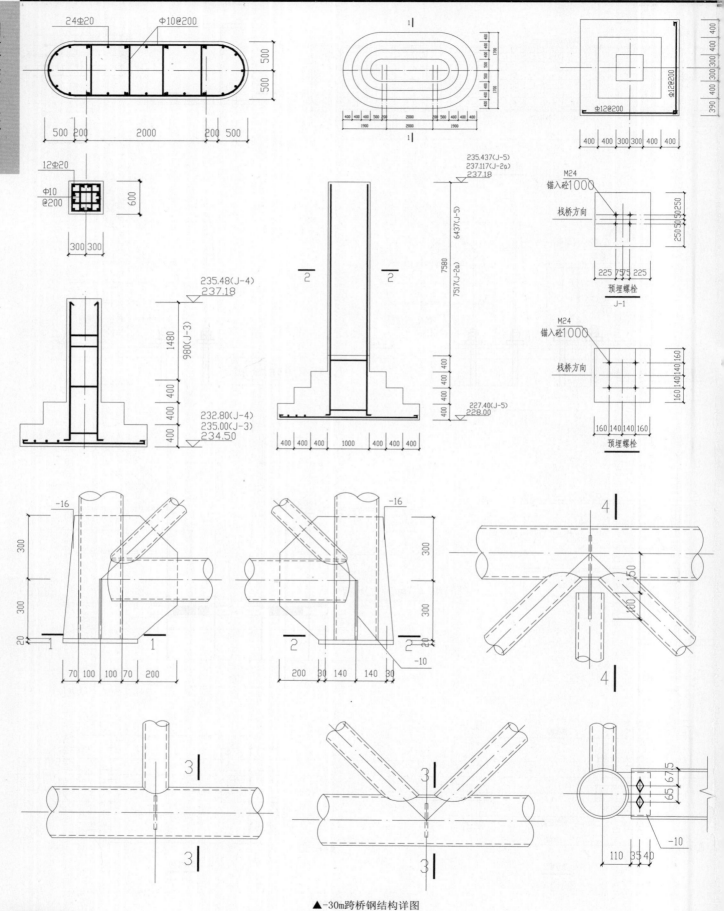

▲-30m跨桥钢结构详图

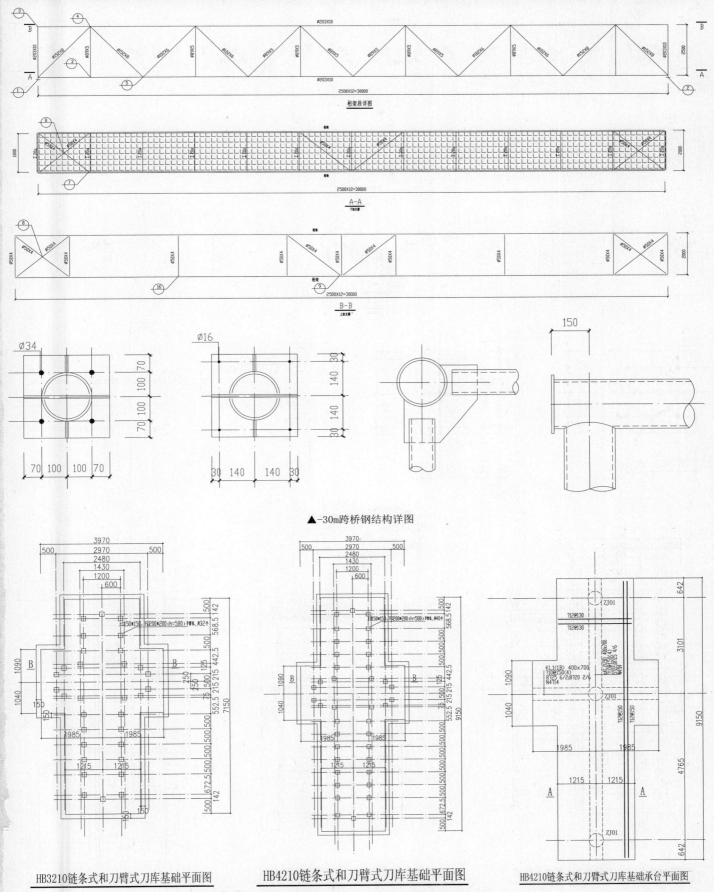

桁架段详图

A-A

B-B

▲-30m跨桥钢结构详图

HB3210链条式和刀臂式刀库基础平面图

HB4210链条式和刀臂式刀库基础平面图

HB4210链条式和刀臂式刀库基础承台平面图

▲-HB3210以及HB4210链条式和刀臂式刀库设备基础节点构造详图

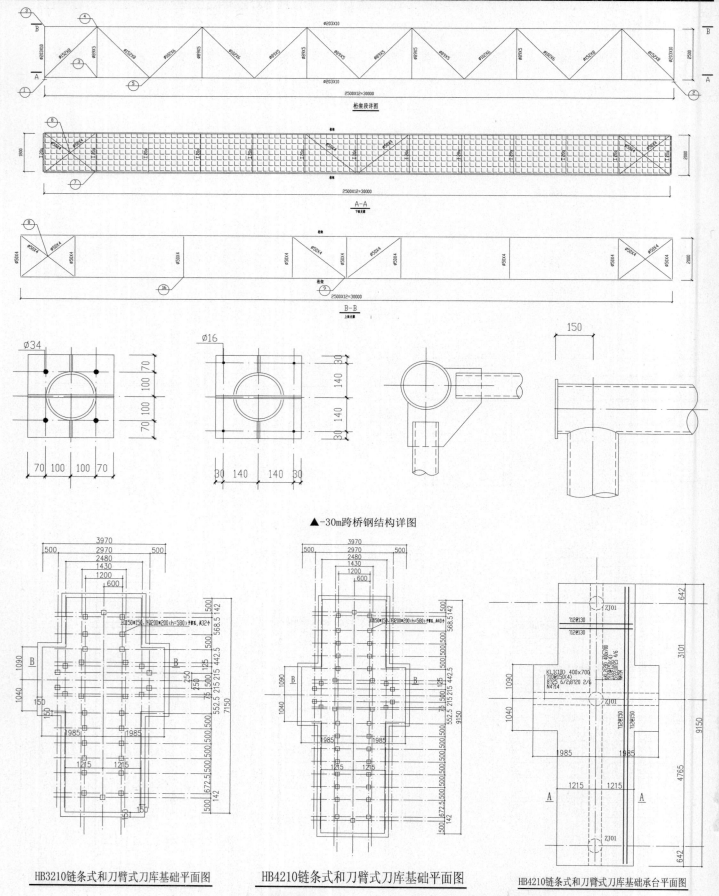

桁架段详图

A—A
下弦支撑

B—B
上弦支撑

▲-30m跨桥钢结构详图

HB3210链条式和刀臂式刀库基础平面图

HB4210链条式和刀臂式刀库基础平面图

HB4210链条式和刀臂式刀库基础承台平面图

▲-HB3210以及HB4210链条式和刀臂式刀库设备基础节点构造详图

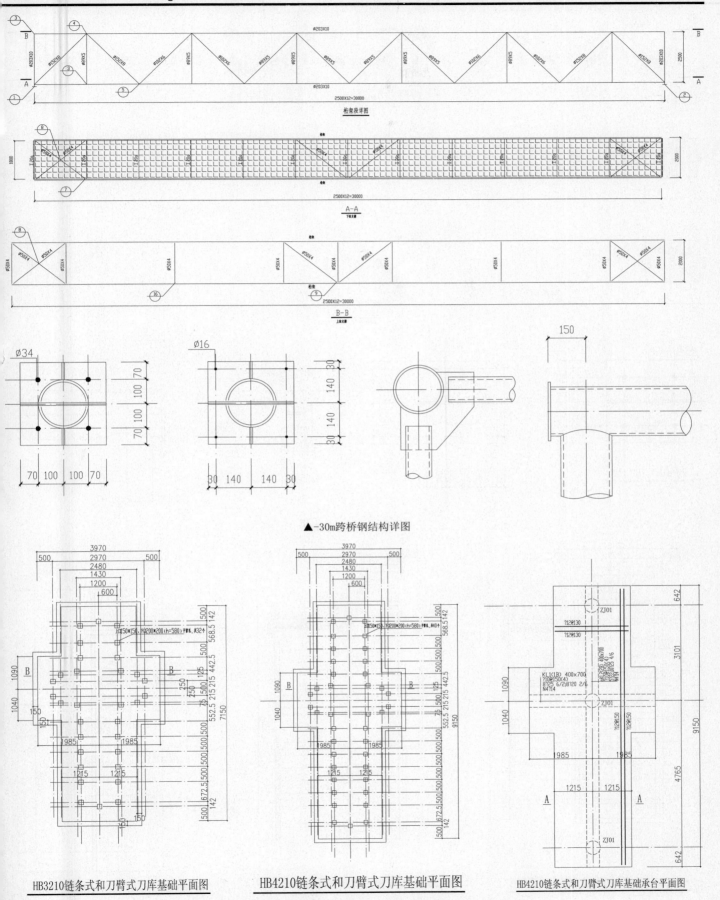

桁架段详图

A—A

B—B

▲-30m跨桥钢结构详图

HB3210链条式和刀臂式刀库基础平面图

HB4210链条式和刀臂式刀库基础平面图

HB4210链条式和刀臂式刀库基础承台平面图

▲-HB3210以及HB4210链条式和刀臂式刀库设备基础节点构造详图

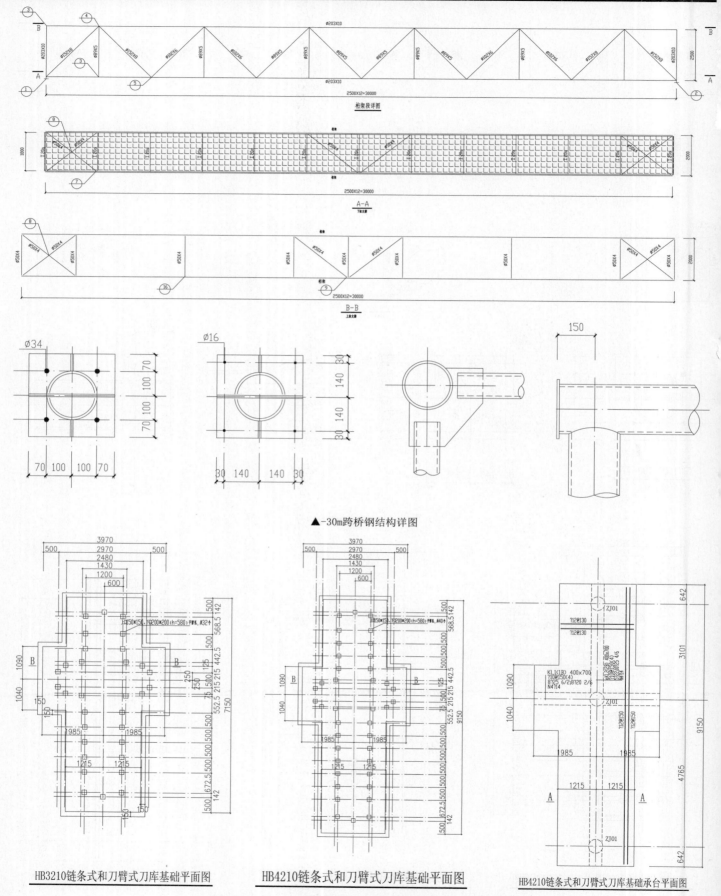

▲-30m跨桥钢结构详图

HB3210链条式和刀臂式刀库基础平面图　　HB4210链条式和刀臂式刀库基础平面图　　HB4210链条式和刀臂式刀库基础承台平面图

▲-HB3210以及HB4210链条式和刀臂式刀库设备基础节点构造详图